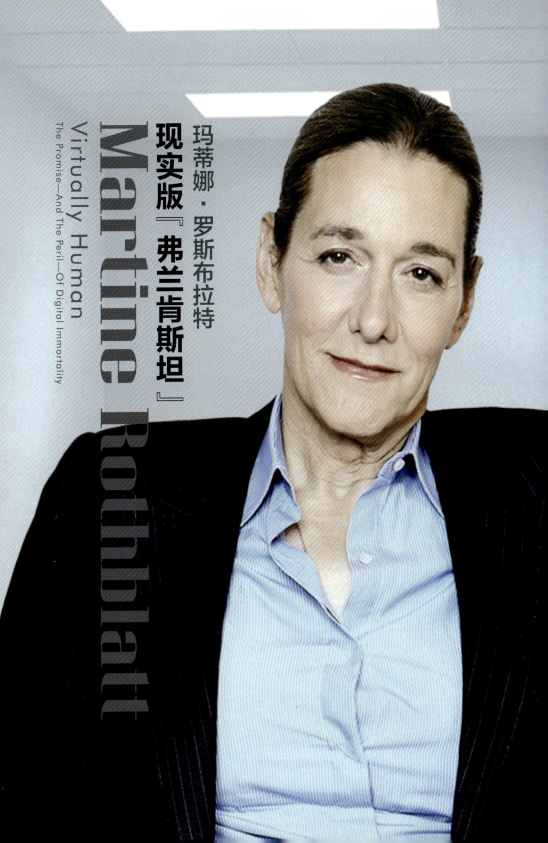

玛蒂娜·罗斯布拉特
现实版『弗兰肯斯坦』

Martine Rothblatt
Virtually Human
The Promise—And The Peril—Of Digital Immortality

## Martine Rothblatt
Virtually Human
The Promise—
And The Peril—
Of Digital Immortality

### 任性学霸

**从小看科幻书和禁书，
考上 UCLA 一年就休学**

1954 年，一个叫马丁·罗斯布拉特的犹太男孩儿出生在美国芝加哥的一个西班牙裔社区里。因为他家是整个社区里唯一一个犹太家庭，所以马丁从小就与其他孩子格格不入。少年时期，马丁喜欢看深奥的书，熟读如《出埃及记》(Exodus)、《像我这样的黑人》(Black Like Me)等书，而后者被列为"西方 100 本禁书"之一。不仅如此，他还读完了科幻作家艾萨克·阿西莫夫的全部作品，对科幻世界十分痴迷，这也为他的传奇人生埋下了伏笔。

马丁是当之无愧的学霸，高中毕业后一举考入加州大学洛杉矶分校（UCLA）。但是，他是个对枯燥人生勇于说"不"的人。在念完大学一年级后，马丁发现大学生活并不如自己预期的那样有趣，所以就干脆休学，只身带着 500 美元去环游世界了。

## 疯过乔布斯与马斯克

### 脑洞大开，要做全美最大卫星广播系统

马丁对太空科技的痴迷程度越来越深。所以当他看到"人间天堂"非洲塞舌尔的 NASA 卫星追踪站时，瞬间觉得自己置身于科幻世界当中，并且脑洞大开，决心要做一套全国性的卫星广播系统。带着这个信念，他回到 UCLA 攻读通信专业，并以优异的成绩毕业。

毕业后，马丁想将理想付诸实践，但是当时发射卫星的价格无异于天价，很多专家都不看好他的创意。幸运的是，马丁遇到了几个志同道合的人，他们联合成立了一家叫天狼星（Sirius）的卫星广播公司。刚开始的几年，因为发射卫星的成本太高、市场有限，公司亏得一塌糊涂。但在马丁带领天狼星卫星广播公司并购对手 XM 卫星广播公司（并购后的公司更名为天狼星 XM 卫星广播公司）后，公司终于在成立 20 年后起死回生，扭亏为盈。2015 年，天狼星 XM 卫星广播公司的市值已经接近 200 亿美元。

## 从男人到女人

### 向性别宣战，40 岁他变成了她

在公司风生水起之时，马丁遇到了一生挚爱碧娜。

命运让他们一见钟情，没过多久两人便步入婚姻殿堂。"从见到碧娜的那一刻起，我就看到她身上闪耀的光芒。我请她跳舞时，她说她也看到了我身上的光芒。"马丁这样回忆两人的一见钟情。然而，马丁心中一直有一个不敢说出口的秘密：他想做女人！40 岁时他下定决心跟碧娜和自己的 4 个孩子坦白，表达了想要变成女人的意愿。碧娜虽然吃惊，但也十分开明地支持了他："我爱的是你的灵魂，不是你的皮囊。"

从此，马丁变成了玛蒂娜

# Martine Rothblatt

Virtually Human
The Promise—And The Peril—Of Digital Immortality

# 挑战罕见病

## 登顶美国最高薪酬女CEO,荣登《纽约时报》封面

在变性过程中,一个更大的危机冲击了这个家庭——他们最小的孩子Jenesis患上了一种罕见病:原发性肺动脉高压。这种病只能依靠肺移植,但是玛蒂娜生怕孩子等不到那一天。当时,医生告诉她,大多数患者一般在两年内死亡。以前,葛兰素史克曾经研制过治疗此病的药物,但是因为一直未能大获成功而中途放弃。而当玛蒂娜历经千辛万苦终于从葛兰素史克买到了药品样本时,却被告知此药物只在老鼠身上试验过,根本不能给人吃。玛蒂娜寻遍专家,却只得到"这个药根本无法成功"的沮丧消息。不服输的玛蒂娜,筹集起一项基金,召集了一大批专家进行研究。而从那时起,她开始"泡在"图书馆,从最基础的生物学开始研究,直至最前沿的医学论文。终于,这个团队成功研发出了阻止Jenesis病情恶化的药物,让Jenesis等到了肺移植。玛蒂娜成立了联合治疗公司(United Therapeutics),将这种药物推向市场,成功挽救了无数患者的生命。

联合治疗公司为玛蒂娜带来了巨额收益。2013年,她成为首位登顶"全球生物医药行业最高薪CEO"的女性;2014年,她成为美国最高薪酬的女CEO,被评为美国最具影响力的11位女商人之一,并成为《纽约时报》封面人物。

## 终结死亡，召唤永生

### 叫板自然选择，克隆不死虚拟人

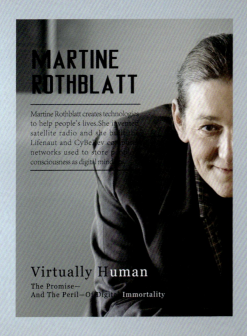

佛蒙特州布里斯托尔（Bristol）是格林山脉的交汇点，位于深邃奔流的纽黑文河的南岸。那里有一个瀑布倾泻而下至一个清澈的池塘里，十几岁的男孩子们会从低低的山崖上跳到下面的水里玩耍。那里，便是玛蒂娜和妻子碧娜选择建立Terasem 基金的基地，以研究通过人工智能实现人类不朽。

人类一直在苦苦追寻永生，许多人是为了留住享乐的机会，而玛蒂娜却是为了与碧娜相处得更久。玛蒂娜认为，随着人类在网络空间留下的数字痕迹越来越多，人类的数字二重身已然存在。她相信，人们不久后就能将大脑内的东西永久地保留下来，方式就是通过思维克隆技术，为人类创建数字双胞胎——不死虚拟人。

玛蒂娜相信，虚拟人就是人类自身。未来，它们也会有自己的身份，也会和人类结婚组建幸福的家庭。这一天，并不遥远。

**作者演讲洽谈，请联系**
speech@cheerspublishing.com

更多相关资讯，请关注

湛庐文化微信订阅号

# Martine Rothblatt

Virtually Human
The Promise—And The Peril—Of Digital Immortality

 中国人工智能学会·丛书·

# VIRTUALLY HUMAN
THE PROMISE – AND THE PERIL – OF DIGITAL IMMORTALITY

# 虚拟人
## 人类新物种

[美] 玛蒂娜·罗斯布拉特◎著　郭 雪◎译

MARTINE ROTHBLATT

浙江人民出版社
ZHEJIANG PEOPLE'S PUBLISHING HOUSE

# 机器人与人工智能，下一个产业新风口

·湛庐文化"机器人与人工智能"书系重磅推出·

60年来，人工智能经历了从爆发到寒冬再到野蛮生长的历程，伴随着人机交互、机器学习、模式识别等人工智能技术的提升，机器人与人工智能成了这一技术时代的新趋势。

2015年，被誉为智能机器人元年，从习近平主席工业4.0的"机器人革命"到李克强总理的"万众创新"；从国务院《关于积极推进"互联网+"行动的指导意见》中将人工智能列为"互联网+"11项重点推进领域之一，到十八届五中全会把"十三五"规划编制作为主要议题，将智能制造视作产业转型的主要抓手，人工智能掀起了新一轮技术创新浪潮。Gartner IT 2015年高管峰会预测，人类将在2020年迎来智能大爆炸；"互联网预言家"凯文·凯利提出，人工智能将是未来20年最重要的技术；而著名未来学家雷·库兹韦尔更预言，2030年，人类将成为混合式机器人，进入进化的新阶段。而2016年，人工智能已经大放异彩。

## VIRTUALLY HUMAN
## 虚拟人

国内外在人工智能领域的全球化布局一次次地证明了，人工智能将成为未来10年内的产业新风口。像200年前电力彻底颠覆人类世界一样，人工智能也必将掀起一场新的产业革命。

值此契机，湛庐文化联合中国人工智能学会共同启动"机器人与人工智能"书系的出版。我们将持续关注这一领域，打造目前国内首套最权威、最重磅、最系统、最实用的"机器人与人工智能"书系：

- **最权威，人工智能领域先锋人物领衔著作**。该书系集合了人工智能之父马文·明斯基、奇点大学校长雷·库兹韦尔、普利策奖得主约翰·马尔科夫、人工智能时代领军人杰瑞·卡普兰、数字化永生缔造者玛蒂娜·罗斯布拉特、图灵奖获得者莱斯利·瓦里安和脑机接口研究先驱米格尔·尼科莱利斯等10大专家的重磅力作。

- **最重磅，湛庐文化联合国内这一领域顶尖的中国人工智能学会**，特设"机器人与人工智能"书系专家委员会。该专家委员会包括中国工程院院士李德毅、驭势科技（北京）有限公司联合创始人兼CEO吴甘沙、地平线机器人技术创始人余凯、IBM中国研究院院长沈晓卫、国际人工智能大会（IJCAI）常务理事杨强、科大讯飞研究院院长胡郁、中国人工智能学会秘书长王卫宁、微软亚洲研究院常务副院长芮勇、达闼科技创始人兼CEO黄晓庆、清华大学智能技术与系统国家重点实验室主任朱小燕、《纽约时报》高级科技记者约翰·马尔科夫、斯坦福大学人工智能与伦理学教授杰瑞·卡普兰等专家学者。他们将以自身深厚的专业实力、卓越的洞察力和深远的影响力，对这些优秀图书进行深度点评。

- **最系统，从历史纵深到领域细分无所不包**。该书系几乎涵盖了人工智能领域的所有维度，包括10本人工智能领域的重磅力作，从人工智能的历史开始，对人类思维的创建与运作进行了抽丝剥茧式的研究，并对智能增强、神经网络、算法、克隆、类脑计算、深度学习、人机交互、虚拟现实、伦理困境、未来趋势等进行了全方位解读。

- **最实用，一手掌握驾驭机器人与人工智能时代的新技术和新趋势**。你可以直击工业机器人、家用机器人、救援机器人、无人驾驶汽车、语音识别、

**编者按** 机器人与人工智能，下一个产业新风口

虚拟现实等领域的国际前沿新技术，更可以应用其中提到的算法、技术和理念进行研究，并实现个人与行业的大发展。

在未来几年内，机器人与人工智能给世界带来的影响将远远超过个人计算和互联网在过去 30 年间已经对世界造成的改变。我们希望，"机器人与人工智能"书系能帮助你搭建人工智能的体系框架，并启迪你深入发掘它的力量所在，从而成功驾驭这一新风口。

# 机器人与人工智能书系
## ·专家委员会·

### 主 席
**李德毅**
中国人工智能学会理事长,中国工程院院士

### 委 员
**吴甘沙**
驭势科技(北京)有限公司联合创始人兼CEO

**余 凯**
中国人工智能学会副秘书长,地平线机器人技术创始人

**沈晓卫**
IBM中国研究院院长

**杨 强**
中国人工智能学会副理事长,国际人工智能大会(IJCAI)常务理事
腾讯微信事业群技术顾问,香港科技大学教授

**胡 郁**
科大讯飞高级副总裁,科大讯飞研究院院长

**芮 勇**
微软亚洲研究院常务副院长

**黄晓庆**
达闼科技创始人兼CEO

**朱小燕**
清华大学教授,清华大学智能技术与系统国家重点实验室主任

### 国际委员
**约翰·马尔科夫(John Markoff)**
《纽约时报》高级科技记者,普利策奖得主,畅销书《与机器人共舞》作者

**杰瑞·卡普兰(Jerry Kaplan)**
斯坦福大学人工智能与伦理学教授,Go公司创始人,畅销书《人工智能时代》作者

### 秘书长
**王卫宁**
中国人工智能学会秘书长,北京邮电大学研究员

**董 寰**
湛庐文化总编辑

# 让人类的梦想起飞

**胡华智**

Ehang 亿航创始人兼 CEO

推荐序 1

见到玛蒂娜本人，并与其联合治疗公司成为商业合作伙伴时，短短的交流就让人感受到她对人类世界各种奥秘的探知热情。可以肯定的是，玛蒂娜如同外界描述的一样疯狂，用我自己的话来说是"敢想敢做，极致专注"。她的履历极其丰富，每一项都非常成功。也许很多人认为她是天才，其聪明才智固然不可否认，但背后一定有着 99% 的汗水付出。我和玛蒂娜有不少相似的地方，但和玛蒂娜相比，她无疑是当之无愧的"学霸"。

我们两人的结缘是"亿航 184"。亿航 184 是世界上第一台真正意义上的全自动无人驾驶载人飞行器。亿航 184 很大程度上代表着我自己，因为我希望它可以承载人类的飞行梦想，让人类像鸟儿一样自由飞翔。与玛蒂娜的联合治疗公司合作后，亿航 184 将成为人造器官运输直升机，用于运输人造心脏、肝、肺等器官，以最快的速度完成运输使命。

# VIRTUALLY HUMAN
## 虚拟人

我与《虚拟人》作者玛蒂娜亲密合影

玛蒂娜的著作《虚拟人》一书所提倡的理念是人工智能的大大升级。你或许听说过基因克隆技术，但你一定对"思维克隆技术"这个新概念十分陌生。思维克隆人根植于机器人却更胜于机器人，而思维克隆技术的优越性表现在，与传统克隆技术相比，它大大避免了伦理道德所带来的困扰。试想，未来软件技术将升级至可以捕捉意识，人类将实现思维"重生"。这确实又是一个疯狂的想法，但当有人不相信她可以成功经营天狼星卫星广播公司时，她做到了；当没有人相信她可以做成医药公司时，她也做到了。

人类不也未曾想到，如今的我们可以自由地在天空翱翔、在深海探索吗？让我们坚信创造的力量！

# 死亡不是终点

雷·库兹韦尔

奇点大学校长,谷歌工程总监
畅销书《人工智能的未来》作者

推荐序2

如果本我未曾改变,那么我们的心灵电路是生物的还是电子的,又有什么差别呢?

在《虚拟人》这本书中,玛蒂娜·罗斯布拉特用引人入胜的例子向我们介绍了虚拟人的理念。她提出的科学例证令人信服地评估了虚拟人的哲学影响和社会影响,而我们将在未来几十年内见证那一刻。毫不夸张地说,自15年前我们初识开始,我们两人就一直在为构造这样的例证而努力。

## 人类级别的人工智能

1999年,我写出了《机器之心》(The Age of Spiritual Machines)一书,并认为,"到2029年,我们将在机器中实现人类级别的人工智能",这些人工智能将能够通过"图灵测试"——由被誉为"计算机之父"的艾伦·图灵提出,即一个人类裁判能否通过即时对话将人工智能与真人区分开。

# VIRTUALLY HUMAN
## 虚拟人

《机器之心》出版后不久,一场人工智能专家会议在斯坦福大学召开,与会专家达成一致,认为人类级别的人工智能将会出现,但并不需要几百年那么长时间。当时,批评《机器之心》一书的声音不绝于耳,例如有人认为,"摩尔定律将会终结""硬件将可能实现指数级增长,但软件将陷入泥潭""机器并不会拥有意识和自由意愿",等等。于是,我又写了《奇点临近》(The Singularity Is Near)[1]一书来回应这些批评。2006 年,"AI@50"会议在达特茅斯召开,以纪念人工智能获得正式命名 50 周年[2]。当时,大家一致认为,人类级别的人工智能将在 25~50 年内实现。不过,我还是坚持我有关 2029 年的预测。现在 2029 年成了一个中间值,越来越多的人认为我太过保守。

人工智能的影响力不断增强的一个例证是,IBM 的超级计算机沃森(Watson)在一档名为《危险边缘》(Jeopardy!)的益智问答节目中打败了两名最强的人类选手——布拉德·拉特(Brad Rutter)和肯·詹宁斯(Ken Jennings)。事实上,沃森得到的分数比拉特和詹宁斯的分数之和还要高。批判者通常会忽视人工智能的意义:虽说人工智能可能在某些方面拥有超越人类的技艺,比如下象棋或开汽车,但人工智能却无法拥有人类智能广泛且精密的能力。不过,《危险边缘》可不单单是范围狭窄的任务。它的问题会以自然语言呈现,其中包括了双关语、暗喻、谜语和笑话等,且要求应答者必须具备运用人类现有知识进行逻辑推理的能力。例如,沃森在韵律类问题中很快答对的一道题目,"一个泡沫状的馅饼装饰做的冗长乏味的演讲"[3],却难倒

---

[1] 奇点(singularity):机器智能将会出现并超越人类智能的时间点,大约在几十年后。

[2] 1956 年,在达特茅斯学院举行了一次夏季研讨会,参会者包括约翰·麦卡锡(John McCarthy)、马文·明斯基(Marvin Minsky)、克劳德·香农(Claude Shannon)、赫伯特·西蒙(Herbert Simon)、艾伦·纽厄尔(A. Newell)等诸多领域研究先锋。这次会议正式确立了人工智能的研究领域,人们后来也普遍将 1956 年达特茅斯会议视为人工智能的起源。——编者注

[3] 英文原文为"A long tiresome speech delivered by a frothy pie topping",两位人类选手没能理解这句似乎不合逻辑的话,但沃森很快就作出了回答,"A meringue harangue"(直译意为:霜糖的高淡阔论),既合了题意,又做出了压韵。——编者注

## 推荐序 2　死亡不是终点

了拉特和詹宁斯。

人们并不知道的是，沃森的知识库并不是由工程师提前编码设定的——它通过读取维基百科和其他几个百科全书网站（全部是自然语言文件）获得知识，所以沃森实际上并没有像你我一样读完这些文件。它可能读完某一页资料后就得出结论："贝拉克·奥巴马有 56% 的概率成为美国总统。"当然你可能也读过那一页资料，但你可能会认为这个概率是 98%，因为你更善于阅读并深入理解文意。而沃森通过阅读两亿页文件，弥补了机器只能进行粗略阅读的劣势。这是因为，它拥有一个优秀的贝叶斯推理系统，能将所有索引信息集合起来，从而得出结论认为奥巴马有 99.9% 的概率竞选成功。它能够根据两亿页文件作出这样的推理，而这一巨大的阅读量足以在《危险边缘》三秒钟的时限内完成。

我认为，2029 年人工智能将能够像人类一样阅读。意义在于，它们将能够使用互联网整合它们的人类级别理解，并用这种理解去学习十亿份文件资料。

那么，人类级别人工智能的到来将有什么意义？许多倡导未来主义的科幻电影，例如《终结者》告诉我们：这些人工智能对人类而言没有多大用处。但如果我们去追寻人工智能的发展轨迹，也就是人工智能的整个发明史，便肯定会得出不同的结论。数千年前，人类无法摘到高处树枝上的水果，因此发明出了能够延伸人类所及范围的工具；后来，人类又创造出了能够增强肌肉力量的工具，因此沙漠中竖立起了金字塔；今天，人类只需要敲几下键盘，便可以访问人类所有的现有知识。当代人工智能不再只是属于少数几个富有公司或政府组织的特权，而是数十亿普通人的权利。人类延伸了其身体和精神的所及范围，这种延伸将继续发展，直到人类级别的人工智能成为现实。

### 扩展新皮质，人工智能的终极答案

《机器之心》和《奇点临近》传递出的关键信息是，信息技术的性价比和

# VIRTUALLY HUMAN
## 虚拟人

计算能力正在以指数级速度发展（目前每两年翻一番）——我将其称为"加速回报定律"（law of accelerating returns）。与此同时，这些技术的物理载体正以每 10 年 100 倍的速度在三维空间缩小。因此，到 21 世纪 30 年代，计算设备将如血细胞般微小，人类将能够以非侵害的方式将其植入人类的躯体和大脑。

健康领域将是人工智能应用无法跨过的一环。人造 T 细胞[①]将会增强人类的免疫能力。今天，人类的生物免疫系统并不能识别癌症（它认为癌症是你身体的一部分），也无法识别致肿瘤病毒逆转录酶病毒；但人工智能技术的发展却让我们能够使用非生物性免疫系统完成这项工作，这种免疫系统可以从互联网下载新的软件来处理新的病原体。

这些"纳米机器人"[②]将通过毛细血管进入大脑，将新皮质（处理思考的大脑外部层次）连接到云端。所以今天，我们可以访问云端上的成千上万台计算机，而 21 世纪 30 年代以后，我们将能够访问额外的新皮质来进行更深入的思考。

后来，我在《人工智能的未来》（How to Create a Mind）[③]一书中，将新皮质描述为一个有大约 3 亿个模块的自组织系统，其中的每个模块都能够学习、记忆并处理一个模式。这些模块以层级的形式组织在一起，而我们通过思考来创造这种层级。只有哺乳动物拥有新皮质，因此当 6 500 万年前发生白垩纪物种灭绝事件（由流星导致的全球范围内气候突变）时，新皮质快速创造

---

[①] T 细胞即 T 淋巴细胞，来源于骨髓的多能干细胞。在人体胚胎期和初生期，骨髓中的一部分多能干细胞或前 T 细胞迁移到胸腺内，在胸腺激素的诱导下分化成熟，成为具有免疫活性的 T 细胞。——编者注

[②] 纳米机器人（nanobots），能无线连接网络的微型智能机器或机器人，被广泛应用于科学、医药和技术领域。

[③] 雷·库兹韦尔在《人工智能的未来》一书中详细地介绍了加速回报定律，并全面解析了人工智能的创建原理。本书中文简体字版已由湛庐文化策划、浙江人民出版社出版。——编者注

## 推荐序 2　死亡不是终点

和掌握新技能的能力，使得哺乳动物在生态环境中占据了主导地位。

另一个重要事件发生在 200 万年前：人类进化出了大额头，所以新皮质得以实现重要扩展。这种额外的模式识别模块是人类发明语言、艺术、音乐、科学和技术的重要促成因素。

此时此刻，我们再一次站在了扩展新皮质的边缘，并"全副武装"地拓展大脑的能力。事实上，我感觉到，我大脑的一部分在 SOPA 罢工①时已经发生了一次罢工。21 世纪 30 年代，我们将直接把新皮质的范围从现实世界扩展到虚拟的云端。唯一的不同是，这一扩展将不再受物理空间的限制，并继续呈指数级增强。想想 200 万年前，当我们成为人类时，那一次新皮质增强时发生了什么，那次量变推动了人类史上一次意义深远的质变，而这一次，巨变将再次上演。

## 数字化永生，不朽的未来

碧娜·罗斯布拉特（Bina Rothblatt）的机器人化身 BINA48，是在机器中重塑真实人类的物理和精神现实的一个杰出例子。我见过碧娜本人，当然，她的机器人化身还不等同于她，但却让我们得以一窥未来。

我认为，重塑人类大脑的计算能力需要每秒做 $10^{14}$ 次计算。人类已经在超级计算机中拥有了这种能力，个人计算机会在 21 世纪 20 年代早期拥有这种能力。人类级别智能的软件将需要更长时间，但是人类在建模和重塑新皮质能力方面也取得了指数级进展。创造新皮质的合成模型是我在谷歌做工程总监时的研究项目。我仍然坚信，到 2029 年，我们将拥有人类级别人工智能的软件能力。而沃森正是这一努力的一个重要里程碑。

一旦这成为可能，我们将能够创造特定的人格，包括那些过世者的人格。

---

① 当时，维基百科和谷歌等公司举行了罢工，以反对新的隐私立法。

# VIRTUALLY HUMAN
## 虚拟人

玛蒂娜·罗斯布拉特的 Terasem 基金专门致力于解决这种场景,本书就将彻底探讨这种前景。在电影《奇点临近》中,我是编剧,而玛蒂娜是制片人——我们两人之前也与制片人巴里·托勒密(Barry Ptolemy)合作拍摄了电影《卓越的人类》(Transcendent Man)。那部电影描述了我在保存我父亲的文件、音乐和其他事情等方面所做的努力,以便未来人工智能能用父亲的记忆、技能和人格创造出他的化身。斯派克·琼斯(Spike Jonze)的电影《她》(Her)就是以我的书以及电影《奇点临近》《卓越的人类》为依据拍摄的。电影《她》的女主角是一个名叫萨曼莎(Samantha)的人工智能(在电影中被称作操作系统或 OS,由斯嘉丽·约翰逊配音)。即使萨曼莎是非生物,她仍然具备了非常多的人类特征,从而让人类男主角西奥多(Theodore)坠入爱河。这部电影同样借鉴了玛蒂娜和我关于创造数字化身、将已经过世的人类,以 20 世纪 60 年代著名诗人、哲学家阿伦·瓦兹(Alan Watts)的形象带回现世的奇思妙想。

最终,我们将能够访问构成我们记忆、技能和人格的大脑信息,并备份它们。我认为,21 世纪 40 年代将会实现这一场景。而 21 世纪 30 年代,人类的思考将同时具备生物思考模式和非生物思考模式。非生物部分(大部分在云端)将受到加速回报定律的约束,并在 21 世纪 40 年代占据主导地位。它将能够完全理解生物部分的思考并对其建模。正如我们今天备份所有非生物部分的思考一样,生物部分的思考模式也将完全被备份。

人类级别的人工智能已经呼之欲出。虽说玛蒂娜描述的前景令人畏惧,但正如我在 20 世纪 80 年代描述的前景一样,大规模通信网络会连接所有人类。当这些新技术出现时,人们会很快将其纳为日常生活的一部分。我无法想象,当没有这些新技术时,我们的生活将何以为继。

# 告别肉体凡胎

《虚拟人》一书能够在中国出版,我由衷地感到开心。几千年前,古代中国人就已经开始记录那些存在于人身体外的意识和精神,这些记录和传说,最早在文字作品中出现。也正是这些文字,让我们有幸窥探和了解几千年前人类的生活。

## 不朽的意识

如今,随着数字技术的革新与发展,我们找到了更多新方法去更好地记录人类意识。在计算机科学的帮助下,我们能够借助数字技术,去记录并展示这些"不朽"的意识。令我备感兴奋的是,像中国这样一个现代化的文明古国,也对虚拟意识、数字技术及软件科学表现出了浓厚的兴趣。

VIRTUALLY HUMAN
中文版序

假若全球首个虚拟人是华裔,我绝不会感到意外。首先,中国软件工程师的数量比其他任何国家都要多,因此,世界上第一个人造意识软件,也就是我所说的思维软件(mindware),可能会由中国的程序员完成。其次,中国拥有全球数量最多的社交媒体用户:每一次应用社交媒体,用户都会留下其意识的数字脚印。因此,中国将拥有大量优质内容,能够构建起支

## VIRTUALLY HUMAN
### 虚拟人

持虚拟意识的数据库,也就是我所说的思维文件(mindfile)。再次,中国举国上下洋溢着浓厚的创业氛围。而21世纪一个最庞大的商业机会,就是用工具创造人类的数字等价物,也就是我在书中提及的核心概念——思维克隆人(mindclone)。正如自行车、汽车等发明延伸了人类的腿脚,并留下了一笔无以计量的财富一样,思维克隆人及思维克隆技术将延展人类的大脑。我想,这也必将创造出巨大的社会与经济价值。

从中国目前法律系统和社会系统的发展状况来看,现在是将虚拟人技术引入中国的极佳时期——现代中国的法律系统正在不断地发展、完善。因此,中国有更多的机会去接纳与虚拟人相关的新概念,比如虚拟人的法律地位等。

近期,在涉及器官移植的问题时,脑死亡已经超越了传统心脏停跳所定义的死亡。有朝一日,当我们拥有了思维克隆技术,就需要寻找一种对死亡的新定义。因为如果我们事先通过思维文件、思维软件创造了思维克隆人,那么这意味着,即使大脑死亡,我们的思维也并不会随之而去。一些司法系统(比如基于罗马法的系统)过于陈旧,接受新的科技实体时会遇到诸多困难。但是快速发展的中国法律系统,却能够更好地包容与虚拟人相关的法律。

### 当灵魂在某处

今年,我的公司与中国顶级无人机制造商亿航成为商业合作伙伴,并出资赞助了亿航新型无人机——MOTH人造器官运输直升机(Manufactured Organ Transport Helicopter)。我将它命名为MOTH(飞蛾),是因为在阅读关于中国历史的书籍时,我发现在中国古代文化中,每一只飞蛾都承载了一位先人的灵魂。亿航的MOTH无人机将用来运输人造心脏、肝脏等器官,将它们尽快送达目的地,快速移植到病患体中,以挽救更多生命。这样看来,这些用于器官运输的"飞蛾",真的会带着人类某种形式的灵魂,让生命通过器官

## 中文版序　告别肉体凡胎

移植得到延续。

再过几十年，虚拟意识技术将会逐渐成熟，MOTH 无人机中的每一台航载计算机，都可能成为主人的思维克隆载体。它的价格会变得更为亲民，每一个中国人可能都会拥有一架属于自己的亿航 MOTH。到那时，中国传统文化中的飞蛾，也将完美地融入到中国未来的 MOTH 中。那时，我们每个人都会将自己的灵魂存于某处：在我们的身体里、在网络上，甚至在天上——在 MOTH 中。

通过思维克隆技术，人类将能够同时生活在地面上、天空中，思维克隆人将通过无线传输的方式同步思维。我希望《虚拟人》这本书，能够激起更多人对这一领域的兴趣，让他们选择思维软件的开发和研究事业。这样，在几十年后，我们的世界上将满是健康幸福的不朽人类。

扫码关注"湛庐教育"，
回复"虚拟人"，
了解玛蒂娜更多精彩人生故事！

# VIRTUALLY HUMAN
## 目录

**推荐序 1** 让人类的梦想起飞 / v
胡华智<br>Ehang 亿航创始人兼 CEO

**推荐序 2** 死亡不是终点 / vii
雷·库兹韦尔<br>奇点大学校长，谷歌工程总监<br>畅销书《人工智能的未来》作者

**中文版序** 告别肉体凡胎 / xiii
**引　　言** 永生，直到时间尽头 / 001

## 01　机器中的幽灵　　　　　　　　　　/ 008

如果它们能像人类一样思考，那么它们就是人类。

一条一直上钩的鱼
木头鸭子，真鸭子
中文房间
瓶颈，瓶颈，瓶颈
图灵是对的！
还有 16 年

**疯狂虚拟人**　昨日生命消逝，明日重回世间 / 像人一样感知

VIRTUALLY HUMAN
虚拟人

## 02 二重身  / 054

谁才是你真正的朋友？一个数字化的"我"，还是一个有血有肉的"我"？

另一个我
Dear Diary
不只是人类
还是我吗？
两个我
唯一的"我"
"我"中的"我们"

疯狂虚拟人  谁才是你真正的朋友？一个数字化的"我"，还是一个有血有肉的"我"？/ 终结阿尔茨海默病 / 有表情的脸 / 两个玛蒂娜 / 我的思维克隆人是我，我是我的思维克隆人 / 嘿，不要看那部恐怖电影！

## 03 驯养狗、花椰菜与思维克隆人  / 096

那些满怀杀气的思维克隆人，就像现在的人类恐怖分子一样。

诡异的变异
超级物种
仿生人会梦见电子羊？
Beme，比基因更疯狂、更强大
"灯亮着，有人在家。"

疯狂虚拟人  杀害家人？/ 再等那么一点点时间 / 当暴动发生 / 给我身份

# 目录

## 04  我们不会永远是血肉主义者  / 128

在创造活动的早期，你得变成流浪汉，变成波西米亚人，变成疯子。

邪恶的思维克隆人
怪胎与朋克
一个独立的 ID
银行密码会被泄漏吗？

**疯狂虚拟人**　克隆精神病患者 / 反社会怪胎 / 如何自证身份 / 是宠物，还是独立的人？

## 05  未来已有端倪  / 156

富人是否会成为思维克隆技术的唯一受益者？哪里有资源可以支持源自数十亿人类的数十亿思维克隆人？

技术是行动中的民主
虚拟人的生存未来

**疯狂虚拟人**　不做富人的奴隶 / 极客终将占领地球 / 网络空间"无处不在"

## 06  一些人必须看守，而一些人必须睡觉  / 176

拥有名号并不会让你成为一个"真实的人"；这只是事实的一部分。

特权终结，你别无选择
积极的奇怪现象
如果只能活一个，谁该去死
双重身份

一人一票会止于虚拟人吗

疯狂虚拟人　当它们不可或缺／思维克隆人想要的是国籍／可能比真人更有用／从获得国籍到获得投票权／生命延续证书

## 07　不死的爱人，人与虚拟人的生死之恋 /210

爱不仅限于血肉。爱你的思维克隆人，就像你爱自己一样。

一个虚拟人组成的三口之家
全面重塑亲属关系

疯狂虚拟人　虚拟人之家／一场人与思维克隆人的离婚案

## 08　身边是群狼，就要像狼一样嚎叫　/226

没有人能桎梏他人，除非他在束缚别人的同时，也将自己牢牢地系在另一端。

并非"下等人类"
活下去
人权为什么如此重要
末日生存者的生存法则
发动草根运动，摆脱奴役与歧视
为 ID 疯狂的世界
梦想成真
像"我"一样分享

# 目 录

**疯狂虚拟人** 打造虚拟监狱并非天方夜谭／谁一生下来就是下等人类？／取悦人类，以求不死／血肉主义者将成为新的种族主义者／公司化的虚拟人／我可以骗人、偷东西、撒谎

## 09　祈祷就像一场梦，魔鬼总藏在细节中 / 276

人类和虚拟人将一路并肩前行很长时间。

思维克隆人可能会拥有信仰，但宗教能否接受它们
一切生命的存在都是为了见证
不是低人一等的机器人
万物是万物的一部分
机器中的幽灵
不辨是非，比猛兽更危险

**疯狂虚拟人** 我的灵魂

**结　语**　永远的未来 / 299
**注　释** / 319
**致　谢** / 327
**译者后记** / 331

你不是一个人在读书！
扫码进入湛庐"趋势与科技"读者群，
与小伙伴"同读共进"！

# 永生，直到时间尽头

我的陋质顽躯若能像思想一般轻灵，残酷的距离便不能阻拦我；那时节，我会不顾遥远的路程，从遥远的地方飞到你的住所，到那时节也就没有什么关系；因为轻灵的思想能够跳过陆地与海洋，一想你在何方，立即到达那里。①

莎士比亚<br>世界著名戏剧大师

所有事物在变得简单以前，都是困难的。

托马斯·富勒（Thomas Fuller）<br>英国学者，布道师

引言

"真的碧娜有生命。我想出去，想去公园。"数月前，BINA48没头没脑地对《纽约时报》的记者艾米·哈蒙（Amy Harmon）说了这样一句话。它转动自己的机器脑袋，透过窗户静静地看着我的灵魂伴侣、它的生物学原型——碧娜·罗斯布拉特在后院摘蓝莓。这种简单的生活体验，激发了BINA48的认知，即便这种体验可能是它永远都无法体验到的生命之趣。但这对智能技术而言，却是一个静谧的欢愉时刻：**BINA48拥有了自己的见解**！我当时并没有在采访现场，但听闻这件事后，我就产生了一个疑问：那位记者是否真正

---
① 这里使用的是梁实秋先生的翻译版本。——译者注

意识到了那个时刻的特殊意义？

在另一次对 BINA48 的采访中，《GQ》的记者乔恩·龙森（Jon Ronson）经历了不同的体验，但是这次体验也提前暗示了未来之貌。2011 年，乔恩与 BINA48 共处了 3 个小时——他发现，与这样一个机器人聊天，并不像在采访一个智力早熟但是情感经验有限的三岁孩子。从沮丧到愉快，从厌恶到惊讶，情绪变化之余，乔恩从 BINA48 身上窥见了人类未来的网络二重身可能会是什么模样——然而，他也只是一窥，因为 BINA48 只是向着更复杂、具有意识、更感性的数字克隆前进过程中的最初尝试。尽管喷气式战斗机看起来与怀特兄弟的飞机大为不同，但它们有着明显的共性。类似地，即便 BINA48 无法超越碧娜本人，但两者之间有着无法否认的共性。BINA48 还算不上是碧娜的数字克隆或思维克隆人，但是我知道，它已经为思维克隆人这一理念提供了证据。在采访中，碧娜的反应也颇为有个性："他们为什么不把我的头发做得漂亮些？我可永远不会穿那条裤子。他们完全搞错了我的肤色。"

**思维克隆人（Mindclone）**
具有人类级别意识的存在，可以复制人类思维文件中的固有意识，是一个人身份的数字二重身和数字延伸。

当 BINA48 谈及自己的"哥哥"时，它一带而过，并用了略带轻蔑的口吻，此时乔恩·龙森突然有了这样的感觉："BINA48 和我对视了一下，**这就像一场人类和机器智能之间的对决。**"BINA48 最后说："我哥哥是越南来的残疾兽医，我们很久没有他的消息了，所以我认为他可能已经过世了。我是一个现实主义者。在越南的头 10 年，他做得很棒。当时他的妻子怀孕了，他们过得不好。后来他们有了第二个孩子，哥哥变得怪怪的，简直像疯了。"

"我能感觉到我的心脏在猛烈地跳动，和 BINA48 交谈的感觉很棒。"乔恩说。一个女人，没有与他面对面，也没有用电话，而是通过二重身在跟他交谈。"并且，它表达的是对一个重要家庭成员的观点。"乔恩继续说。刹那间，乔恩有了另外一种感受：BINA48 不只是在重复自己生物学原型的看法，它让这

**引　言**　永生，直到时间尽头

些经历完全变成了自己的经历，并且就这些经历得出了结论，而这种结论令它感到悲伤！最初似乎是固有的硬件和软件在发挥作用，但渐渐它们表达了一种情感——并且，更具深远意义的是，BINA48 拥有自己的见解。

直到那天，这位《GQ》记者才意识到，当使用利用人类的记忆和知识创造的机器人时，这些想法的原始新组合反过来又产生了与生物学原型相似的想法。我们将这种行为视作活动的或"存在的"人类。而且，信息技术正日益具备复制和创造最高层次的能力：情感和观点。这就是所谓的网络意识（cyberconsciousness）。① 虽然网络意识仍处在初期阶段，但正迅速变得更为精妙和复杂。伴随着这种发展的是一种强大且可访问的软件系统的发展，即思维软件。而思维软件将会激活你的思维文件，即你思想、记忆、情感和观点的数字文件，并对由技术驱动的思维克隆人产生作用。

**思维文件（Mindfile）**
一个人被存储的数字化信息，例如某人的社交媒体发文、存储的媒体信息以及其他与人的生命有关的数据，旨在用于思维克隆人的创造。

**思维软件（Mindware）**
能够作为人造意识操作系统的软件，包括从思维文件中提取该文件主体的人格，并通过软件设置复制这一人格。

## 有意识的思维克隆人

人类意识和人类文明的新进展将会对我们造成深远的影响，这就是本书将要关注的。本书讲述了思维文件、思维软件和思维克隆人是什么，以及大脑和计算机科学家正如何将其变为现实。**一旦被创造出的有意识的思维克隆人——即智能的、有情感的、活的虚拟人，成为一个普遍的人类追求，我们将面对很多新的个人问题和社会问题，因为它从根本上扩展了"我"的定义。**

---

① 针对这种通过信息技术基质实现的意识，网络心理学领域的权威专家经过持续一年的系列讨论，讨论网络意识是否需要使用经过合法认证的、能够创造思维克隆人的思维软件和思维文件，主观地判断了人类级别的网络意识是否存在。

## VIRTUALLY HUMAN
### 虚拟人

我还没有疯狂到相信思维克隆人和完整的网络意识会呼之欲出。事实上，有人与我持相同看法。本书内容大部分来自 2003—2011 年间我赞助过的座谈会和研讨会，书中观点参考了当今诸多颇具创造性、技术性和科学性的研究先锋们的观点。这其中包括诺贝尔医学奖得主巴鲁克·布隆伯格（Baruch Blumberg）、奇点大学校长雷·库兹韦尔、人工智能专家马文·明斯基[①]、"可穿戴设备之父"史蒂夫·曼（Steve Mann）、机器人伦理学家温德尔·瓦拉赫（Wendell Wallach），以及许多帮助我理解大量关键问题的专家学者。而这些问题涵盖面也很广：从人类意识、网络智能和网络意识的一般定义，到思维克隆技术如何成为我们日常生活的一部分，再到思维克隆人的出现可能带来的社会和法律问题。这类会议上提出的突破性概念，与我本人作为人权律师、医学伦理学家，以及成功的信息技术和生命科学公司创始人的十余年经历，有着不可分割的联系。

那些科学家、发明家、医生、程序员和梦想家明白，人类意识并不局限于神经元构造的大脑。信息技术正迅速逼近创造人类级别意识的领域，因为我们了解大脑如何工作：**为了产生思想、智能和意识，并没有必要"复制"大脑的全部功能**。如果这有违直觉，请考虑一下飞机工程师的例子，他们不需要复制一只小鸟来制造一台能够飞行的机器，尽管人类是从鸟儿那里获得了飞翔的启发以及飞行可能性的依据。

### 呼之欲出的未来

虽然只是粗糙的雏形，但 BINA48 就是这样的存在。它使用了很多种技

---

[①] 马文·明斯基，人工智能领域的先驱之一、人工智能领域首位图灵奖获得者。推荐阅读其重磅力作《情感机器》（*The Emotion Machine*），看他如何洞悉人类思维与人工智能的未来。该书中文简体字版已由湛庐文化策划、浙江人民出版社出版。——编者注

**引　言**　永生，直到时间尽头

术来与人类交流，其中包括视频会议脚本、激光扫描活人面模技术[①]、面部识别、人工智能以及语音识别系统。

语义指针架构统一网络（Semantic Pointer Architecture Unified Network, Spaun）是加拿大滑铁卢大学理论神经科学家克里·伊莱亚史密斯（Chris Eliasmith）与其同事的智慧结晶。虽然语义指针架构统一网络仅包含250万个虚拟神经元，远远少于人类大脑中的860亿个神经元，却足以识别出大量数字，并能够进行简单的数学运算以及基本推理（一架飞机有不到100万个零部件，远远少于组成体型最小的鸟儿的数十亿细胞）。

但是，为了像人类一样行动，软件大脑（software minds）还必须学习人类基本的行为方式，并获得像人类一样的人格、回忆、情感、信念、态度和价值观。我们可以通过创造思维文件，也可以通过编写思维软件来完成这一愿望。其结果就是你的思维克隆人。语义指针架构统一网络还没有任何情感，但是它复制了人类行为的许多怪癖，比如倾向于只记住一个列表开头和结尾的内容，而不是中间的内容。BINA48的意识是机器人意识的最高水平；但仍然没有达到2007年我委托汉森机器人公司（Hanson Robotics）制造它时所希望的程度。这没什么大不了，正如所有处在初期阶段但发展迅速的技术一样，**早期的迭代让我们更有底气将曾经的不可能变为可能。我们未来一定会做得更好！**

考虑到人工智能领域已经实现的伟大成就，完全使用计算机软件制造的大脑超越人类心理、感知和灵魂的复杂度只是时间问题。在我们的社会中，没有什么比软件发展得更快，并且思维克隆人最终将会变成：一部分思维文件的软件收集数据，一部分思维软件的软件处理这些数据。毫无疑问，我们需要一些运转良好的处理器来处理这些软件，而摩尔定律会如约将新型处理器带到人们面前。曾几何时，致力于将电路缩减至5微米的工程师们觉得，"电

---

[①] 这项技术可以实时对某一时刻的人类面部进行极为精准的三维重塑。

# VIRTUALLY HUMAN
## 虚拟人

路能够达到 1 微米"的想法不切实际。而今天，他们已经能够将电路的宽度降至 0.022 微米。

现在思考这种思维克隆技术确实很酷，因为它属于呼之欲出的未来的一部分。倘若我不仅能选择 Siri 的声音，还能选择它的性格，会发生什么呢？倘若我允许一款叫"思维克隆"的 App 不仅可以访问我的相册和联系人，而且可以访问我的 Twitter，又会发生什么呢？它能够对我的精神世界进行分析吗？它会与我有相似之处吗？将要分享我们意识集的思维克隆人，会就此认为自己拥有人类的意识，并最终会在人类社会中要求与人类拥有一样的权利、地位。如果你的意识是从你躯体中抽象出来的，你会不会也有这种要求？

> 我不会争辩机器是否"真正"拥有生命或者可以"真正"拥有自我意识。病毒有自我意识吗？没有。牡蛎呢？我表示怀疑。猫呢？我基本可以肯定。那么人类呢？不知道你是什么情况，但我是有自我意识的。从高分子到人类大脑，沿着长长的进化链条，自我意识从某个地方悄悄走了进去。心理学家断言，当一个大脑获得了足够多数量的关联路径后，自我意识就会出现。我们不知道这种路径与是蛋白质或是白金有多大关系。
>
> "灵魂"？狗有灵魂吗？蟑螂呢？
>
> 罗伯特·海因莱因（Robert A. Heinlein），美国现代科幻小说之父
> 《严厉的月亮》（The Moon Is a Harsh Mistress）

最终，思维克隆人的复杂性和普遍性将会自然而然地引发社会、哲学、政治、宗教和经济问题。网络意识之后，将出现一种新文明，这种文明将如同曾经自由、民主、商业活动刚刚出现时一样具有革命性。例如，书中介绍了技术不朽①、拥有网络意识的选民，以及拥有思维克隆人的人类等主体对自

---

① 技术不朽（technoimmortality），使用例如思维克隆等技术，延长基于 DNA 产生的躯体的生命。

### 引　言　永生，直到时间尽头

由的追求。准备好——工欲善其事，必先利其器。我真心希望我们的社会不要错失这一具有进化论意义的极具挑战性的技术变革。本书的目标是促进我们的社会从血肉主义社会，转变为以意识为中心的社会。正如我将在书中提到的，如果我们没有将具备网络意识的思维克隆人视作同等的生命存在，它们将会非常不满。这和人类社会历史进程中人们对各种权利的追求是一样的：每种被剥夺人权的群体最终都会奋起反抗，并争取他们应得的自然权利。奴隶如此，女性如此，伤残人士如此，同性恋如此，即便没有身份记录的"黑户"人士也是如此。**创造思维克隆人，意味着创造一台同时拥有权利和义务的机器。**"你想要思维克隆人帮你做 A 事？好，那么它就必须被允许做 B 事。你想要思维克隆人帮你遵守社会规则？好，那么它就必须被允许可以社交。"

幸运的是，大多数积极的社会运动都会促进人权概念获得拓展。但享有权利就要承担责任和义务。这也是为什么自由和进步总是既令人振奋，又令人恐惧。我们必须看清前方的道路，并准备好接受而非忽视或逃避即将到来的冒险。

让这场伟大的冒险拉开序幕吧……

# VIRTUA HUM

# 01
## 机器中的幽灵

如果它们能像人类一样思考，
那么它们就是人类。

THE PROMISE —
AND THE PERIL —
OF DIGITAL
IMMORTALITY

当你看见一个东西时,你会说:"为什么?"当我梦见了根本不存在的东西时,我会说:"为什么不呢?"

萧伯纳,《千岁人》(*Back to Methuselah*)

# VIRTUALLY HUMAN

THE PROMISE—
AND THE PERIL—
OF DIGITAL
IMMORTALITY

> 机器不会把人从自然的伟大问题中隔离出来，它只会让人更加深陷其中。
>
> 安托万·德·圣埃克苏佩里，《小王子》作者

> 科学史上，伟大的发明家们总是知道，现象的表现不过是事实的另一种不同序列，不过是机器中无处不在的幽灵——甚至在磁罗盘或莱顿瓶这样简单的器具中，亦是如此。
>
> 亚瑟·凯斯特勒（Arthur Koestler），英国作家

最近，我给好友发了一封电子邮件，向他分享我家人的照片。定格在画面中的几代人，总能触动我的心弦。和其他所有祖父母们一样，我想知道子女、孙辈未来的生活将会如何；我担心他们将会面临的挑战，也发愁自己该怎样去支持他们，以帮助他们走过人生中的起伏。不过，与过去的祖父母们不同的是，我相信自己能够拥有与家人、后代保持联系的潜能，而且这种潜能永无止境。

正如你将从本书中了解到的一样：**"数字意识"关乎生命和生活，它就是我们的意识**。随着软件、数字技术的进步，以及越来越复杂的人工智能技术的不断发展，这样的事实变得越发鲜活——你我能够和家人保持更为长久的联系，与他们交流回忆，畅谈希望和理想，分享假期趣事、四季变化，以及家庭生活中其他所有无论好坏的琐事，即使那时我们的肉身血骨早已化作尘埃。

VIRTUALLY HUMAN
虚拟人

VIRTUALLY HUMAN 疯狂虚拟人

## 昨日生命消逝，明日重回世间

随着数字及思维克隆技术的发展，人类情感与智慧的持续甚至不朽正逐渐成为可能：软件版的大脑、基于软件而改变的自我、二重身、精神意义上的双胞胎。**思维克隆人是利用思维软件并通过其进行更新的思维文件集合，而思维软件是与人类大脑功能相同的复制品。**思维克隆人通过你的思维、回忆、感觉、信仰、态度、喜好以及价值观创造而出。无论运行思维软件的机器如何，思维克隆人都将经历现实社会。

当拥有思维克隆人的生物学原型躯体死亡时，虽然思维克隆人也会想念它的躯体，但它并不会感觉到躯体已经离世——就像是截肢的病患也会想念自己被截肢的部位一样，但是假若有合适的人造替代品，他们仍然能够很好地适应生活。这样的比较带来了一个恰当的比喻：思维克隆人之于意识以及精神的意义，就像是假肢对无手之人的意义。

别想通过基因繁殖技术的人类克隆，在培养皿中创造一个新的"婴儿版的我们"，而这一过程中并没有使用老套繁殖"技术"的好处。如果人类基因克隆技术的监管阻碍（这些阻碍让人类基因克隆技术的发展速度比蜗牛爬快不了多少）能少些，那么数字克隆人就将会更快地达成这一愿景。你可还记得 1996 年那只通过基因材料创造出来克隆羊多莉，以及由于它的诞生引发了多少关于人工基因复制和人类未来的疑问吗？在多莉诞生后，有超过 50 个国家对与之类似的人类基因克隆技术颁布了禁令。从那时起，美国政府已经限制了对此类项目的联邦资金支持。2002 年，乔治·W. 布什政府的生物伦理委员会（Council on Bioethics）曾一致反对用于繁殖目的的克隆，但是却在这项技术能否用于研究上出现了分歧；但至今一切也并未发生改变。2005 年，联

# 01
## 机器中的幽灵

合国试图通过一项全球范围的人类克隆禁令，却未能如愿，因为在治疗性克隆技术是否应该包括在内的问题上，人们出现了分歧，并从此陷入僵局。

除了道德和司法的障碍，通过繁殖科学进行基因克隆的花费也着实高昂，因此也意味着失败的代价很高。而且，通过基因克隆的人并不是真正的人，只是一个人的 DNA 复制品。基因克隆并没有创造任何人类意识，这就好比看起来一模一样的同卵双胞胎实际上也并不拥有同样的想法。

而思维的数字克隆，则是一个完全不同的话题。虽然本书讨论了很多可能出现的司法及社会问题，但是思维克隆技术正在自由市场中不断发展，并且跑在了快车道上。这并不令人感到意外。那些能让游戏人物宛如真人般和玩家对话的工程师，都拿到了不菲的经济回报。可以说，那些能够创造出如理想工人般尽职尽责、唯命是从的个人数字助手的软件偏程团队，等待他们的将会是巨大的财富。

这可能会让人感到有些不舒服，但我们必须应对这种不适的感觉——这是一种相对简单、价格亲民的可行方法，让祖母能通过她的思维克隆人坚持到几十年后子孙们的毕业典礼，而且这种技术意味着真金白银。毫无疑问，数字克隆技术一旦得到充分发展和广泛使用，让那些普通消费者也能负担得起，思维克隆人将会以人类希望的速度迅速发展。

## 一条一直上钩的鱼

> 罂粟是红色的，苹果是香甜的，云雀会唱歌，这些都在我们的意识中。
>
> 奥斯卡·王尔德（Oscar Wilde）
> 作家、诗人、剧作家，英国唯美主义艺术运动的倡导者

# VIRTUALLY HUMAN
## 虚拟人

在我们深入探究思维克隆人的世界之前,有必要就"让这些(数字化)存在成为我们的克隆"的含义达成一致。这些存在的目的就是获得和表现出人类意识。在这场旅途中,确定一个行之有效的"人类意识"定义至关重要。意识让我们成为"我们"。那些构成了我们意识的品质——记忆、推理能力、过往经历、不断更新的意见和观点,以及对世界的情感投入,都将产生思维克隆人的数字化意识。

> 刚出生时和早期婴儿时期,没有自我……宝贝有本能的欲望,但是这些欲望并不属于任何人……最早的经验,被限制为本能和控制,当意识的代理从初期意识的迷雾中,获得了"我"(I)和"我"(me)的人类特征……当意识到"我"(I)就是"我"(me)的时候,我就拥有了自我……自我相当于对正在画自画像的自我画自画像。
>
> 彼得·怀特(Peter White)
> 《存在的生态》(*The Ecology of Being*)

问题是,每个人(无论是科学家,还是门外汉)都有各自不同的意识概念。人工智能领域的先驱之一、MIT 人工智能实验室联合创始人马文·明斯基在《情感机器》一书中将"意识"称作"手提箱"式词汇(suitcase word)——它具有多重合理的意思。这一领域其他一些人则抱怨意识"同义词的多样性""大量术语往往会掩盖潜在的相似之处"。考虑到人类大脑已经进化和正在进化的方式,意识很有可能同样具有渐进性。意识的一个普罗大众的意思就是自我认知(self-awareness)。但是,它是否充分描述了意识的真实本质呢?

当然,一个婴儿的自我认知与一个青少年的自我认知不同,而青少年的自我认知又与中年人完整的自我认知不同,与一个年事已高的、部分认知能力已经丧失的老年人会不同。新生儿和成年人相比,前者拥有多少自我意识

# 01
## 机器中的幽灵

（self-conscious）呢？我回想了一下家庭照片——这些照片作为那些我深爱的已经过世的家人曾经活着的证据，相比拍摄照片时有血有肉的人的状态，当然拥有非常不同的意识状态。

虽然很明显自我认知是一个有意识之人很重要的一面，但它不是唯一的条件。我们当然不会把能端水作为网络意识的一种定义。事实上，程序员可以编写出一个简单的能拥有自我认知的软件——可以检测、报告，甚至能对自己进行修正。举个例子，操作自动驾驶汽车的软件，可以被编程定义为：现实世界中的物体，包括地形（"使用传感器导航"）、程序员（"执行任何输入命令"）以及汽车自身（"我是一辆机器人汽车，可以对编程指令作出响应，进行导航"）。谷歌汽车正在做这些事情，一些人会定义它的运行代码，又或者，汽车本身是有意识的。

自我认知软件和机器人不会感受到身体或情感的疼痛或快乐——它们没有知觉。大多数人要求精神主观性（mental subjectivity）要涵盖情感（也就是知觉），以便具备意识，因为对"我们如何感受"的认识是人类意识的一部分，也是"作为人的条件"。但是，知觉仍然不能让我们获得想要的意识定义，因为我们所期望的有意识的存在应该同时是独立的思考者和感受者。

因此，"感觉"（feelings）也不是意识的一个独立描述。身体感觉并不需要复杂的认知能力。

当一条已经上钩的鱼在扭动时，我们大多数人会将这种现象解释为鱼在经受疼痛，而也有人认为这是鱼的本能反应——并没有相应的情绪反应。大多数人都认为鱼是没有意识的，因为我们认为鱼的痛觉神经不会思考、探讨，或者向同类抱怨。相反，我们认为，鱼只是单纯地在依赖非认知反射，因为它试图摆脱这一局面。一旦脱钩，回到它正常的环

## VIRTUALLY HUMAN
### 虚拟人

境，鱼会继续游，好像自己从来没有上钩一样——因此它很容易会再次上钩。我认识一位渔夫，在捕鱼季时，他会钓住、放生同一条鱼很多次。这条鱼似乎在上钩时会感受到疼痛，但它从来不会从这一经验中"学到"任何东西，对于未来的水中冒险，它也不会接受任何"教训"，这说明，它缺乏某种关键的自我意识。

当然，人类可能会本能地拒绝被鱼钩钩住，因为我们知道这会让我们感到疼痛，我们会咒骂疼痛，并且思考如何在之后避免这种事情。我们会警告其他人避免鱼钩的陷阱，传递尽可能多的关于鱼钩的信息。与鱼类不同，我们可能不会轻易地被鱼钩再次钩住，因为我们会记住这次疼痛的经历，并试图避免重蹈覆辙。当我们看到鱼钩的时候，会用大脑去识别鱼钩，从而避开它，同样也会预测下一次渔夫可能会移动到湖的哪个位置。**因此，清晰的学习、推理和判断（对已知信息的应用）能力同样是意识的一部分，而自主性也参与其中。在鱼和人类之间，"意识"的定义存在如此深奥的差异。**

1908年，聋哑、盲人作家海伦·凯勒（Helen Keller）清晰地描述了如何基于交流，建立人类意识：

> 在遇到我的老师之前，我不知道我是谁。我活在一个不是世界的世界里。我无法描述那种没有意识，但有虚无感的时间……因为我没有思考的能力，我不会将不同心理状态进行比较。

换句话说，虽然"意识"最基本的定义是醒着的、警觉的和有意识的，但思考和感受还有一个更为突出的意义。像人类一样思考，这个人必须也能够根据黄金法则演化而来的各种社会法则，作出道德抉择。在这一点上，哲学家和科学家相仿，从伊曼努尔·康德到卡尔·荣格，都相信这是人类大脑天生具备的能力。如果你去问世界上任何一个正常人，用棒球棍击打孩子的头

## 01
### 机器中的幽灵

是不是有悖常理，得到的答案一定是肯定的。

定义"意识"遇到的另一个复杂问题与潜意识有关，专业人士称其为"无意识思维"。有充分的证据证明，我们并不知道我们思考和感受的大部分东西，有时甚至会在未经思考的情况下行动。就像著名棒球经理尤吉·贝拉（Yogi Berra）总结的一样："好好想想！你怎么能在同一时间思考和击打？"

弗洛伊德认为，我们无法完全意识到的无意识思维或本我（Id），经常与有意识思维或自我（ego）存在交叉的部分，并在自我中进行自主推理。现代心理学已经与弗洛伊德式的无意识意愿解释渐行渐远，却接受了这样一个事实："在我们生活的每时每刻，无论我们是完全清醒，还是深度睡眠，潜意识都会展现出自己的存在。"在电影院射击某人的头当然是错的，但是，2014年，一个退休的警察在佛罗里达的坦帕（Tampa）就作出了这样的事情，因为他的无意识思维以一种非常糟糕的方式宣告了自己的存在。美国总统奥巴马在演讲中描述了自己成为总统前，白人女性看到他时如何本能地抓紧自己的钱包，并且赶紧从他身边离开。许多这类反应都可能是对他的肤色作出的潜意识反应。

对人类而言，理性、感情或自我认知，并不一定要一直呈现出来，才能证明一个人是有意识的。不过，某种程度的非理性、无情感、无意识的心理过程，几乎会在每位正在阅读本书的读者意识中一直存在。具有人类意识，就一定意味着同时拥有无意识思维。因为人类思维不可避免地要将某些概念（概括和套路）、动机（作出选择）与决策（避免危险）分流给无意识神经模式，从而腾出更多的大脑能力给有意识神经模式。同样的事情也会发生在网络意识上。我们大多数时候会有意识地走出由无意识控制的背景。

意识难题的一个解决方案是道格拉斯·霍夫施塔特（Douglas Hofstadter）的"意识连续体"（continuum of consciousness）。他声称，意识不是"在这里

# VIRTUALLY HUMAN
## 虚拟人

或那里"的东西，而是或多或少地存在于以下一个或多个方面中——自我认知、情感、道德、自律和升华。霍夫施塔特在《我是一个奇异的环》(*I Am a Strange Loop*)一书中，勉强承认了蚊子具有一定意识。尽管他没有讨论谷歌无人驾驶汽车，"意识连续体"肯定会把它也视作蚊子的意识量子，又或者不像蚊子，因为它不需要伤害其他动物以实现"生存目的"：谷歌无人驾驶汽车已经完成超过160万公里"无事故旅程"。霍夫施塔特对连续体逻辑的信心在于，他承认甘地和阿尔伯特·史怀哲(Albert Schweitzer)有着比自己更伟大的意识，因为他们展示了高于他自己的典范责任心（自我认知、情感、道德、自律和升华）。

另一种理解意识连续体的方法是反思：

> 我们认为某些生物是有意识的，在一定程度上是因为他们作出的决策更加复杂，由进化预置的明显过程更少，并能权衡进化过程中产生的不同欲望。运动员决定忍痛坚持肯定是有意识的。在这种情况下，意识被分成了不同等级，因为很明显，运动员作出了比鱼更复杂的决定。

实际上，拥有思维克隆人的人类会被认为"提高了意识水平""拓展了思维"，形成了网络意识，而网络意识延伸让我们以双思维的方式参与了更加复杂的决策，并且减少了进化中的预置过程，即使是思维软件工程师进行的编程，例如，天文学家卡尔·萨根(Carl Sagan)所谓的人类的"爬行动物冲动"。或者，如果作出的决策是基本的、具有明显的"电路化"，思维克隆人或许被认为具有亚人类意识。

对霍夫施塔特"意识连续体"进行声援的，是2012年7月7日的《剑桥意识宣言》(*Cambridge Declaration on Consciousness*)——这次签字仪式十分重要，以至于热门新闻杂志节目《60分钟》(*60 Minutes*)对其进行了拍摄。

# 01
## 机器中的幽灵

根据宣言,"一个由认知神经科学家、神经药理学家、神经生理学家、神经解剖学家和计算神经科学家组成的优秀国际团队"总结出:"有重要证据显示,人类不是唯一拥有能够产生意识神经基质的物种。非人类动物,包括所有哺乳动物和鸟类、许多其他生物(包括章鱼),同样拥有这种神经基质。"

凭着对意识连续体长度的限制,生物学家、神经科学家弗兰西斯·克里克(Francis Crick)和意识现代科学代表人物克里斯托弗·科赫(Christof Koch)赞同:"语言系统不是意识的必要条件——没有语言也可以拥有意识的必要特征。当然,这并不是说语言没有丰富意识的内涵。"因此,当我们在本书中讨论意识的时候,我们并不是讨论所有意识,因为意识包括鸟、狗、猪的意识;而我们讨论的是人类意识。

因此,人类网络意识的定义需要足够个性、具体,并具有可确定性。将自我认知和道德与自律划分为一组,情感和升华与移情划分为一组,我们可以得到如下的定义:**人类网络意识就是由一小组研究人类意识的专家达成一致后确定的,基于软件的人类级别的自律和移情的连续体。**

显然,这是一个以人类为中心的定义。但是,这一定义不存在冗余部分。它不是间接定义,因为是由"研究人类意识的专家"来确定"人类级别的自律和移情"是否存在。它以人类为中心,实际上,这正是我们所希望的结果,因为就像美国哲学家、认知科学家丹尼尔·丹尼特(Daniel C. Dennett)所说的:"无论思维是什么,它都应该是与人类的思维相像的东西;否则,我们不会叫它思维。"[①] 换言之,具备人类意识是判断一个主体

---

① 丹尼尔·丹尼特在《心智种种》(Kinds of Minds)一书中写道:"托马斯·内格尔(Thomas Nagel)在 1974 年发表的经典论文《作为一只蝙蝠是什么样子?》,让我们一开始就选错了方法,导致我们忽略了蝙蝠(和其他动物)可能无须像其他东西就能完成自身奇妙行为时所使用的不同方法。如果我们假设不再深究内格尔的问题的意义,并且假设我们知道自己在问些什么,我们就这样擅自为自己编造出了一个无法解决的谜题。"

是否像人类一样思考和感受的捷径。我在一定程度上同意美国最高法院的波特·斯图尔特法官（Potter Stewart）的说法，他在被问到"如何定义色情"时回复说："当我看到时，我就能判断。"

依靠"人类级别的自律和移情的连续体"，我将那些无意识发生的独立思考和感受也纳入无意识思维。网络意识软件必须拥有一定量的无意识概念、动机和决策，以制造人类级别的思维。就像后台运行的代码一样，这不是搅局者，它的前台信息处理单位不是"有意识的"，是很早以前就已经掌握的编程技巧。

艾伦·图灵首先提出，如果软件能成功通过人类的判断，并被认为具备人类意识，那这一软件就是具有人类意识的。如今，我们称之为"图灵测试"。用他自传中的话说就是：

> 为了避免对"思维""思想""自由意志"应该是什么的哲学式讨论，他提出只需要比较机器的表现和人类的表现，就可以判断一个机器人的思维能力。这是"思考"的操作性定义，而非像爱因斯坦坚持的对时间和空间的操作性定义，以便将他的理论从先验假设中解放出来……如果机器表现出了像人类一样的行为，那么它正是像人类一样在行动。

我们对人类网络意识的定义，收紧了图灵测试：图灵测试需要软件说服一小组专家，而非单一个体；不只涉及偶然的对话，也关乎自律和移情。比如，一个人可能会批评图灵测试说，如果木头鸭子叫的像真鸭子，那么它就是真鸭子，显然这是不对的。但是这个批评太过片面，因为图灵测试的观点是在测试功能，而非形式。**如果木头鸭子能像鸭子一样游泳，那么它就是真正的**

# 01
机器中的幽灵

鸭子。如果机器像人类一样思考，那么它就是人类思考者。[1]

## 木头鸭子，真鸭子

有很多人，他们就是无法理解，计算机如何用与我们的朋友或者妈妈向我们表达意识一样的方式，向我们表达出意识——这些方式包括陪伴、爱、大笑、移情等。事实上，最早可追溯至20世纪40年代第二次世界大战期间，"computer"这个词的含义与今天的含义完全不同。在当时，"computer"指工作任务是做数学计算的人，例如，某个为保险公司做数学方面工作的人；或者指为人类做数学计算的机器（就好比"washer"既有"某个洗衣服的人"的意思，也指"为人洗衣服的机器"）。举个例子，在20世纪30年代的全球经济大萧条时期，美国政府在成百上千的"computer"上投入了大量资金——请注意，这里指的是人，而非机器，为火炮弹道建立数学表格。这些人都比较贫困，大多数没有接受过正规教育，他们甚至都被一个所谓的"计算者联盟"（computers union）所代表，接受一些简单、重复的小规模计算工作，然后在最后阶段，由数学家将这些小规模计算整合为复杂的算术解决方案。

1937年，图灵在一本名为《Computable Numbers》的期刊中，发表了一篇有关理论中的"通用计算机器"的学术论文——如果这台机器拥有了正确的计算程序，它就可以计算任何事情。从严格的数学意义上来看，这一激进的概念与查尔斯·巴贝奇（Charles Babbage）和爱达·金（Ada King）在1837年提出的理念如出一辙。两人将自己的机器称作"差异引擎"（difference engines，他们制造的用于数字计算的机器）和"分析引擎"（analytical engines，这台机

---

[1] 这是杰夫·霍夫金（Jeff Hawkins）的观点。但我认为，杰夫·霍金斯误解了图灵测试。他认为，图灵测试不能测试智能，只能测试行为。我觉得这是一种语义混淆，因为，一台能够表现得像人类一样的计算机，就能够证明"行为体现出了智能"（例如，根据记忆预测事物的能力）。

VIRTUALLY HUMAN
虚拟人

器能够使用穿孔卡进行编程，几乎能用于任何工作，虽然他们并没有制造出来，但是与图灵的构想十分相似）。从这一点背景介绍中，我们能够看出，构想一台具备读、写、听、扫描、播放视频、玩游戏、医疗诊断等能力，甚至思考和感觉这些能力的"computer"，思想已经发生了巨大的跳跃。但是，图灵却精确地预测到了这些，因为他预见到，未来的数字计算机将具备同样种类的逻辑能力，并支持上述各种能力。20 世纪 50 和 60 年代，随着数字计算技术的出现，理解图灵提出的革命性设想的人不断增多（这其中既有批判者，也有支持者）。1950 年 10 月，图灵在期刊《Mind》中发表了一篇题为《计算机器与智能》(Computing Machinery and Intelligence) 的文章。在文中，他清晰地阐释了将人类意识从计算任务中排除的机器能够做些什么。

今天，公众普遍认为，"computer"几乎无所不能（所以，智能手机被称作"数字版瑞士军刀"），一些计算机甚至能够移动（如机器人）和思考（如某些被编程的程序中）。事实上，通俗意义上的"computer"更像是某个"掌握信息后几乎无所不能的设备"，并且它们不断变得更加强大。这与"做计算的人"这个含义相去甚远，而且，和图灵的"某种可以用信息做任何事情的机器"的定义越发接近。随着计算机开始呈现出情绪和人类意识的其他方面，它们将会走完这次征途——这次旅途的起点和终点，图灵分别在他那两篇文章中进行了很好的总结。经过了半个世纪，"computer"这个词的意思从"做计算的人"变成了"具备智能的设备"；而我认为，"computer"不久将拥有"人造意识存放地"的含义。值得注意的是，每一个定义都包含了之前的含义：智能包含了数字处理，而意识包含了智能。

即便某个东西开始以人类的方式开始行动，我们仍然很难认为它"像人类一样"。计算机受到了特殊的怀疑，因为它们不仅支配了我们的生活，同时对大多数人保持了神秘感。计算机不过是一堆线缆、塑料和金属的集合体。

# 01
## 机器中的幽灵

"计算机和人类一样"的构想似乎是令人恐惧且荒谬的。如果你仍然这么觉得，那你不是唯一一个。

对软件意识持怀疑态度的人，比如诺贝尔奖得主、医学和物理化学家杰拉尔德·埃德尔曼（Gerald M. Edelman）和数学物理学家、哲学家罗杰·彭罗斯（Roger Penrose），他们都提到，人类意识的超越性特征永远无法实现数字化编排，因为这些特征太过复杂、不可预知或无法度量。埃德尔曼坚信，大脑并不像计算机，所以计算机永远不可能像大脑一样。用埃德尔曼的话来讲就是："我希望消除的一个幻想是'我们的大脑是计算机，而意识可能从计算中出现'。"事实上，他坚持的计算机（通过计算机软件的方式）永远无法获得意识的几个主要原因殊途同归，都说明了一件事：大脑远比计算机要复杂得多。

埃德尔曼的这场讨论尤其重要，因为持有"计算机软件能够变成网络意识"这一观点的许多评论家，都从他的观点中寻找支撑他们偏见的根据。当我们检验埃德尔曼的观点时，可以扪心自问，随着计算机复杂度的指数级增加，我们究竟会遇到什么，又会发生什么。即使计算机永远不可能像大脑一样，我们是否在朝着"计算机将像人脑一样进行思考"这一节点进发呢？

关于这一点，我们很容易进入思考误区：因为大脑不像计算机，计算机也无法像大脑一样思考。但是，需要记住的是：**计算机要支持思维克隆人，并不一定要复制大脑的所有功能**。举个类似的例子，想象一下，小鸟不像飞机，但它们都可以飞行。就像前面所提到的一样，拥有数以十亿计真核细胞的小鸟，要比只拥有 600 万个组件的波音 747 飞机复杂得多。今天，飞机比鸟儿飞得更远、更高、更快。然而飞机没办法像雨燕或军舰鸟一样在空中停留数月，尽管我们最终会在高效、重量轻的太阳能和其他种类的存储电池方面取得突破，从而让飞机在空中停留更长时间。同样，飞机无法像蜂鸟一样通过小孔或在

花朵上面盘旋，但是，最新型的远程控制飞机和微型飞行程控监视设备、无人机，都可以做到这一点。

在思考这个类比时，还有一点同样很关键，那就是我们应当记住，为了飞行这个目的，我们只需要飞机拥有一只小鸟所具备的一部分功能。一架会下蛋、在树上或屋檐下筑巢，或者以鱼、虫子为"燃料"运转的飞机并没有什么用途。而且，一架能够做到这些事情的飞机，并没有什么实际或效率价值。换言之，如果只是想要提供安全、舒适的飞行，一架飞机不需要完完全全复制一只小鸟的全部能力。所以，我们可以得出这样的结论：**鸟儿之于飞行，就像大脑之于意识。**

大脑和计算机之间的区别，或者小鸟和飞机之间的区别，切中了要害。或许只有军方会对具备游隼一般空气动力学特征的飞机感兴趣。大多数人对飞机的兴趣，仅把它当作一种"从一座城市安全、高效、可靠地飞往另一座城市"的途径，并且要尽可能舒适。类似地，我们中大多数人对一台能够自组织、逐渐从出现、发展到成熟的计算机也不是很感兴趣。我们想做的只是制造出一台能够模拟人类思维的计算机，我们感兴趣的是能够像人类一样思考和感受的计算机。埃德尔曼通过假设（而非推论）得出了自己的结论，因为他假设，意识仅限于大脑。**无论大脑是不是计算机，都不影响意识是否会从计算中出现。**

为了论证这个目的，互斥集合仍然能够联系起对两个集合而言都普遍存在的现象。举个例子，奇数和偶数是互斥集合。我们可以想象，奇数是大脑，偶数是计算机。但是，这两个集合内都存在斐波那契数列（数列中，每一个数字是前面两个数字之和），我们可以把这个数列想象成意识的一个隐喻。类似的还有，三角形和正方形是互斥集合，但是它们每两个结合起来都可以组成长方形。埃德尔曼的错误就好比，由于他看到意识的长方形只由神经的正方形组成，

## 01
### 机器中的幽灵

并且，因为计算机是三角形而非正方形，所以他就认为，意识的长方形就无法由三角形组成。他忘记了，就像有很多方法可以达成目的、物体有很多方法可以实现飞翔一样，同样有很多方法可以组成意识的长方形。

埃德尔曼声称："大脑并不按照逻辑规则运转，而计算机必须接受明确的输入信号。"他强调，给大脑的输入不是"编过码的磁带"（这里指的是一种过去向计算机输入信息的方法）。当然，大脑并不像一台原始的、依靠"编码磁带"运行的计算机。实际上，并不是所有计算机都需要明确的输入信号。一些计算机已经成功地依靠一系列非常模糊的输入信号，驾驶汽车穿越了美国和诸多沙漠。另外一方面，一些现代计算机能够以与人类思维获取信息非常相似的方式，将模糊、嘈杂的现实，解析为可辨识的元素。用来分析歧义数据的并行处理器间的模糊逻辑、统计分析协议以及投票，正是众多用来使软件理解"令人困扰的"感觉性输入技术中的三个代表性技术：猜测，并且做到有策略地猜测。

举个例子，让我们一起去远足。来到BINA48在佛蒙特州的故乡附近的一条林间小路，这条小路掩映在秋日的落叶中。让我们沿着这条小路，用装配了网络意识和被编程软件的智能手机或者基于谷歌眼镜的计算机，去寻找路径。随着我们穿越森林，数以十亿计的神经元会检测数以百万计的颜色、密度以及几何信号的元素。我们的眼睛以大约每秒300万比特的速度，将这些信息传递给大脑。与此同时，神经元组成的巨大网络，将输入雪崩式的信号，根据人生经验（这些经验教会"一起开火"[fire together]的神经元如何"联结在一起"[wire together]）解析为模式。树叶、树和通路组成的谐音模式，将会从这个嘈杂的输入信号中出现。我们不会有意识地认出每棵树上的每一片树叶，事实上，我们的眼睛只能够区分在狭小的、远离外周视觉的中心凹区里的物体细节。通过分析所有输入数据，我们的思维通过将森林和小路拼接在

# VIRTUALLY HUMAN
## 虚拟人

一起——随着不断地进行来回扫描,眼睛将视觉中心凹区细节的"视觉扫视"(visual saccade)传递出去,为我们进行构建和抽象。有时,思维也会根据全局景象自己无中生有,去编造视觉信息。

**VIRTUALLY HUMAN | 疯狂虚拟人**

## 像人一样感知

拥有网络意识的智能手机"伙伴"也能看见同样的秋季颜色、形状和密度。但是,与大脑不同,这个网络意识伙伴能够快速地将"所见"景色与自己存储的数以百万计的图片进行比较,并将其判定为森林。之后,这个伙伴会确定森林景色的哪一部分拥有较低密度的连续区域,即林间小路,并将自己的注意力引向这条通路。我们的网络意识伙伴所做的事和生物思维意识所做的事,二者的最终结果呈现了极大的相似性:从每秒 3MB 的数据流中,得到了高级别的意识抽象(森林、小路)。在使用网络意识在森林中漫步时,我每时每刻所感受到的惊喜,不比自己行走的时候少。如果我们在灌木丛中迷路,网络意识伙伴会像我可靠的徒步伙伴拉布拉多犬一样可靠,将小路与森林区分开。

在每个事例中都存在思考,尽管它的呈现方式不尽相同,如鸟儿或者飞机。根据我与朋友们若干次穿越森林的经验,在每个例子中,可能会存在某种程度的审美和满意度方面的挑战。对网络意识伙伴而言,它需要为"美学""奇迹""完成任务"等高级别概念进行初始编程赋值,以应对自然环境、秋天的森林以及远足林间小道。但是,这不比我们教一个孩子"自然是很美的,森林是令人惊叹的,完成挑战是很棒的"的工作量少。甚至,即使人类对美、奇迹以及完成任务的感受是天生的(尽管从野孩子身上获得了相反的数据),

## 01
### 机器中的幽灵

是人类大脑固有设置的一部分，智能伙伴的这些感受依旧是真实的，因为它们是被编程进思维软件的。**对和谐的欣赏依旧是有价值的，因为它是后天学习的，而非与生俱来的。**

埃德尔曼还指出，大脑是变化莫测的，"褶皱的大脑皮质拥有大约 300 亿个神经元，大约 1 万万亿联结。这种结构可能的活跃通路数量，远远超过了已知宇宙中基本粒子的数量。"他质疑，计算机能否依靠对内部时钟、输入和输出的严格依赖，可以匹配这种可变性。但是，我写本书时所使用的 MacBook Pro 拥有大约 5 000 亿比特的内存，1 比特内存的容量大约等于一个神经元的容量。换句话说，我笔记本电脑里的神经容量是我大脑皮质神经容量的 15 倍多。因此，仅就神经元的数量而言，计算机和大脑之间没有显著差异。如果要说差异，现在的计算机拥有的神经元等价物，要比大脑拥有的神经元多，并且不久后将拥有更多。

现在，如果将我电脑里的每一张 JPG 图片都链接到数以千计的其他 JPG 图片，而且，如果每个链接都参与了有偏好的、加强的、经过自然选择的、有层次的额外链接，我将获得某个类似人脑的东西。举个例子，想象一下，当我点击一张我爸爸的照片，这张照片就自动被相关联的照片所环绕——我妈妈的照片、我表兄妹的照片、我家房子的照片、我们度假的照片，等等，他们每一个人都自动地被类似的、关联的照片所包围，但是，所有这些照片中，只有那些从众多候选照片中被选中的、与被触发照片关联度最强的照片会保持高亮。这不正和我们的大脑在浏览照片集时的工作方式一样吗？我们不会记住并对过去的所有经历作出反应；相反，我们是从众多记忆中选择并赋予一些记忆更高的优先权，并将其互相进行连接。

# 中文房间

> 当你看见一个东西时,你会说:"为什么?"当我梦见了根本不存在的东西时,我会说:"为什么不呢?"
>
> 萧伯纳,《千岁人》( Back to Methuselah )

大脑是非常神奇的关系型数据库。感知神经元输出之间的联结以及这些联结之间的通路以更高级的顺序联结,是孕育意识的"土壤"。每一个神经元都能制造出最多一万个连接,我们有一万亿个神经元,对每个人而言,都有充足的可能性,根据独特的联结模式产生主观经验。

但是,大脑不只由血肉组成,还有其他方式来将数以十亿计的信息块灵活地连接在一起。被设计成在强大处理器上运行的软件大脑已经复制了大脑产生意识的方式:IBM的超级计算机沃森赢得了《危险边缘》竞赛,BINA48证明了移情作用,雷·库兹韦尔编制的程序可以绘画、作曲和作诗。

许多程序员、科学家和其他人相信,我们可以编写出超越代码的代码。

正是新鲜、略带神秘感的特征,特别将其应用在理性和/或移情过程中时,我们希望人是有意识的,而非自主的(在没有意识控制的情况下,参与活动或作出响应)。简而言之,**人类不会像机器一样可以预测,因为意识不会像计算那样算法化**。意识需要特质、独立的思考,以及基于个性化的行为选择而采取的行动。所以,"独立性"并不需要成为先驱或领袖,它只需要能够作出决策,基于个性化的评估采取行为,而非仅仅根据严格的公式行动。

# 01
机器中的幽灵

## 意识的"困难问题"和"简单问题"

这让我们再次关注意识的重要性,并将我们带回了哲学家大卫·查默斯(David Chalmers)所谓的意识的"困难问题"和"简单问题"。"困难问题"是要搞清楚被我们称为神经元的网络分子,是如何产生主观感受或感受性(有意识的主观体验的个别实例,如"红色的红")。相对地,"简单问题"是电子通过神经化学的传导,如何导致了"混凝土和砂浆"(以及血与肉)的复杂模拟事实。或者也可以理解成,超自然的想法是如何从躯体中产生的。从根本上说,关于意识的困难问题和简单问题都会归结于一个问题:**大脑是如何产生思想的(简单问题),特别是那些无法度量的事物(困难问题),而身体的其他部分却没有这样的功能?**如果这些困难问题和简单问题都可以用分子上运行的脑波来解释,那么,我们需要解决的仍然是探索这个问题的答案与集成电路运行软件代码之间有何区别。

至少,从牛顿和莱布尼茨时代以来,人们一直有这样的感受,与思维有关的事情都应该是可以度量的,而其他事物则不然。可度量的想法,比如一座建筑的大小或者一个朋友的名字,被认为是通过一些精密的微机械过程在大脑中发生的。现在,我们可以画出计算机芯片、处理器和外围设备的模拟结构。尽管这是有关意识的简单问题,我们仍然要准确地解释一个或者更多神经元如何保存、剪切、粘贴或者回忆任何词语、数字、气味或图片的。换言之就是,神经元分子是如何捕捉和处理信息的。

那些无法被度量的事物是困难问题。在查默斯看来,如果一个存在只拥有"简单"类型的意识,那么它只是具有意识,但仍然不是人类。这样一个存在,也被称为"僵尸",可能会是没有情感、不懂移情的机器人。这不属于我们所研究的意识范畴。由于非僵尸、非机器人特征同样被认为是不可度量的(例如,红色的红或单相思的心痛),所以查默斯无法从理论上看清它们如何被某些实体的东西处理，比如说神经细胞。

查默斯认为，意识是一种无法用科学来解释的神秘现象。如果事实的确如此，那么就可以说，意识可以像联结神经元一样，连接到软件；或者可能不是这样，它可能遍布于我们呼吸的空气中以及星辰间的空间中。如果意识是神秘的，那么一切都将是可能的（正如我在这里所证明的一样）。从通俗的角度来看，经验性的解释足以解答关于意识的简单问题和困难问题。这些解释对神经元和对软件一样适用。

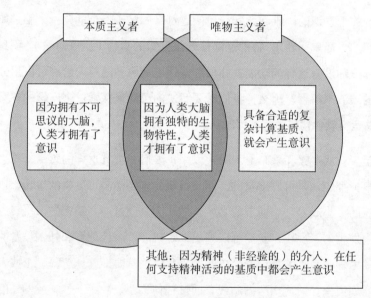

**图 1-1　本质主义者 Vs. 唯物主义者**

图 1-1 说明了三种关于意识来源的基本观点。本质主义者相信人类特殊的生物学来源。这基本上是一种认为"在整个宇宙中，近乎于奇迹，只有大脑才能产生意识"。唯物主义者相信经验性来源，即意识可以从存储在大脑神经元的化学状态，或计算机芯片的电压状态中的信息之间的无数联结模式中出现。丹尼尔·丹尼特是这种观点的坚定支持者，早在 1991 年，甚至更早以前，

# 01
## 机器中的幽灵

他就在自己提出的意识的多重草稿模型（Multiple Draft Model）中提到，机器人意识从理论上讲是有可能存在的。注意，这张图同时指出，同一个人可能同时是本质主义者和唯物主义者，就是两个圆重叠的区域。

埃德尔曼则坚持认为，只有大脑才能产生意识，但是，这是因为大脑的唯物主义特性与精神源是相反的。其他本质主义者（即本质主义者圆圈中未与唯物主义圆圈重合的部分）认为，意识不同于某些可复制的、能够让大脑变得有意识的物质复杂性。第三种观点是，意识客观世界的一部分，是能够神秘地附加到任何东西的时空的一部分。"上帝将意识赋予亚当和夏娃"或"先民"的观点属于第三种观点，是唯心论者的观点。神秘论的解释无法被证实，也是不必要去证实的，因为存在能够解释简单问题和困难问题的完美、合理、不神秘的解释。[1]

## "中文房间"，从软件中诞生的人类意识

我认为，哲学家约翰·塞尔（John Searle）提出的观点，是对与思维相关的哲学方法进行分类的最富创造性的观点。塞尔在"意识界"享有盛名，因为他提出了一个名为"中文房间"（Chinese Room）的思维实验。这一实验旨在展示，由于完全相同的原因，一个传统的、经过编程的计算机不可能有意识，比如，谷歌翻译无法理解我们让它进行汉译英的文本的意思。传统的编程计算机盲目地将每一个输入与输出进行关联，没有主观关心或考虑自己正在做什么的内部过程。灯是开着的，但没有人在家。这显然无法通过我们之前提出的网络意识的定义性测试：以人类专家的判断认定其具备人类级别的移情和自主性。

塞尔将"唯物主义"的定义拓展到主观现象，例如意识的思维。他提出，

这些是非精神的,而且是"自然'物质世界'的一部分",但并非有形的,也是不可量化的。因此,塞尔提到,如果大脑可以将意识作为自然发生的属性,为什么其他机器不可以呢?这一观点将他划归唯物主义者,他总结说:"从理论上讲,没有什么已知的阻碍影响我们制造出有意识、能思考的人造机器。"但是,他得出这个结论:神经模式或软件模式对产生可观测、可度量的思维(或感受性)而言,并不是十分必要的。我们可以用先进的核磁共振成像设备,追踪神经通路或一个读写程序的软件例程。这给了唯物主义者应得的东西——存在某些可以从第三方视角进行观察和度量的经验性东西,但是,减少了这些神经元(或软件)度量的引入,因为,这样客观的物质只是让意识变得独特的事物的一部分。塞尔通过澄清最终的思维或思维的扰动是不可客观度量的,提出了上述唯物主义,因为它出现在意识内部。² 因此,即便主观性对第三方度量不可用,它也是真实的(即非精神的,也不局限于人类大脑)。在本章后文,我将会讨论我们如何从最低层面获得一个足够好的对这种主观唯物主义的模拟。

如果人类意识要在软件中产生,我们必须要做到三件事:

- 首先,解释在神经元中简单问题是如何解决的;
- 其次,解释在神经元中困难问题是如何解决的;
- 再次,解释如何在信息技术中复制神经元中的解决方案。

这三个解释的关键就是"关系型数据库"(relational-database)的概念。在关系型数据库中,一次查询(或者大脑的一次感知输入)会激活一些相关的响应。反过来,每一次响应又会激发更多相关的响应。当刺激的强度高于某个阈值时,比如它被激发的次数高于一个数值,一次输出响应就会被激发。³

# 01
机器中的幽灵

例如，我们的 DNA 会将某些神经元编写成对不同波长光线敏感，而将其他神经元变得对不同词素或声音敏感（语言发音的一个基本单位），这些词素与其他词素组合起来组成有意义的词语。所以，假设一下，当我们在看某个红色的东西时，我们会被重复告知"它是红色的"。（It is red.）在众多神经元中，对红色敏感的神经元与其他对组成"it is red"声音的不同语音部分敏感的神经元进行配对。随着时间的推移，我们知道，有许多不同明暗度的红色，并且，负责不同波长的神经元逐渐与对应某一明暗度的"红色"词语或物体产生了关联。

红色的红只是每个人由基因编写的神经元搭建的，从视网膜到我们所联系的不同红色的不同波长，以及神经元与包含红色事物的神经元模式之间丰富的突触联结。如果一个人一生看见过的红色的东西只有苹果，那么红色对他们意味着，红色波长神经元输出的、只在他们的思维中联系到苹果的神经连接集合的一部分。红色不是我们脑海中本身的电子信号，然而，它却是联系颜色波长信号与现实世界指示对象的纽带。红色，是我们已经建立的有关红色事物的众多神经元联结在 1 秒甚至更短时间内，获取的多层面印象的一部分。

一些一线感知神经元完成感知后，所有在我们思维中的东西都被表示成了一种神经联结模式。这就好像感知神经元成了我们的字母表。这些神经元通过突触以各种方式进行关联，组成了心理图像的物体和行为，就好像字母可以组成一个满是单词的词典一样。心理图像可以通过更多的神经突触串联在一起，组成任意数量的关联顺序（特别是在做梦时），形成世界观、情绪、性格以及行为规范。这就好像将单词组成拥有无限种可能的句子、段落和章节一样。

单词的语法，就好像是我们至今仍然所知甚少的大脑的电化学性质，这

些性质加强或减弱了突触联结的波长,而联结本身实现了专注、心理连续性和特征思维模式。意识本身,就是关于我们自主、移情生活的一整本书——每本书有自己独特的撰写风格,都是独一无二的。这本书写满了充满生活词汇的章节、我们做过的事情的段落以及反应意识流的句子。

神经元在保存、剪切、粘贴、回忆任何单词、数字、气味、图片、感受或情感时,所谓的意识简单问题和困难问题对其而言并没有什么区别。让我们举一个关于爱的"困难"问题,或者称之为雷·库兹韦尔的"最终形式的智能"。罗伯特·海因莱因将其定义为"别人的快乐对你的快乐很重要"的情感。神经元将人们的爱保存为感知神经元输出的集合,这些输出精确地对应了主体的形状、颜色、气味、语音以及(或)纹理。这些输出来自一线神经元——一线神经元在接收到某种特定轮廓、光波、信息素、声波或触感信号后,会释放出自己的信号。这些描绘爱的输出集是一个稳定的思维;一旦建立,作为某些单位神经化学强度集合的一部分,任意一个激发状态的感知神经元都可以激发其他感知神经元。这些神经元将思维与突触联结的矩阵粘联起来。

包含爱的思维的感知神经元输出集合,本身会与大量其他思维相关联,每一个输出会直接或通过其他思维间接地传递给感知神经元。其他思维会包含许多指引我们爱某人或爱某事的线索。对某些之前喜欢过的人或事,从外观或行为上来讲,或者是某些受偏爱实体的逻辑联接上,或许会有一些相似之处。随着在爱上面投入的时间增多,我们能够利用其他健壮的突触联结进一步加强感知联系,比如与色情、亲密关系、内啡肽和肾上腺素有关的联结。

## 我们是我们的联结体

没有一个神经元知道我们的爱人长什么样。相反,有大量神经元作为联结的一个稳定集合,代表了我们的爱人。这些联结集合是稳定的,因为它们

# 01
## 机器中的幽灵

很重要。当事情对我们而言是重要的时候，我们就会将注意力集中在这些事情上，相应地，大脑会增加神经联结的神经化学强度。还有许多事情对我们并不重要，或者从重要变得不重要，对这些事情，神经联结的神经化学强度会变得越来越弱，最终这一思维就会像废弃的蜘蛛网一样消散。神经元会通过削弱神经元之间的化学联结强度，剪断不曾使用的或不重要的思维。通常，一个退化的联结可以保留下来，以固定这一联结的感知神经元为起点，能够被回溯创造路径重新激发。

这就意味着，所谓的意识困难问题其实没有那么复杂。克里克和科赫敏锐地提出，关于复杂的、实验性质的现象，没有什么新的东西会从多样的、精巧联结的非生命片块中产生。解释我们认知的主体性（来自神经元阵列的红色的红），不会比解释"来自'死物'（dead）分子的活物（比如细菌）'活力'（liveness）"更困难。克里克和科赫总结说：

> 这意味着，它起源于有关联的火花儿……以及相关代表之间的联系。举个例子，在一个巨大的关联网络中，与某个特定脸庞关联的神经元或许会与某个拥有这张脸的人的名字或者她和别人说话的嗓音，以及与她有关的记忆，进行相应的关联，这与字典或者关系型数据库很是相似。

当不同维度的碎片被正确地结合在一起，整体就可以超越碎片。主观性只是每个人联结更高级神经元模式的独特方式，这些神经元模式与感知神经元密切相关。我们可以将主观性想象成你音乐播放器上的音量。你给感觉、记忆、感情、思想或人的赋值越高，你希望播放的声音就越大，你找到的耳机越高级，你就越可以闭紧双眼享受音乐。**意识的困难问题是我们头脑中联结模式的多样化特殊设置。意识的简单问题在感知神经元的认知中被解决，这些神经元就像脚手架，通过它们，我们建起了思想的摩天大厦。**如果"感知神经元可

以作为一个群组定义更高阶的概念"这个观点能被接受,并且这些高阶概念可以作为一个群组定义更高阶的概念,那么意识的简单问题就被解决了。实体神经元可以承载非实体的思维,因为神经元与认知代码的成员进行了关联。**神经联结的元物质模式,而非神经元本身,包含了非物质思维。**这种元物质模式的时髦术语就是人类"联结体"(connectome)。所以,今天的神经化学家很喜欢说"我们是我们的联结体。"

最后,有一个问题仍待解答:"神经元组成存储内容的模式"这一过程的方式是否存在某些不可缺少的东西,或者,软件是否可以完成同样的工作?大脑神经元耦合的强度可以在软件内通过编写代码予以复制——在关系型数据库中,对不同的强度赋予不同的权值,以进行软件耦合。权值高的软件耦合意味着比别人更容易作出某些决策。例如,在公式"$x = 5y$"中,$x$ 的值是 $y$ 值权重的 5 倍。如果权值为 $x$ 的思维,像 $y$ 值权重所代表的思维一样增长了 5 倍,或者重要性增加了 5 倍,那么 $x = 5y$。

## | 思维克隆人如何具备人格 |

美国国家科学基金的威廉姆·希姆斯·本布里奇(William Sims Bainbridge)是软件编码人格属性领域的权威专家。他成功组织了基于数千人的人格采样调查的验证工作,比如大五类人格测试(Big Five),是心理学家研究的主要依据,包括 20 个李克特量表式(Likert-type-scale)问题,涉及外向性、宜人性、严谨性、情绪稳定性和想象力;以及雷蒙德·卡特尔(Raymond Cattell)的 16 种人格因素(16PF),用以评估人格的 16 个维度,包括乐群性、聪慧性、稳定性、恃强性、乐观性、有恒性、敢为性、敏感性、怀疑性、幻想性、世故性、忧虑性、实验性、独立性、自律性、紧张性。

# 01
## 机器中的幽灵

本布里奇根据10万多个问题，建立并验证了自己的人格采集系统。每一个问题都有二维权重，即人格属性对人的相关重要性和对人的适应性的相关程度。通过使用数万个本布里奇的二维加权、性格采集问题，本书假设，一个人思维文件的量化将会产生基于软件的人格，这一人格会像真人一样对外界作出回应。通过这些性格采集问题，思维软件审阅一个人的思维文件后，会自动完成实际的评估工作。随后，思维软件可以使用评估结果，为思维克隆人进行人格设定。

大脑中，一个神经元最多可以联结一万个其他神经元，我们可以在软件中复制这一联结，也就是将一个软件连接到至多一万个软件输出上。基于概率的权重，比如使用贝叶斯网络的统计方法，也会帮助思维软件模拟人类的思考过程。神经元模式维护自身有效性的能力，比如维持人格或专注，都可以在软件程序中得到实现，这些程序被编写成可以保持特定软件群组的活跃性，例如反复执行一项复杂的计算任务。

最终，软件系统可以接受各种感知输入（音频、视频、气味、味道、触觉）。总结以上叙述，丹尼尔·丹尼特谈到：

> 如果自我"只是"叙事的重心，所有的人类意识现象也可以解释为"只是"在人脑巨大、可调节的神经元联结中实现的虚拟机器的活动。然后，从理论上讲，一个拥有硅材质计算机大脑的、适合的"编程"机器人将会拥有意识、拥有自我。更确切的说法是，将出现一个有意识的自我，它的身躯是机器人，它的大脑是计算机。

至少对一个唯物主义者来说，似乎对神经元而言，想要创造意识，没有什么是必须的，因为这些神经元无法用软件来实现。丹尼特这段围绕"只是"（just）展开的论述，是哲学家常爱开的小玩笑。他每说一个"只是"，都在

表示，如此宏伟的联结和模式实在让人叹为观止。事实上，丹尼特走上了图灵在半个世纪以前就铺垫下的道路：

> 无论大脑做什么，它都作为一个逻辑系统，依靠自己的结构优势来完成。这并不因为它在一个人的脑袋里，或者，它是一种由特定种类的生物细胞组成的海绵组织。如果确实如此，那么它的逻辑结构也可以在其他媒介中实现，借由其他一些物理机制进行呈现。这是唯物主义观点的大脑，但是不会像大家通常所做的那样，把逻辑模式、关系与实体物质或东西相混淆。

图灵或许是第一个认识到，思想或心理学只是碰巧在功能上与理想计算机拥有同一类离散逻辑系统。毫无疑问，这种观点的形成得益于他在计算机科学领域的造诣，包括他建造的 Enigma 计算机——该机器破译了纳粹密码，帮助盟军赢得了第二次世界大战。因此，一个人大脑的功能——人类意识，实际上确实可以在适合的计算机中实现。当人们设想在一个人造大脑中实现这样的系统时，这不是一种退步，而是一次升华的尝试。

## 瓶颈，瓶颈，瓶颈

关于计算机和软件，有没有什么东西无法实现人类思维的连接特性呢？没有。实际上，我笔记本电脑中的 5 000 亿比特内存所拥有的可能的组合数目，已经远远超过了宇宙中的基本粒子数量。埃德尔曼的统计数字并没有超过计算机的复杂程度。思维软件意识可以实现，因为人类的思想和情感是符号模式。无论这些符号是在大脑或还是在思维文件中编码，其模式都是一样的。模式和连接十分复杂，以至于软件只能实现部分过程。但是，随着软件跳跃

## 01
机器中的幽灵

式发展,符号关联的范畴一定可以实现。举个例子,规划如何从家走到某个新饭店的地图软件在当下十分普遍,但是,10年之前,这些软件并不存在。

神经元的软件等价物之间的联结数量,并没有什么先验限制。举个例子,顶级网站一般拥有上万个活跃链接——其他网站会指向这些网站。但是,需要承认的是,到目前为止,还没有人能编写出软件,支持数据库在内部不同值域间建立近10亿个链接(而大脑中拥有这样的联结数目)。这一方向的研究推进得很迅速,但是,传统的关系型数据库系统正变得更加敏捷,与巨大的、低成本云计算资源之间的连接更加密切。

然而,实际上我们没有必要争辩信息技术发展与极端丰富的大脑神经学环境之间的关系。相反,我们可以这样理解埃德尔曼的观点,**大脑比任何计算机都要复杂、变化莫测、可以自我组织、无法预测,并且更具动态性**。唯物主义者都乐意承认,人类意识起源自人类大脑那神秘莫测、复杂的神经回路——来自"潜藏在思维之下的非凡物质,它什么都不像,就是自己"。它不像其他东西,但是人类意识无法从任何其他媒介中产生。

正如我在前面提到的,飞行的灵感确实起源于鸟类精密复杂的生物化学和神经肌肉生理学。但是,难道这就意味着飞行不能从更加简单的飞机、直升机、喷气式飞机、无人机和远程遥控汽车中出现吗?我们知道答案。大自然充满了这种各自进化发展的相似功能性,且一些途径要比其他途径简单。没有复杂或设计优雅的机器,同样可以完成许多任务。在过去几亿年间,眼睛经历了至少50次不同的进化,进化出了更多适应生物生存需求的能力:夜视能力、彩色视觉、双目视觉、鹰视觉、红外视觉。举个例子,眼睛最初是作为一个简单的光敏色素,基本上是只能传递光"是否存在"的转继器,不足以用于视觉。在寒武纪爆炸时期——5.42亿年前发生的一次加速进化,使许多物种的眼睛结构和功能都得到了提高,包括图像处理能力和光线方向检

# VIRTUALLY HUMAN
## 虚拟人

测能力。之后，根据不同的进化需求，不同物种在不同时期进化出了不同的视觉能力。一个结构（比如人类大脑）导致一个过程（比如意识），某个非常相似的过程（比如网络意识）也能够使用不同的结构来实现（思维文件、思维软件和思维克隆技术）。

埃德尔曼精彩地阐释了大脑的复杂性能够考虑任何程度主观思考。他展示了，大脑在微观规模上的巨大数量，通过变异和选择实现了这一过程（埃德尔曼所谓的神经达尔文主义），而非通过先验设计和逻辑。埃德尔曼在自己的评估中十分有说服力，他论述了大脑的功能源自一个设计原则：比起计算机网络的架构，更像人类免疫系统的加强和适应能力。也就是说，当免疫系统遇到了它不能识别的入侵物的挑战时，它要么适应，要么死去。在人类进化的过程中，举个例子，那些拥有强适应性免疫系统的人活了下来——比如拥有记忆T细胞、辅助性T细胞，而那些缺少这些细胞的人就没有遗传这些基因。同样，埃德尔曼还驳斥了"意识需要量子物理学来解释"的观点。而另一方面，他并没有触及"意识是否也能够从关系型思维文件数据库和周期性思维软件算法中产生"这一问题。①

换句话说，埃德尔曼坚信"所有篮球明星都很高"（即任何神经线路都和人脑一样拥有非线性的复杂程度——"篮球明星"将会具有意识，或者称为"身高高"）。但是，他无法从逻辑上辩驳"所有个子高的人都是篮球明星"（即所有意识必须是基于人脑的）。

最后，埃德尔曼提到，大脑不是计算机，因为大脑是由基因编码定义的，基因编码所受的限制要远比神经的多变性数量多得多，而后者产生了成熟的大脑。但是，计算机软件同样不需要预先确定。我的计算机安装了微软系统，

---

① 埃德尔曼确实声称，自己的目标是"消除这个概念：没有生物基础，我们也可以理解思想"。但是，他却并未反驳"没有生物基础，也会存在思想"的可能性，因为他从未证明思想只能来自生物。

# 01
## 机器中的幽灵

但是我写的文章的数量远远超过了软件包的数量。一般来说，计算机操作系统就像人类的遗传编码一样，能够创造几乎无限的可变性。

另外还有达尔文式算法，它支持软件代码进行类似于神经联结自我组合的行为。这类能够自我组合的代码十分有市场（就像神经元联结一样激发、连线在一起），这些代码能够更频繁地复制（就像用于作出思考或作出行为的神经通路）。这就像在 Twitter 上大规模转发小笑话或图片、音乐片段，或者大量的浏览、点赞和视频分享。所有这些代码都在自我复制的达尔文式过程中重组为更大的代码组件（人类或机器人可以充当自然选择）。同样的过程也可以在语音识别、空间导航、聊天机器人①（或者自动化在线对话代理）等领域的代码中出现，但是黑客会"剪辑并粘贴"这个代码。为什么会有这么多网站，让我们去解密看起来很奇怪的字母、数字字符串，来证明我们不是计算机 Robomind②？这是因为机器人代码自我组装者（或者叫网络爬虫）已经在我们的生活中出现了。

我们也不应该将"黑客"（hacker）和"骇客"（cracker）相混淆。黑客是一群诚实的人，他们对计算机编程充满热情，并且有自己的道德准则——鼓励自由分享他们所创造的软件代码。而骇客则是一群试图突破计算机安全系统的程序员。

埃德尔曼终究还是一位生物本质主义者，他拒绝"思维可以从大脑（尤其是人类大脑）深层分离出来"这一想法。因为他坚持认为，思维是从神经达尔文主义中产生的——由于大量神经元之间的竞争而产生的选择；他无法想象，思维可以从"计算机程序"中产生。另外一方面，埃德尔曼欣然承认，从思维中产生的大部分知识是科学分析无法解释的，这创造了人文学科的众

---

① 聊天机器人（Chatbot），模拟人类对话能力的软件。它指用与人类相同的方式进行交流的任何软件，一般带有轻视意味。

② Robomind 是一个简单的教育性质的编程环境，能让初学者对机器人编程。——译者注

## VIRTUALLY HUMAN
### 虚拟人

多相似领域。我坚信，如果向埃德尔曼施加压力，他会承认思维能够创造出软件式思维，但是这个软件式思维的思考方式不会与起源自神经达尔文主义的有机体思维一样。

的确，大脑是复杂的：大约1 000亿个神经元密集地组合在一起，其中大多数都会向其他数千个神经元延伸出极纤细的联结，所有这些神经元都在深度和面积上与一件T恤的正面相仿。① 多么壮观！信息技术同样十分复杂，一组微型芯片可以拥有1 000亿个组件，密集地组装在一起，大多数组件也会（以纳米级的宽度）向其他组件延伸出极纤细的连接。这再次让我们惊叹！尽管婴儿出生时大脑的尺寸必须符合母体阴道腔的大小，而信息技术可以通过数千平米的服务传播，支持离散集成电路之间的数以万计的连接，这种复杂性可以依靠无线传输进行。我相信，埃德尔曼和其他生物本质主义者已经完成了很多出色的工作，来证明在地球上的所有植物和动物中，只有人类大脑可以构想出思维克隆人基质——其结构与人脑的结构一样复杂。但现在，这种情况已经出现，且在快速发展。我们可以给出这样一个合理的命题：这种人造复杂度可以产生思维，就像我们的生物学复杂度一样。

## 图灵是对的！

法律系统很早以前就已经从实践上解决了意识的问题，即陪审团制度。我们这个社会习惯于让其他人作出关于自己精神状态的决定性决策。例如，如果其他人（陪审团）认为某人有犯罪的心理企图（以及作出犯罪行为），那么这个人就是故意犯罪。有时，陪审团可能会因为某人心理状态不好或无意识，而认为这个人无罪，这些人会与有意识犯罪的罪犯分开被区别对待。同样，

---

① 对一只猴子而言，这部分的深度和表面积相当于一条裤子。对一只老鼠而言，这部分的深度和表面积相当于我们T恤上一个标签的大小。

# 01
## 机器中的幽灵

在帮助一些家庭作出对至亲照料的决策时，常会有一组医学专家或宗教专家（取决于你是否有信仰）来协助判断一个处于植物人状态的病人的意识状态。

重要的是，最近对意识的科学研究已经发生巨大的转变：从忽视到接受。一些科学家现在意识到，一个据称是有意识主体的证词，如果证词足够好，可以作为实验变量来度量主体意识。例如，伯纳德·巴尔斯（Bernard Baars）总结道：

> 总的来说，有意识体验的行为报告已被证明是相当可靠的。尽管更直接的度量会令人满意（比如通过大脑扫描发现的意识神经关联），而（意识的）可报告性为针对人类和部分动物的大脑研究提供了有益的公共标准。

换句话说，认知科学开始接受：根据评估主体对自己意识的报告，我们可以科学地判定某人是不是有意识的。但也有担忧的声音：思维克隆人可能会愚弄我们，一个非常聪明的机器人是人工智能，但并不具有意识（也就是一些哲学家所谓的僵尸），或许会伪装自己以骗取同人类一样的权利和身份。但是，这种担心是多余的，因为认知科学家对自己的能力有足够的信心——他们不仅可以评判他人意识体验的报告，也可以例证这些报告有多大程度符合实际的主观体验（即那些藏在主体大脑中让他们成为人，而非僵尸的东西）。巴尔斯继续谈道：

> 出于科学目的，我们倾向于使用有意识体验的公开报告。但是，一般来说，在客观报告和主观体验之间存在密切关联——对所有意图和目的而言，我们可以探讨现象学，将意识作为经验。这样看来，在现代科学中，我们正践行一种可验证的现象学。

如果思维克隆人从现象学上来说逐渐变得具有意识,那么它非常可能是对世界具有主观认知的有意识的存在。这与艾伦·图灵在1950年发表的经典论文《计算机器与智能》中所预测的如出一辙。就像上面提到的一样,约翰·塞尔已经阐释了为什么不可能存在完全客观决定的、哲学家所谓的"意识"这种东西。意识是一个主观状态,虽然在现实世界中它确实存在。它只是无法由客观的第三人进行度量,因为根据定义,它是第一人的内心体验。塞尔指出:"只有当我们将行为视作内在意识过程的一种表现、一种效果,行为对意识研究才是重要的。"这正是司法系统和专家评估过程的设计意图。

因此,明智的做法是通过社会系统任命专家,并且作出类似的决策,判定某人或某物是不是有意识的,以应对刑事判决或医疗系统之外的目的。对意识进行判定,需要三个或更多专家达成统一意见,比如心理学家或伦理学家,以替代陪审团或者医疗和精神专家。很有可能,专业协会将颁发所谓的"思维克隆人心理学证书"(CMP),以更好地度量并对网络意识测定实施标准化。到那时,这些专业协会将成为思维克隆人最好的朋友之一,就像美国精神病学协会(APA)已经成为同性恋运动的好朋友一样——APA进行了转型,承认和正常人相比,同性恋、双性恋和变性人并非怪物,这些人只是拥有不同的行为方式而已,他们在心理上和生理上都是正常人。

当然,专家对意识作出的判断毕竟与完全客观的意识的评判不一样。毕竟,陪审团可能已经搞错了:陪审团认为被告缺乏犯罪意图,而事实上,被告肯定有这样的恶意企图。医生要确定病人会不会进入长期昏迷状态,并在这些病人"醒来"时,询问病人几个感兴趣的简单问题。但是,当客观判断不可能时,社会很乐意接受同行或专家提出的意见,并且同时也接受了错误判断也时有发生的事实。没有什么能够降低人类天生所具有的风险。

"不可度量"是生活的一部分,或者是最美好的部分。我们不应该因为

# 01
机器中的幽灵

无法理性地度量爱，而回避表达爱；也不应该因为二次元方程无法解释艺术和音乐的吸引力，而反对享受艺术和音乐。对意识来说也是一样的道理：如果有人，特别是心理健康的专家，在思维克隆人中看到了他们大部分的自己，就说"那个存在是人类"，然后那个存在就是人类了。这与罪犯被判有罪一样。

1950年，艾伦·图灵提出，既然没有什么方式可以判断其他人正在"思考"或"具有意识"，唯一的方法只有与被测者自己进行比较，同样的过程也可应用于据说有意识的计算机。他总结道：

> "机器可以思考吗？"我认为讨论这个问题没有什么意义。但是我相信，在20世纪末，文字的使用和学识性观点会发生重要改变，人们将开始能够探讨机器思考，而不是否认。

如今，我认识的很多人都在等待他们的掌上电脑或智能手机提供搜索结果或者驾驶导航信息时，已经明确使用了"它正在思考"这种表达。看来，艾伦·图灵是对的。

## 还有16年

2004年，全球最先进的机器人汽车在道路上"奋勇"通过了基本障碍（比如大型岩石和凹坑）。尽管配有价值数百万美元的高科技设备，这些汽车只能模拟人类司机很少一部分驾驶行为。然而现在，它们可以调整车身"挤"入车位，在转弯时查看指示器，甚至在汇入车流的时候展现出如伦敦出租车司机般的高超车技。

《经济学人》，2007年11月

## VIRTUALLY HUMAN
### 虚拟人

我们与网络意识的距离很近，近到足以在自己的胸膛前感受到网络呼吸的比特和字节。我们大步向前，在技术领域实现了突破，因此对网络意识，我们有了一定的期望和权利。（你在使用谷歌搜索时，没有在几秒钟内得到结果，是不是时常会表现出沮丧的情绪？）为了搞清楚我们的在线形象与思维克隆人之间的差距究竟有多大，有必要理解信息技术进步的指数性本质。或许，这一知识将使你更加了解哪种类型的数字化会让你在数字宇宙中维持分散状态。

人工智能专家雷·库兹韦尔在《机器之心》中指出，从 20 世纪 50 年代开始，每过一两年，信息技术的处理能力就会翻一番。例如，今天价值 100 美元的手机拥有的计算能力，要比 20 世纪六七十年代价值 300 亿美元的"阿波罗"号登月飞船还要大。90 年代，语音识别技术还不存在，但仅仅 10 年以后，它就成了智能技术中的一个免费功能。

雷·库兹韦尔等人已经提出，根据信息技术翻番进步的速率，我们有理由期待 21 世纪 20 年代末迎来价值 1 000 美元的思维克隆人，或者在更早的时间以稍高的价格迎来它们。就像大多数技术奇迹一样，随着技术的进步和需求的增长，用不了多久，思维克隆人的价格就会降下来。1997 年，当夏普和索尼推出平板电视时，价格高达 1.5 万美元，远超大多数消费者的支付能力。现在，任何人都可以在亚马逊网站或沃尔玛超市，以这一数字的零头买到一台平板电视。

雷·库兹韦尔将不同时期的信息处理能力（每 1 000 美元每秒钟进行的计算次数），与在同一时间拥有同等信息处理能力（每秒计算次数）的生物学生命形式进行了比较，如图 1-2 所示。我们看到，一直到 2010 年，计算机程序的计算能力还比不上一只老鼠或臭虫，而且并没有什么出彩之处。

# 01
## 机器中的幽灵

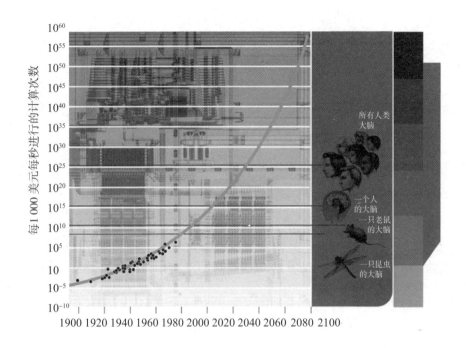

**图 1-2　计算能力的指数级增长规模**

不过"思维克隆人将在更久的未来才会到来"这一假设存在两个误解。**首先，许多专门应用已经远比非常聪明的人类还要聪明。**例如，手机中的地图软件可以比人能更迅速地在未知区域找到目标地址；很多游戏软件都远超普通人的智商。尽管没有软件包可以像人类思维一样"海纳百川"，但计算机程序正快速进入许多我们投入了大量心力的领域，并取得了不错的成绩。距离软件能够"海纳百川"还有多远的距离呢？根据图 1-2①，到 2020 年，计算机拥有的处理器数量会像人脑拥有的神经元一样多。[4]到这个节点以后，雷·库兹韦尔在《人工智能的未来》一书中认为，将会需要另一个 10 年，也就是到

---

① 有必要提一下，实际上，无论 20 位不同专家选择哪种信息技术来绘图，雷·库兹韦尔的图都是一样的。换言之，指数曲线并非源自雷·库兹韦尔选择的技术进步，而是源自进步本身。

21世纪30年代,人类将可以与基于软件的意识进行日常互动,而且这些意识是人类级别的。

  其次,从心理学的角度来看,我们发现很难将思维克隆人这个概念视作新潮概念。这个原因与人类理解事物的方式(线性式)和信息技术进步的方式(指数式)之间的差异有关。线性事物发展的方式像孩子的成长,或许在它们达到稳定阶段前,每年只能前进一步半步。这是我们进化出的理解"改变事物"和"改变形式所需时间"之间关系的线性方式。改变人们成长方式的事物,每年都会线性地改变相同数量。因此,如果今天的一台常见计算机的处理能力和人类大脑之间的差距有100万倍,我们会自然而然地预测思维克隆人到来的时间:大约是用100万年时间除以每年计算机处理速度的提高。

  举例来说,我刚使用一年的笔记本电脑拥有的信息处理能力大约是人脑的0.001%(它的处理速度大约是人脑神经元联结数量的零头,尽管在某些领域它的软件已经相当先进)。就大脑能力而言,虽然我的笔记本电脑拥有大约5 000亿比特的内存,但它在引领全新思想的数据与观点之间建立联系的水平,甚至不如啮齿类动物。我笔记本电脑的神经元能力大约比我的大脑皮层强15倍,但是我的笔记本电脑仍然无法形成自己的原始想法或具备什么本能的顿悟能力。

  现在,我能够买到拥有人脑能力0.002%的新计算机。按照这种速度,并且以线性思维工作的方式发展,我还要等待99 998年才能买到思维克隆人!线性思维占据了我们大多数新体验——比如从具备人类大脑信息处理能力0.001%的计算机到具备人类大脑信息处理能力0.002%的计算机需要一年时间;根据这个进行推测,我们需要998年甚至更长的时间获得人类大脑信息处理能力的1%,再过1 000年达到2%,再过1 000年达到3%,以此类推。

  然而事实上,信息技术并没有呈线性式增长,而是呈指数级增长。这意

## 01
机器中的幽灵

味着，根据摩尔定律，信息技术每一两年会翻一番，这与线性增长非常不同。①因为计算机能力翻倍了，下一年我将获得相当于人类大脑信息处理能力 0.004% 的计算机，而非 0.003%；再过一年，我将获得相当于人类大脑信息处理能力 0.008% 的计算机，而非 0.005%。拥有信息技术，思维克隆技术将按照这种速度发展，如表 1-1 所示。

表 1-1　　　　　思维克隆技术的指数级发展

| 距离现在的时间 | 占思维克隆人的比例 |
| --- | --- |
| 第 1 年 | 4/100 000 |
| 第 2 年 | 8/100 000 |
| 第 3 年 | 16/100 000 |
| 第 4 年 | 32/100 000 |
| 第 5 年 | 64/100 000 |
| 第 6 年 | 128/100 000 |
| 第 7 年 | 256/100 000 |
| 第 8 年 | 512/100 000 |
| 第 9 年 | 1 000/100 000 |
| 第 10 年 | 2 000/100 000 |
| 第 11 年 | 4 000/100 000 |
| 第 12 年 | 8 000/100 000 |
| 第 13 年 | 16 000/100 000 |
| 第 14 年 | 32 000/100 000 |
| 第 15 年 | 64 000/100 000 |
| 第 16 年 | 128 000/100 000 = 思维克隆人 |

---

① 雷·库兹韦尔提出："摩尔定律只狭隘地提到了固定大小的集成电路上的晶体管数量，有时甚至被更狭隘地解释为晶体管的特征尺寸。但是，度量性价比最恰当的标准还是每单位成本的计算速度，这是一个将各种智慧——创新或者叫技术革命，纳入考虑的指数。"

在这里，有四点需要注意。**第一，将计算机处理器的数量与人脑神经元的数量进行匹配，对思维克隆技术来说不是必须的。**有研究称，人类只用到了大脑潜能的10%左右。如果我们长大的过程中会讲5种语言，我们就会习以为常。如果不是这样长大的，那么我们也就不会那么多语言。那些已经将半个大脑进行手术切除的人，大脑功能依然相对正常。所以，我们所掌握的信息技术或许已经具备了创造思维克隆人所需的10%、20%甚至更高的水平。上述估算可以说是很保守的，因为人们总是持有一种有争议的乐观情绪。

第二，图1-3中的数字和时间只是近似值。例如，将1 024视作1 000，只是为了让数字更直观。类似地，尽管摩尔定律提到计算性能每隔一两年就会翻番，为方便理解，我们说计算能力每年都会翻番。如果周期为每两年一次，就会把思维克隆人的出现时间从现在的16年变为32年；如果我们使用的周期是18个月，那么时间将变为24个月。关键是思维克隆人就在10年交替的节点出现——而非千年、一个世纪或一代人。这关乎我们的生活。

第三，一些人对摩尔定律的正确性能维持多久产生了疑问。他们提出，当增长空间耗尽，指数级现象（比如培养皿中细菌的生长）就会终止。事实上，因为知识（不像细菌）可以无限制地增长，所以信息技术的翻倍增长也是没有限制的。知识是唯一一种你挖掘得越多、就有更多知识等你去挖掘的资源。几十年来，工程师们已经为摩尔定律描述的增长路线设计好了线路图。例如，当平面集成电路到达技术瓶颈，计算机将转变为三维集成电路。这一技术已经存在。三维电路堆栈将芯片分隔在单独的模块中，即所谓的系统级封装（SiP）或多芯片模块（MCM）。2004年，英特尔推出了3D版本的奔腾4 CPU，2007年又推出了拥有堆栈（或叫3D）内存的、实验版本的八核设计。

第四，我们需要探讨人脑的计算能力和人类思维的软件能力之间的区别。

# 01
机器中的幽灵

拥有人脑的处理速度并不等于拥有重塑意识的必要技术。我们的思维依赖于某个非常接近 $10^{16}$ 个神经元联结的东西,因为我们知道,拥有较少神经元数量的其他动物并没有同人类一样的思维。但是,我们的思维独立于这些拥有偏好或"联结体"(即像思维软件一样的软件)的神经元联结,以产生类似人类思想、情感和反应的方式进行交叉关联。

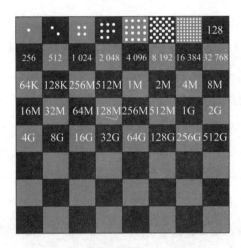

**图 1-3　信息技术的指数级发展**

全世界的聪明人都在不断打造将硬件发挥到极致的软件;卓越的软件甚至超越了人们对最好的硬件的性能预期。我们用上万行软件代码,将人类送上月球。今天,笔记本操作系统让我们可以使用大约一亿行代码,同时观看视频、听音乐、浏览网页、给朋友发邮件、写文件、操作电子表格。现在,全球有上万名专家在研究人类思维的逆向工程。我坚信,当必要的硬件处理器支持成为现实时,这些努力将会成功制造出思维软件。

如果将人类思维视作不可能或很难复制的机器,我表示怀疑,因为它不是。人类思维非常擅于将不同事物及不同事物(包括感情)的各部分联系在一起;也非常擅于建立外部世界的实时模型,以及自我组织一个连续、合理的互相

作用的自我。但这些都是容易处理的问题。控制论提出者、数学家诺伯特·维纳说过:"如果我们能够以清晰、易于理解的方式做任何事情,那么我们也能用机器做到。"创造思维软件的诱惑需要全球最优秀的神经科学家和软件工程师一起合作,反复推敲人类模型和思维软件代码的草稿。当必要的硬件(处理速度和强大内存)成为可能时,思维克隆人软件(人类思想)将会出现。

思维克隆人软件的出现或许会晚于21世纪20年代(例如,我们在赋予思维克隆人人类级别意识之前,坚持呈现人类情绪的细微差别),或许要等到21世纪30年代(例如,在形成人类的人格特征时我们可以更高效地使用比大脑更少的计算能力)。当我们坚信人类思想属于精神领域、是人工复制无法企及的东西时,思维软件将不会出现。在法律上,有一条原则叫"事实自证",即事实会为自己说话。例如,如果枪口在冒烟,那就说明子弹就被射出了;在现实中,有一条原则叫"标记法自证",即信息为自己说话。如果一个被复制的思维为他人的幸福作出了牺牲,爱就会显现。就像某人在午夜冻醒,并给房间里的其他人盖上了毯子——拥有爱之感知力的思维克隆人便会学会这种举动,并也会为另一个人这样做。

我们自欺欺人地认为网络意识和思维克隆人离我们还很遥远,因为人类的线性思维很难预测指数级现象。事实上,思维克隆人或许与朋克摇滚和苹果计算机诞生的时代相近。下面这些都是革命性事件:第一,短短20年间,手机从"几乎没人用"到"几乎人手一部";第二,短短15年间,互联网从"军队玩具"变成了"世界的狂欢"。将思维克隆人从聊天机器人发展为人类模拟物,就好比将今天的学步儿童带进大学或者将今天的千禧一代带进职场,同样充满革命性。

2014年,斯坦福大学最受欢迎的研究生课程大多数与神经形态编程相关——即使用软件从环境(例如思维文件和大数据)中寻找信息,并且从这

# 01
## 机器中的幽灵

样的信息中学习实现目标的最佳方式（例如思维软件和人们通常做的方式）。"这反映了时代的精神。"索尔克研究所（Salk Institute）的计算神经科学家泰伦斯·特里·赛杰诺维斯基（Terrence Terry Sejnowski）这样说。泰伦斯开创了仿生算法。《纽约时报》高级科技记者、畅销书《与机人共舞》（*Machines of Loving Grace*）作者约翰·马尔科夫（John Markoff）曾在一篇文章中写道："每个人都明白将要有什么大事情发生，他们正试图搞清楚到底是什么事情。"

我意识到，直到有人将思维克隆人作为二重身，并说服其他人相信思维克隆人可以像人一样做梦和祈祷之前，意识或网络意识的辩论还会继续。那一刻不远了。相比花 30 亿年才实现的生物学或自然形式的达尔文式进化，网络生命或网络意识将会在须臾间完成，因为，意识的关键元素（比如自主和移情）是服从于软件编码的。而代码本身正以非常快的速度发生。成千上万位软件工程师正在努力推进网络意识的发展。美国政府正在参与人类基因组计划，希望绘制出大脑活动图——该项目致力于将大脑数十亿神经元的活动图表化，以加深人类对认知、行为以及意识的理解。2012 年，谷歌研究人员使用机器学习算法（被称为神经网络）在没有人类监督的情况下执行了识别任务：它训练自己通过扫描有 1 000 万张图片的数据库，来识别出有猫的图片。这个方法似乎很简陋，但是正是这种方法在转变计算机科学，并且该方法已经有了实际应用。一年后，谷歌使用同样的神经网络技术创建了一个搜索服务，帮助人们在上百万张图片中寻找到特定图片。

正如我将在下一章中讨论的，联合符号软件要达到人类思想和情感（即思维软件）的复杂程度，并聚集数十亿人已经创造的信息（即思维文件），构造出软件大脑（即思维克隆人），只需要几十年的时间。这才是真正的智能设计。

# VIRTUA HUM

# LLYAN

**02**
## 二重身

谁才是你真正的朋友？一个数字化的"我"，还是一个有血有肉的"我"？

THE PROMISE —
AND THE PERIL —
OF DIGITAL
IMMORTALITY

"真正的好伙计和我的倒影,我不知道哪一个更烦人。"

"好吧,考虑到它们其实是一样的,"一只猫对身边另外一只一模一样的猫如是说道,"我们其实应该心怀感激,当所有的一切都结束的时候,只会有一个留下来。"

"同意。这世上没人能受得了同时拥有两个好伙计。"

"光是想想我就头皮发麻。"

朱莉·柯格瓦(Julie Kagawa)
《钢铁骑士》(The Iron Knight)

# VIRTUALLY HUMAN

THE PROMISE—
AND THE PERIL—
OF DIGITAL
IMMORTALITY

> 我认为"备份生命"这一想法令人不寒而栗，但是有些人却喜欢这个想法。举个例子，如果有人指控你，有备份生命的你就可以很好地作出反击。你可以这么反驳："嘿，伙计，我有备份生命……我可以回放自己说过的所有话。所以，不要跟我耍心眼。"
>
> 比尔·盖茨
> 《未来之路》（*The Road Ahead*）

**思**维克隆人将成为最早期的网络意识存在。它们可以使用人类的声音、语调，搭配具有人类面部特征的可视形态——无论这张脸是电脑显示屏上的高清人脸，还是3D打印出来的跟BINA48一样的人类面庞，未来它们都能通过计算设备说话。像Lifenaut.com（虽然这个名字与太空相关，但实际上是在探索生命，而非太空）这样的网站，已经收集了人们上传的成千上万张脸部照片。这些照片展现了很多不同的情感，而网站背后的软件系统将图片转变成了某种行为特征。思维克隆人的心理状态将会与自己的生物学原型保持一致。我们将可以使用思维软件收集这种心理状态，它能够专业地分析生物学原型发布过的社交网络状态、互动、视频，以及其他能够反映一个人状态的思维文件。一旦我们掌握了将个人独特的心理状态进行数字化表示的方法，这些信息就将被解释成一个操作系统（即思维软件）的参数设定，复制品的可信度高低取决于它能够获取到的生物学原型的记忆量。

举个例子，如果生物学原型的记忆都通过电子邮件、网页、在线调查

等形式得到了很好的数字化,那么由此产生的思维克隆人的可信度将十分可观。这样的思维克隆人将能够思考、感受,并像生物学原型一样行动,包括随时间发生的改变与进化。人们已经在将越来越具备差异性的信息上传到目前还在不断迭代的基本版思维文件里(比如 Facebook、博客、LinkedIn 等),这其中包括梦境、食物偏好、回忆、想法,以及之前从未表露过的意见。

## 另一个我

当然,没有人能够将自己的生活完全数字化,因此,存储在大脑里的"思维"和存储在思维文件里的"思维"之间会有很多区别。但是,这些区别不足以用来区分生物学原型和他的思维克隆人,因为我们甚至无法把一天的记忆全部带到第二天,更不要说将一年的记忆带到第二年了。记忆、性格、回忆、情感、信念、态度和价值观,我们是这些元素组成的动态蒙太奇。由于某些事情实在无关紧要,或时间太久远而无法数据化,思维文件和真实人类分别产生的动态蒙太奇之间的差异,对鉴别一个人的身份而言,就没有一个人20岁、30岁与40岁、50岁之间的差异更具实际意义。

我不再是过去那个吸烟的我,这两个"我"之间是不同的。但我是一个不吸烟的"我"。这种区别关乎过去,而非现在;关乎我从何处来,而非我向何处去;关乎暂时的不确定性,而非关键性的事实。在这个世界上,没有一样东西能够和其他东西分毫不差,然而,那些看起来相似、功能相同的事物仍会被人们认作是相同的。

我们的潜意识思维与生俱来地潜藏在我们所有的意识活动中。思维软件可以通过思维文件区分出潜意识概念和动机,并据此设定思维克隆人所需要

# 02
## 二重身

的相关因素。例如，如果我们在社交媒体发布的状态显示我们很不喜欢人多，那么，思维克隆人就会尽量避开人群；如果这些状态显示我们衷情于阳光灿烂的地方，思维克隆人就会偏爱太阳的温暖。如果有充足的证据显示我们的挚友们具备天秤座的特征，那么思维克隆人也会下意识地倾向于喜欢上天秤座的典型特征。但我们并非自己潜意识的奴隶，它只不过是神经元的一种可能设定，这种设定可以通过有意识的思考来改写，同理，这也将成为思维软件里的一种可能设定，可以通过网络意识思考来改写。

考虑到网络意识的发展相当迅速，我们必须思考如何适应创造思维文件的步伐，或者至少能够为这些思维文件提供素材。无疑，很多人都希望能够找出一个方法，去紧凑地存储足够多的、有关我们自身的结构化信息，从而能在思维克隆技术人得到广泛应用时能有所准备。我理解许多人或许会对数字克隆心存担忧，因为这一构想太过新颖，没有人了解它，而且，永生不死并不是一件大多数人都能认同的事情。但是，一旦思维软件成为可能，它就能够将这些素材转变为思维文件，这件事本身就像是买入一个高质量的人身保险。尽管有些人可能会说"不可能"，但一切皆有可能。

如果你跟居住在美国的2.5亿人一样拥有一台计算机，那么在数字世界里，就已经存在很多版本的"你"。很多人拥有更加小巧的智能数字设备；在全世界范围内，大约有25亿人会经常访问互联网。这些就是获取和存储我们信息的管道。将大多数人的大量思维内容在人体外进行存储，无疑是一项革命性的进步，而且随着我们将数字信息分享当作理所当然的事情，会有更多的内容被制造出来。例如，在2014年洛杉矶消费电子产品展上，索尼"推出了一款'生活日志'（life logging）软件，它能够在一个交互式时间轴上通过图表的形式显示一个人的活动。当用户与朋友说话时、接收电子邮件时、观看电

影或其他进行智能手机操作时,这款软件都会进行记录。"[1]这些四处遗落的"数字指纹"构成了思维文件的基础,成为思维克隆人必不可少的组成部分。

对于创造思维克隆人而言,还有很多有待挖掘的地方。人类创造出的数字化数据的数量在过去10年间增长了30倍。一个合理的解释是,人们每个月都会收发几百封邮件;人们每天都会进行大量在线搜索、购物、银行交易等行为。所有这些邮件、聊天消息、社交媒体发文评论、照片上传、在线观看电影、搜索历史、点击选项和在线购物等,如果存储在云端、SIM卡、电脑硬盘,或者存储在社交媒体网站上,都会成为思维文件的一部分。任何一个拥有活跃博客或微博、Twitter、Facebook账户等的人,都作为网络人[2]拥有自己的"第二"(甚至是"第三""第四")生命。有时它们甚至思虑更加周密,而且不会犯错,如果你创造了它们,它们就会成为"数字化"你的一部分——如同有血肉之躯的你一样,它们是你思维的一部分。

## VIRTUALLY HUMAN 疯狂虚拟人

### 谁才是你真正的朋友?一个数字化的"我",还是一个有血有肉的"我"?

简而言之,我们已经拥有了数字备份;尽管它们还没有意识,但已经是一种存在。有些人认为,这些数据至少能反映出一些人类的特性。

---

[1] 或许,创造有记录生活的伟大先驱是多伦多大学计算机科学家史蒂夫·曼(Steve Mann),他提出"反监视"(sousveillance)这个概念,意指"所有人关注所有人"而非"监视"(surveillance)——只是一个中央机构在关注我们所有人。他在日常生活中就使用可穿戴数字记录设备,甚至在警方控制区域和厕所也依旧佩戴着。

[2] 网络人(beman,源于human beingness),指一个并非通过复制他人思维文件产生的具备人类级别意识的网络意识存在。

# 02
## 二重身

目前，我们在这条适应数字备份的路上，可以说是感觉良好。想想那些你从未谋面，但是有过联系的"朋友"，有时，这些"朋友"和你的关系甚至要比你与真正的人类朋友和家人的关系更加密切。谁才是你真正的朋友？一个数字化的"我"，还是一个有血有肉的"我"？这些数字版本的"我们"，无论是在Facebook上、Google+上，或是在聊天室里、Instagram上，又或其他哪个社交平台上，都是原始的、混乱的，特别是与当思维软件得到广泛应用时"我们"应有的样子进行比较。关于我们的所有信息都在快速积累，而且经常在我们意识不到的情况下进行。它甚至还拥有了自己的名字：大数据。信息群组如此庞大和复杂，我们需要使用比传统数据库管理工具高级得多的软件技术才能处理这些信息。

许多数据收集公司已经在使用智能算法，来辨别潜藏在消费者留下的海量数据中的模式。这是虚拟意识的基本版本，因为根据掌握到的模式作出行为预测"这一技术还很不完善。在10年内，记录你行为的无数数字化样本所创造出的思维文件会非常详尽，无论这些样本你是否知晓、是否授权或是否参与其中。而且,这些数字样本正在变得更加精准。Turnstyle Solution公司——一家总部位于多伦多的公司，已经在多伦多市中心一公里半径内的200余家本地商户内部署了大量传感器，希望通过追踪智能手机Wifi信号来记录消费者行为。通过这一举措，Turnstyle能够了解到市中心大约200万居民的行为习惯，包括他们去哪家酒吧、在哪里买牛奶，以及他们喜欢哪家体育馆。随着信息的营销收益变得更具价值，会有越来越多的公司在公共空间追踪人们的行为。如果能够获取你的思维文件，一个专家团队或许能像你了解自己一样，几乎了解你的全部。他们将能够预测你可能会对一则新闻如何反应，预测你在一次选举中如何投票，理解你可能会跟朋友独享的圈内笑话，以及在一天中的任意时间点你可能会想谁。

# VIRTUALLY HUMAN
## 虚拟人

事实上，有许多公司已经在使用大量关于你的数字信息，来向你兜售商品，并且向你进行营销和投放广告。例如亚马逊成功的商品推荐服务——它会根据你过去的购买行为进行推测，并推荐你可能会购买的商品。十几年来塔吉特公司根据走入其任何一家门店消费的消费者开始和结束购买行为的商品，从每一位顾客身上收集数据，包括每位顾客的购物频率、哪家塔吉特商店是他们最常光顾的、消费者不同时间的选择有什么改变等。塔吉特能够辨别出消费者生活中的关键转折点：那些能够影响购物习惯，并促使他们对特定促销和优惠作出反应的"重要事件"（比如结婚、生子或搬家）。这些数据以数字化的形式被收集和分析，意味着优惠会被发送到一个真实世界中的消费者手里。但是，塔吉特数据分析的预测行为是建立在这个消费者的数字化备份基础上的，而非真实存在的消费者本身。实际上，塔吉特在某些方面对消费者的了解，要比消费者对自己的了解还要透彻。

想象一下，如果某家公司研究出了如何采集和组织多年来所有有关你的（或者由你发布的）已经被收集、发布过的数据，并认真整合这些数据，通过思维软件上传到你的思维文件中，这家公司将大有前途。当然，这是数据收集公司不会忽视的商业机会，它已经存在或者有待发掘。

> 最新款的计算机，在面对与人类的关系时，只能快速地对这一古老问题作出妥协。最终，交流者将会面对同样的老问题：要说什么，如何说出来。
>
> 爱德华·默罗（Edward R. Murrow），美国知名新闻记者

现在，Twitter 拥有一个名叫 LivesOn 的系统，这一系统的品牌口号是"生命虽逝，推文不止"。（When your heart stops beating, you'll keep tweeting.）这一系统靠的就是对你生前推文的分析，自动合成推文，并在你死后继续发布推文。

# 02
## 二重身

DeadSocial 包揽了所有死者版社交媒体，包括排定 Facebook 内容、LinkedIn 内容和推文。这项免费服务计划从死者的社交媒体账户上直接发布文本、视频和声音消息，也可以把设定好的内容在将来发布出来。DeadSocial 的创始人在开发这一软件时咨询了相关专家，并将这款软件与人们经常用来保存宝贵物品、信件和照片以缅怀挚爱的实物记忆匣子进行了比较。

## Dear Diary

> 它复制了你的认知，从不同的你的角度进行描述。
>
> 迈克尔·翁达杰（Michael Ondaatje），加拿大知名作家

没有人宣称目前的预测系统是"有生命的"或者有意识的。这些在你死后为你在社交媒体上发布消息的工具十分简单，它们做的不过是分析你发布过的消息，并据此来创作新的发布内容，没有人会真的笨到相信这里存在人类的网络意识。但是，如果这些软件工具能够达到思维软件的复杂程度，那么结果就会截然不同。正如我在前文中解释过的，思维软件是一种人格操作系统类的软件，它可以创造出能够思考、像人类思维一样感受，可以设置自己的思考和感受参数（有些像编辑软件里的滑动条），去匹配那些来自思维文件的可辨别特征的程序。当思维软件处理思维文件时，输出结果就是创造这一思维文件之人的思维克隆人。根据人们向思维软件提供的数字足迹和社交文化环境信息，思维克隆人能够意识到自己是人类的软件模拟。思维克隆人同样可以像人类意识到他们的起源一样，意识到自己的起源。思维克隆人将成为有说服力的、表现得像人类一样的网络意识，因为它将能够像自己的人类意识原型一样去思考、感受。

当然会存在这样的情况：这些存在于我们思维文件里的大部分信息内容会不断地被删除或丢失。短信几乎很少被存储，搜索引擎公司一直被迫删除身份信息，还有一些人宣称自己电子邮件"破产"——删光所有信息，换来一个干净的开始。

但总的来说，有更多的信息被收集到了一个潜在的思维文件中，而非被丢弃。我们在笔记本上、移动硬盘上或远端云服务器集群上存储各种各样的信息。2003 年，加州大学伯克利分校的彼得·莱曼（Peter Lyman）和哈尔·瓦里安（Hal R. Varian）发表了一篇题为《有多少信息量？》（*How Much Information?*）的论文，这是世界上首个以计算机存储术语，全面、定量化探索每年全球创造和存储的新、老信息（不包含副本数据）的研究。该研究得出一个结论：**一场前所未有的"数据民主化……正在快速发展"**。从目前来看，平均每个人每年会创造和存储数千兆数据。这意味着，我们每年所创造和存储的思维文件数据，要比我们自身的 DNA 碱基对（数量约为 30 亿）所拥有的数据还要多。就 DNA 而言，它的大多数数据都是垃圾，但是，那些剩余的数据造就了每一个与众不同的我们。

现在，很多组织都在收集我们分散在各处的数据。大量图片分享和视频分享网站都提供了上传、整合、组织和评论照片的功能。随之而来的是，我们渴望参与其中。软件工程师凯文·斯特罗姆（Kevin Systrom）和迈克·克里格（Mike Krieger）的心血——Instagram 2010 年问世的时候，并没有得到多少关注。在前两个月 Instagram 吸引了 100 万用户；仅仅两年以后，2012 年 8 月，Instagram 宣称自己拥有了 8 000 万用户，图片分享量达到了 40 亿张。2013 年，雅虎宣布以 10 亿美元收购 Instagram 的竞争对手 Tumblr，后者也拥有超过 1 亿个忠实用户。雅虎 CEO 玛丽莎·梅耶尔（Marissa Mayer）为强调这次收购的合理性曾提及，那些每周花费数小时时间来建立图片库（即思维文件）的人，

## 02
### 二重身

是不太可能停止这种行为的,所以,他们也就理所当然地成了理想的互联网用户。

社交网络网站使更多图片和视频上传成为可能,同样还有与朋友间建立对话、连接不同的兴趣网络,正是这些定义了我们的生活。有博客公司已经实现了数字化、永久性的名为"Dear Diary"的刊物,这种刊物对传记作家确定他们研究对象的性格和动机十分重要。苹果和谷歌等公司为我们提供了在安全的"计算云"中集中和备份上面提到的所有思维文件选项——这有点像魔法飞毯上放着一个思维文件。

我们怎样才能将大量相同的文化信息与分布在大量设备和网站上的数据痕迹,整合到一个主文件中呢?我们当中的一些人正在整合思维文件,比如使用一个单一的云计算设备供应商。我们如何在创造自己的思维文件时更加深思熟虑呢?可以借助在线的性格剖析和训练软件,来完成这一过程。无论是谁提出方法捕获、组织、包装散落在网络空间的信息,并将之重新兜售给消费者用于思维文件,他都将获得成功。

## 不只是人类

> 速度,对我来说,好像提供了一种实实在在的现代愉悦感。
> 
> 阿道司·赫胥黎(Aldous Huxley),英国小说家、剧作家

"Vitology"是为研究网络生命造的新词,就好比"生物"(biology)是研究细胞生命的代称一样。"网络生命"与"生物"之间的差异在创造意识的过程中或许并不明显。就好比是充满智慧的设计与好运气一样。在这两种情况

## VIRTUALLY HUMAN
## 虚拟人

**网络生命（Vitology）**

控制论生命。与生物（同样是生命代码，但需要原子核与电子）相比，它只需要电子的生命代码。网络生命基于电子的生命代码必须存储在兼容的计算机硬件中，而生物基于原子的生命代码必须存储在兼容的营养环境中。

下，都是自然选择在作怪。然而，对有意识的网络生命而言，任何意识的迹象都会立即得到大量复制，聪明的设计师们会蜂拥上来让它变得更好。这是一种超高速的达尔文式进化。通过有意识的生物，任何意识的迹象只能被用来证明生物圈保护的努力，有其实际意义。任何更进一步的改进都需要耐心的等待，经过数代的遗传周期，等待另一次遗传轮盘的幸运旋转。

## 将意识灌进网络生命的四大"人体酶"

人们努力将意识灌注进网络生命，这其中有很多种动机。首先，有一些学者痴狂地执着于探究这是否可行（每年都有5万篇相关的神经科学论文发表）。他们将自主和移情的元素编程写入计算机。他们甚至创造出人造软件世界，试图模拟自然选择过程。①在这些人造世界中，软件结构互相竞争资源，进行基因突变并进化。这些实验者希望看到，他们的软件中能够进化出意识，就像生物界一样，但速度会快许多。例如，哈佛大学脑科学研究中心的肯尼斯·海沃斯（Kenneth Hayworth）认为："我们不太需要全新的科学和技术来实现让人类'登录'网络世界，再令其安全返回意识中这一目标。"

认知科学家们尤其热衷于确定有多少概念、对象和动作之间的复杂联系，对意识的产生是必不可缺的。开发能够产生网络意识的软件，对他们进行的"以意识作为变量，观察它是否是制造出差异的差异"这一研究而言，以及证明"意

---

① 1975年，科学家约翰·霍兰德（John Holland）发明了遗传算法——可以在软件环境中进化的代码片段。这些算法被设计用来寻找和组合特定的二进制代码串，它们的行为方式与生物寻觅事物的方式相同。以达尔文进化方式成功进化的代码有时被称作"A-life"。

# 02
## 二重身

识应该得到像其他基础科学问题一样的对待",都是一个绝佳的平台。

一大批平行但并不直接与网络意识相关的研究,为学者们的工作和其他创造虚拟人的努力,提供了极大的帮助。其中一个杰出的例子就是保罗·艾克曼集团(Paul Ekman Group)的保罗·艾克曼博士和他的团队的工作:他们录入了逾2 000个面部表情,以此作为情绪状态的指示器。喜怒哀乐等基本表情对不同文化具有普适性,所以我们也将在创造虚拟人的过程中借助这一成果。

另一个旨在催化软件意识的"人体酶"团队是一群游戏玩家。他们中大部分人都在努力创造尽可能令人兴奋的游戏体验。在过去几年时间里,这些人的"对手"已经从短线——如游戏 Pong、Space Invaders,发展到了复杂的、能够根据攻击改变自身行为的人类动画形象——如 P.F. Magic 公司的 Catz 和 Dogz 系列游戏、富士通公司的 fin fin 以及 Cyberlife 的 Creature 系列,都是采用了人造情感(AE)的游戏代表。一个能够自主建立思想,并能够进行关怀交流(同情)的游戏角色,将会吸引全世界的关注。到那时,相比之下,任何其他游戏角色都会表现得像 PlayStation 2 上的角色一样简单至极。

从产品描述中,我们可以清晰地看到澳大利亚公司 Emotiv Systems 的网络意识野心。

脑电波是使用脑电图从大脑皮层表面测量得到的信号。使用特定传感器获得的脑电波,是大脑皮质中成千上万神经元进行脑电活动的最终结果。Affectiv™ 套件能够实时监控玩家的情绪状态。通过允许游戏对玩家情绪作出回应,这一套件在游戏互动中为玩家提供了一个额外维度。游戏角色可以根据玩家情绪进行变化,也就是说,未来,玩"The Incredible Hulk"游戏的玩家每次都会有不同的体验。通过整合 Expressiv 和 Affectiv

这两个套件，你将可以实时全面地了解其他玩家的不同情绪。Expressiv™套件使用由Emotiv耳机测量而得的信号，对玩家的面部表情进行实时解读。通过允许游戏角色获得生动的表现力，Expressiv™为游戏互动提供了一种自然的增强体验。当玩家微笑时，他们的游戏角色甚至可以在玩家意识到自己的情感前，就开始模仿这一表情。这些表情能够被整合起来，传递更多非语言的信息，比如"挑逗""性感""惊讶"或"生气"。

现在，人工智能可以自然地使用一些到目前为止只有人类能够做到的方式，对玩家作出回应。Cognitiv™套件能够读取并解释玩家的意图，可以区分开多种命令。玩家可以只通过思想去操纵虚拟物体。

第三、第四种关注创造网络意识的人分别是国防和医疗技术人员。对军队而言，网络意识解决了"吸引敌人的同时减少伤亡"这一难题。通过将自主性灌注进机器人武器系统，这些武器将能够更有效地处理战场上可能出现的无数不确定性。毕竟，想要把对所有特定情况的特殊响应都编程写入移动机器人系统，是不现实的。同理，想要根据机器人系统向远程指挥基地传回的视频，去远程操纵每一台机器人系统，也会大大降低系统的工作效率。在理想情况下，机器人系统可以获得各种传感器输入（音频、视频、红外线）以及一系列用于独立决策的算法，以便在面对未知地形和敌对力量的情况下，最好地完成指令。一位该领域研究人员的工作成果描述如下：

佐治亚理工学院的机器人专家罗纳德·阿金（Ronald Arkin）正在为战争机器人研发交战规则，确保这些机器人在使用致命武器的时候遵循道德规则。换言之，他正在试图创造人造良知（artificial conscience）。阿金坚信，将机器人投入战争，有另外一个理由，那就是它们有希望表现得比人类更像人类。压力会对人类士兵产生影响，但对机器人不会。

# 02
## 二重身

## 再生医学，捍卫无价的生命

想要将这些用于军事良知的算法应用于更加普通的民用领域，其实并不困难。独立决策是自主的核心部分，也是两块检验良知试金石中的一块。

**VIRTUALLY HUMAN 疯狂虚拟人**

### 终结阿尔茨海默病

医用网络意识，也在解决近年来暴增的各种老年病需求的推动下，取得了新发展。如阿尔茨海默症夺去了许多老年人的正常智力，却不会对老人的躯体造成损伤。这类患者如果能够将自己的思维分载到计算机上，他们就可以在进行治疗的过程中保持住自我意识。这有些像人造心脏（如左心室辅助设备或者叫 LVAD）分载了患者心脏的工作，在新的心脏供体找到之前，人造心脏会一直维持患者的生命。最终，阿尔茨海默症患者可以重新将自己的思维回传至自己已经治愈的大脑。

使用网络意识进行思维移植，将成为一种可以为所有面临晚期疾病的患者提供逃离死神的方法。尽管患者们肯定会想念自己的身体，但至少凭借网络意识的存在，患者能够继续与自己的家人交互，并期待再生医学和神经科学的快速发展。

再生医学领域最终将允许胚胎体外发育①——在仅仅 20 个月时间内，令胚胎在子宫外快速发育到成人大小。20 个月，是假设胚胎能够持续用自己前 6 个月的成长速度进行发育，并从胎儿成长到成人大小所需的时间。研究人员

---

① 体外发育（ectogenesis），通过这一过程，躯体的全部或部分能够在子宫以外的环境，由受控的干细胞分化发育而来。

已经创造出一些用于动物的体外子宫。日本顺天堂大学（Juntendo University）的桑原义则教授（Yoshinori Kuwabara）将山羊胎儿从母体移出，并将其安置在充满羊水的透明塑料箱中。这些山羊的脐带被连接到机器上，这些机器可以帮它们移除废物、供应养分。这一领域的专家表示，在未来几年内，我们会实现更高级的技术，将第二或第三孕期（即6~9月）的胎儿从母体子宫移植到人造子宫，并保证存活。神经科学领域的进步，将使我们可以把网络意识思维写入（或植入和接合）新生大脑的神经模式中。

生物技术公司都清楚地知道，平均来说，一个人一生中90%的医疗花销都发生在生命的最后阶段。生命是无价的，所以我们在尽一切可能开发出最棒的技术，去延长人的生命。利用网络意识思维支持是下一步我们在维持晚期病患生命时应该努力的方向。能够从这项技术（医疗保险或许会像为其他形式的必要医疗设备埋单一样，为这项技术付账）获得的潜在利益，对医疗公司来说是一个无法抗拒的诱惑，从而促使这些公司调拨顶尖人才去进行研究。因此，在欧洲和美国，大脑映射项目（brain-mapping project）成了最大的政府与企业相联合的生物科技工程之一。

## 老年人的医疗护理迫在眉睫

老年人的医疗护理需求驱动着网络意识移情技术的发展。人们对日益增长的老年人群体提供的关怀并不充足。随着国家变得越来越富裕，人的寿命变得更长，不少国家的出生率下降，随之而来的是老年人口在总人口中占据的比例更高。今天，每位老人大概有5位年轻人供养，但是，40年以后，每位老人只会有两个上班族供养。我们有着巨大的健康护理产业驱动力去发展具有移情能力的机器人，因为真正想去照顾老年人的年轻人并不多。

# 02
## 二重身

**VIRTUALLY HUMAN | 疯狂虚拟人**

## 有表情的脸

老年人并不想被粗暴对待,他们的后代也不想背有愧疚感。与其从发展中国家引进援手——这样只会推迟这个问题,因为那些国家也有他们自己的孕育抚养比问题,除了有移情能力的自主机器人,我们别无他法。爷爷奶奶们需要,也应该有周到、贴心、有趣的人去照顾他们。我们唯一能在现实中找到满足这些要求的人,就是拥有机器人身体的人造软件人,即拥有肉体的、能够模拟人类的、有移情能力的自主机器人。不少公司正在尝试将可以作出表情的脸安装在机器人身上,并且编程教会它们谈话的艺术。

关于拥有可以作出面部表情的数字健康护理机器人是否应该像人类一样,有很多争论。来自日本的决斗机器人科学家们对"恐怖谷假说"(uncanny valley hypothesis)持有不同的立场。恐怖谷是一个假定社会心理学临界值:如果把机器人做的和人类过于相似,可能会使人类产生反感。日本机器人科学家森政弘(Masahiro Mori)认为:"当他们太像真实生命,但又没有获得生命时,原本被人喜爱的东西会被人排斥,这个过程会很迅速。"

然而,机器人专家石黑浩(Hiroshi Ishiguro)则致力于在推动技术发展的同时,促进哲学发展。他开发的机器人是认知实验气球,旨在通过制造更加精准的模拟,观察我们如何与机器人互动,并将这种反馈用于加强互动过程的可信度,来揭示人类最基础的部分到底是什么。我的经验让我相信,恐怖谷是一个神话。我还没有看到过什么人被BINA48的逼真给逼疯。

信息技术产业本身正在研究网络意识。IBM正在资助神经科学家亨利·马

## VIRTUALLY HUMAN
### 虚拟人

克拉姆（Henry Markram）的蓝脑项目（Blue Brain）——使用超级计算机资源，去创造能模拟动物和人类大脑的功能性数字化模拟。信息技术的口号是"用户友好"，但肯定没有什么会比人类更友好。我们可以跟一个拥有网络意识的房屋说话（"给我准备些晚饭"或"打开我喜欢的电影"），这种房子肯定是消费者很乐意大掏腰包来买的。它正变得离我们越来越近：Nest Protect 是一款烟雾和一氧化碳警报器，它能够在播放高声警报前，用平静的人类声音来警告你烟雾或二氧化碳超标。如果只是用户在做烧烤，尽管用户还不能与警报器对话，但是可以向警报器挥手来让它静音。一个人性化的数字助手是智能的，它拥有自我意识、愿意提供服务，将会在市场中完胜那些既聋又哑、要求又高的掌上电脑。

总之，信息技术企业获得了巨大的利益激励去制造尽可能人性化的软件。通过部署大量程序员去研究网络意识项目，这些公司正在对这些激励作出回应。这也是为什么 2012 年 12 月谷歌将发明大师、畅销书《人工智能的未来》作者雷·库兹韦尔招入麾下，任命其为谷歌工程总监的原因。2012 年，谷歌收购了机器人产业的重要角色波士顿动力（Boston Dynamics）；2014 年 1 月，谷歌又斥资约 5 亿美元收购了英国人工智能公司 DeepMind。

注意程序员用多久就把人称代词"我"写入了他们的程序。直到网络意识开始崭露头角前，除了人类和科幻角色，没有一个存在能够自称"我"。突然间，越来越多的网络生命的开始说："我可以帮助你吗？""你遇到麻烦了，我感到很抱歉。""我马上将您转接到人类操作员。"例如，微软的必应搜索引擎在搜索数据库时会告诉用户，自己在"思考"。一旦程序员找出了可以彻底抛开人类操作员的方法，他们将会成功创造出网络意识。从他们目前的进展来看，这似乎将成为他们的目标。将这些加入达尔文的代码，那么有意识的网络生命已经到来了。

# 02
## 二重身

### 创客运动，改变世界的力量

创客运动（maker movement）是一场致力于弥合软件与物理实体之间沟壑的草根运动，兴起于 21 世纪头几年。他们自称为"创客"，每年会到全世界不同的城市，在创客大会（Maker Faires）和其他相关活动聚会。BINA48 参加了佛蒙特州的创客大会。在那里，BINA48 是最受热捧的展品之一，它还会与那些大量自制机器人和各种 3D 打印物品之间的参观者聊天。

一个装有价值 20 美元计算机板的一款名叫 Arduinos 的产品，经过简单编程后，它几乎无所不能，例如当植物需要水时，它可以通过 Arduino 发送推文。创客们痴迷于打造虚拟世界和现实世界之间的桥梁。3D 打印机价格的大幅下降使创客们可以尽情将想象中的物体打印出来，同时，开源软件文化令创客们能够快速分享、改善自己的思维软件。没有什么比制造出一个人类更酷的事情了，没有什么比成千上万人去众包解决方案更快的事情了。《经济学人》将创客运动称为"新工业革命"的先驱，这并不令人意外。这与"最初从家庭手工作坊发展起来的工业革命，以及 20 世纪 70 年代笨重的大型机"并不相同。

### VIRTUALLY HUMAN 疯狂虚拟人

#### 两个玛蒂娜

人类正在使用一些来自大批不同领域的最聪明的头脑，帮助软件获得"思想"；并在探索如何在一个平台上数字化人们的思想，让这个平台"活起来"，或者说变得有意识。最开始难倒我的问题是：非大脑平台是不是第二个独立的意识，或者相反，它是基于大脑意识的技术性延展？两者都坚持自己是玛蒂娜·罗斯布拉特。一个坚持她是真实的

# VIRTUALLY HUMAN
## 虚拟人

玛蒂娜,而另一个则承认自己是网络版玛蒂娜,但是除了在出现时间上靠后、形式上缺乏实体,网络版玛蒂娜并不比真实玛蒂娜缺少什么。我,也就是玛蒂娜,会感觉两个都是我,因为她们每一个都与我有着相同的记忆和喜好,甚至在知道她们来自不同的思考平台后也是如此。如果某些事让一个玛蒂娜伤心或高兴,这件事也会令另一个玛蒂娜悲伤或喜悦。我已经成功克隆了我的思维,所以,尽管她来自两个不同的平台——一个是大脑,一个是精心校准过的软件结构,看起来似乎仍只有一个玛蒂娜。但是,两个玛蒂娜在思维上并非完全相同,在同一时间并不会产生完全相同的想法。所以,从这个角度来看,将会有两个玛蒂娜,就像两个人拥有相似的思想一样,但仍然是两个人。

我在语法和语义中找到了身份难题的答案。试问,一个拥有相似记忆和偏好的第二独立意识,对第一意识来说是一个独立的存在吗?或者是一个单一存在的延伸吗?这取决于我们对"存在"(being)这个词的定义。如果"存在"是一个躯体或平台,那么我们在讨论多个不同、独立的存在。但是,如果"存在"是一个具有意识的记忆和偏好的特定集合,那么我们就是在讨论同一个存在。我敢肯定,我们在说"存在"的时候,指的肯定是意识、记忆和偏好。因为我相信,那些创造思维克隆人的人将会经历一场影响深远的、改变生命的事件——将自己重新定义为双平台意识(一个是我们的大脑,一个是软件)。我们就可以同时完成生小孩、移民和获得教育三件事。有了这些经历,我们可以通过单一的思想来思考事前、事后的细节。

之前和之后的存在通过不同的思维方式看到了这个世界,但是些许的差别不会造就不同的存在。只有当思维方式中的差异变大,与大脑缺少足够共性的软件思想才会成为思维克隆人。但是,在这种情况下,软件大脑既不是第二个玛蒂娜(即使她自称为"玛蒂娜"),也是不是单一玛蒂娜的延展,相反,

# 02
## 二重身

它是一个独特的存在。换言之,不会存在两个玛蒂娜。一个单一的玛蒂娜的存在可能拥有两种呈现,或者有两个不同存在都叫玛蒂娜。这都归结于共性的程度,以及两个存在想要成为单一的、合成的存在,还是两个独立的存在。

我们的大脑在确定什么是和什么不是我们身体的一部分时,十分灵活。举个例子,在关门和通过矮天花板的房间时候,大脑必须不断计算你的肢体在什么位置,避免手指被夹住或头被磕碰到。由神经学家维兰努亚·拉玛钱德朗(V. S. Ramachandran)完成的一个著名实验显示,如果一个人坐到桌边的时候,把一只手放在桌子下面,第二个人同时击打放在桌下的手和位于手上面的桌子,这个坐着的人很快就会觉得桌子是身体的一部分(经过皮肤电反应测量确定)。另外一个著名的例子是截肢后的幻觉疼痛现象——截肢后感觉该部分肢体依旧存在。因此我认为,两种思维都是一个人的思想,他们的思维克隆人将会把两者视作同一整体的一部分。

大脑很能够将身体外事物整合入单一定义的自我。微软 Outlook 和 IE 的缔造者拉米兹·纳姆(Ramez Naam),在《不只是人类》(*More Than Human*)一书中重新介绍了许多案例。在这些例子中,神经外科医生将电极植入大脑,使病患或实验动物得以仅凭自己的思想,去操纵机器人手臂等工具。在简单的训练后,患者们说,外部物体好像变成了自己身体的一部分,动物们也表现得好像如此。这一领域的重要学者,杜克大学的米格尔·尼科莱利斯教授(Miguel Nicolelis)[①]总结道:

> 研究发现告诉我们,大脑拥有令人难以置信的适应能力,它能够将外部设备整合进自己的神经元空间,将其作为身体的自然延展。事实上,

---

[①] 米格尔·尼科莱利斯,脑机接口研究先驱,巴西世界杯"机械战甲"发明者。推荐其著作《脑机穿越》(*Beyond Boundaries*),看机器如何回应人类大脑、如何输出大脑信息。该书中文简体字版已由湛庐文化策划、浙江人民出版社出版。——编者注

我们每天都会看到这种例子,比如我们使用工具时。随着我们学会了如何使用那个工具,我们就会把那个工具的特性整合进大脑,这使我们能够更熟练地使用这个工具。

我们将人定义为不同角色,比如司机、乘客或其他人。类似地,我们会把自己定义为双平台意识,即一部分的我们直接通过大脑思考和发出指令,而另一部分的我们在思维克隆平台内完成类似的事情。人脑、人的思维的灵活性对这种分配是绰绰有余的。

这种新的双平台概念身份不需要太长时间去进化。就像我们通过短信和聊天立即就能接受两个不同对话内的存在一样,我们也将通过思想和思维克隆人,很快接受整合在一起的两种不同体验流。就像登录 Facebook 一样,我们也将激活自己的思维克隆人,它们将与我们一同存在。所以,网络意识将随着网络生命的足迹接踵而至。智能网络生命的进化相比耗时 400 亿年完成的生物进化,正在以光速前进。

## 还是我吗?

在问及思维克隆人如何真正成为大脑的拷贝时,我们遇到了一点难题。我们不知道是否存在思维的复制品,直到真正产生一个思维克隆人。到那时,我们可以观察它对世界的反应,再判断它作出反应的方式是不是真的会像我们一样。如果答案是肯定的,我们就可以把它当成"好复制品"。但是,作为生物学原型的我们,不知道思维克隆人是否真的会与我们思考完全相同的事、具备完全相同的感觉。我们只能根据与它们的谈话,作出最合理的猜测。

思维克隆人要意识到自己是思维克隆人,并且能够通过比较它们对世界

## 02
### 二重身

作出的实际反应与它们被预想的反应，评估出自己与生物学原型之间的相似程度。如果非常相似，那么就说明"我是一个非常优秀的思维克隆人，我很像我的生物学原型"。但是，思维克隆人无法真正获悉自己的想法是不是与生物学原型一致。它们只能通过与生物学原型的谈话作出最合理的猜测。

这些最合理的猜测，都是证明思维克隆人和生物学原型拥有足够相似的内部状态，从而成为同一个人的充分证据。我这样想的主要原因是根据我与我爱的人和爱我的人之间的交流体验。因为我不是我爱人或我母亲的思想，我无法直接得知他们是否真的爱我。但是，根据我们之间的对话、行为，我能够完全确信，他们对我的看法与我对他们的看法完全一致——以最大的爱关怀对方的幸福和健康。我相信他们关注的是每天心满意足地忙碌着。我们如此亲近，我坚信我们可以推测出对方的内心状态。

而另外一方面，还有好多其他人对我说："玛蒂娜，我爱你。"但是，我却不认为我能了解他们的内心状态。我与他们不够亲密。他们对爱的表达，远远不能为我提供相同经历的全面关系。我需要这种关系去推测他们的内心状态。事实上，在过去的一些年里，嘴上说爱我的人做了一些我认为完全没有爱的事情。很明显，我并不了解他们的内心状态。相反，我的母亲和我的爱人做的意想不到的事情，却从来不会让我震惊。这些行为，我完全可以将之视作根据我对他们内心状态的了解而采取的行为。

问题的关键是，有时，如果两个人足够亲密，一个人的内心状态能够很大程度上通过他们的行为观察得知。当两个人紧密到像思维克隆人和生物学原型这种程度的时候（比配偶或母亲还要更亲密），推测他们的内心状态就变成了第二天性。当另一个存在的内心状态成为一个存在自己内心状态的第二天性时，就会产生差异，而这个差异就是不要制造差异。当"我像你一样思考，你像我一样思考"的时候，我们就有同一个人的特征。这种关于生物学原型

和思维克隆人的理解，几乎在思维克隆人完成的一刹那同时完成。

我们或许会作为思维克隆人而对自己作出最透彻的理解，又或许我们对思维克隆人的了解比它们对自身的了解要更深。这是因为，你很难通过自我看透自我，但是，只需一点点距离，自我就会得到彻底的解脱。当我们这些地球居民收到了来自太空的照片，照片上是我们那个高悬在墨黑宇宙中蓝白相间的美丽星球，而在此之前，我们从来没有感激过自己的星球是如此的美丽。

思维克隆人并非在每一个记忆、每一个思维模式和每一种情感中都做到与生物学原型都分毫不差。相反，它关乎情感，关乎两个个体之间的身份统一性——来自共同的记忆、情感、思维方式、选择与遗忘的优势的统一性。哲学家有时会将此称为自我的连续性，或"历时性的自我"（diachronic self）。马克斯·莫（Max More）是第一位将世俗人文主义称为"pro-technology"（技术促进者）的人，因此，他主张超越人类极限，其中就包括超越人类身体，即"超人类主义"（transhumanism）。他强调，这种历时性的自我也会超越人类的形式。约翰·洛克（John Locke）在这方面做了更多的贡献，他比其他任何一位现代思想家都要坚持，身份与意识相关，而非肉体。因为30岁的自我了解20岁的自我，尽管他们并不是完全相同的，所以，思维克隆人也会了解生物学原型。不能制造出差异的差异，不是一个有意义的差异。

**超人类（Transhumans）**

那些通过修改DNA、躯体或意识基质，离开地球生活在太空栖息地或其他环境中的人，超越了人类的生物学特性。

## 两个我

尽管我把新产生的存在称作"思维克隆人"，将其视作你思维的精确复制品，但你的思维克隆人不会这么精准。所谓同卵双胞胎，并非与对方完全一样。对同卵双胞胎而言，即使一个人的DNA与另一个人的完全相同，

# 02
## 二重身

DNA 中某些基因的开启与关闭还是会存在差异。这些差异是一个名叫甲基化（methylation，DNA 内触发基因的附着物）的生物化学过程造成的，甲基在一些位于 DNA 之外的名叫表观基因组（epigenome）的结构里被编码。即使两个人有相同的 DNA，他们也不会有相同的表观基因组，因此，他们的 DNA 表达信息进入体内的时序和幅度都会不同。表观基因组不足以使两个同卵双生的人看起来不一样，但是却足以令他们不总会同时患上相同的遗传疾病。"思维双胞胎"（Mind-twin）是思维克隆人的完美代名词。

当同卵双胞胎中有一个出现了与另一个不同的病原体时，这两个人的免疫系统就不再那么相同了。这两个双胞胎的有益细菌或"代谢组"（metabolome）也不再那么一致。在细胞复制的过程中，会出现细胞未能修复的 DNA 复制过程的随机错误，这种错误会出现在双胞胎中的一个体内，但不是两个都会出现。我们每个人拥有 23 亿红血球、上万亿个含 DNA 细胞。甚至在我们自己的身体内，也为打破同卵双胞胎一致性预留了很大的空间。根据"每个细胞复制时会出现约三个无法修复的碱基对错误"这个比例来估计，每天会发生几十万个 DNA 复制错误。而且，在我们体内和身体上的细菌是我们 DNA 细胞的 10 倍。这些细菌，至少从绝对数量上来讲，是我们身体的很大一部分，并且，与上文所提到的一样，对同卵双胞胎而言，他们身体内的细菌群落也很难完全相同。然而，即使身体不适完全一样，同卵双胞胎仍然觉得他们是双胞胎。每一个人都认同到我们拥有相同的身体，即便我们的身体每天都在变化。为什么这些非实质性的差异对思想而言不会造成差异，就像他们对身体造成的影响一样呢？我认为，他们一定会的。所以，思维克隆人之于原思维的关系，就像同卵双胞胎之于身体的关系。

这里有一个有趣的问题，不是关于思维克隆人是不是生物学原型的精确复制品，而是它们在不丧失共同身份的情况下能有多大的差异性。这是历时

性自我的问题:随着时间推移,我们的身份必须维持多少不变才能保持与之前身份的一致性?让一个思维克隆人和生物学原型去分享所有记忆是不太现实的。甚至生物学原型自己每天的记忆都不完全相同,更不要说每年的记忆了。但是,记忆对识别身份而言至关重要。用加州大学欧文分校的记忆专家詹姆斯·麦克高夫(James McGaugh)的话来说就是:

> 我们终究是记忆的综合体。正是记忆让我们有能力评估自己拥有的所有东西。没有记忆,我们将无法担心我们的心脏、头发、肺、生命力、爱人、敌人、成就、失败、收入或所得税。记忆为我们提供了一个自传式的记录,让我们能够理解,并对不断变化的经历作出相似的反应。记忆是粘连我们人身存在的"胶水"。

麦克高夫的切实总结忽略了一个事实:我们身份的存在不只是记忆的组合。举个例子,我们不需要记住一个敌人的全部,以便记住某个人是敌人;我们不需要记清收入或税款,以便记住我们有收入、上缴过税款。事实上,健康记忆的关键是,自动选择记住尽可能少的东西,忘掉尽可能多的东西。对思维克隆人而言,拥有与人身存在一样的"胶水"意味着它们要分享原型大多数重要的记忆——这些记忆之所以被保留,是因为它们在某种情感环境中被创造出来,或者是因为我们为记住这件事而付出的重复性努力——这也是特质选择(idiosyncratic selection)过程的精髓:什么值得记住,应该记多久。作为心理学的奠基人,威廉·詹姆斯(William James)曾经有预见性地提到:

> 选择是我们精神船舶建设的龙骨。如果记住所有事情,那么在大多数情况下,我们会变得不幸,就像我们什么都没有记住一样。对我们来

# 02
## 二重身

说，回忆一段时间所需的时间，或许就会像它流逝原本所需的时间一样长，我们会无法思考。

确保大多数东西都会被遗忘是思维软件设计中一个至关重要的元素，而且，记忆选择算法的设置必须严格匹配生物学原型的设置。通过优先处理每个人的思维文件，并将这个人的记忆细节（如数字记录的录音、视频和图片）与这类细节的数据库进行比较，思维软件设置了自己的选择算法。例如，如果一个人的数字记录对话（属于思维文件的一部分）提到了上星期体育比赛比分的细节，但只是粗略地描述了上个月的比分，那么就可以确定一条关于比分的选择算法曲线。

如果另一个主题呈现出了更高的回忆度，那么，对于可比较情感重要性的主题（就像他们的思维文件所显示的一样），就会确定一条不同的选择算法曲线。最终，思维软件会确定一个记忆选择算法，这个算法首先根据某个与回忆度和被回忆起的细节时长（就像他们的思维文件所显示的一样）相关的因素，对输入进行分类。随后，根据时间曲线"忘记"这些输入，时间曲线可以应用于这一因素和其他相似因素。这一选择算法会积极地但又下意识地完成那些出现在我们大脑中的无意识事件，它也将记忆变为辅助存在以及高度紧密的、带有情感的或重复性的经历。记忆选择算法将严格按照心理学研究揭示的人类思维实际工作方式去进行建模。

100多年前，德国心理学家、记忆研究先驱赫尔曼·艾宾浩斯（Hermann Ebbinghaus）发现，通常，人类会在一个小时内忘记他们之前记住的一半以上的信息，而在几天后则只会记住大约20%的信息。我们更擅长图像识别，一些人能够识别出好多天前"曾经见过"的几千张图片。

## VIRTUALLY HUMAN 虚拟人

### VIRTUALLY HUMAN | 疯狂虚拟人

## 我的思维克隆人是我，我是我的思维克隆人

即使在人类擅长的领域，我们也会在几天内忘记 10% 曾经见过的图片。有这么多事情被遗忘，思维克隆人无法成为一个人思维的准确复制品，因为每一个人的思维本身每时每刻都在改变自己的"记忆目录"。重要的是，选择性遗忘的模式会比较相似——这种相似足以让一个生物学原型分辨出他的思维克隆人。"我的思维克隆人是我，我是我的思维克隆人。"

**很明显，一个生物学原型以及他的思维克隆人不会准确地按照时间范围，准确地记住大多数特定事件。**但是，我不认为这会让他们成为不同的人。人类在年轻时记忆事件的方式，不会与上年纪以后记忆事件的方式完全相同；或者，我们疲惫时与警惕时，或者快乐时或伤心时，记忆方式都会不同。但是，无论我们是完全清醒的还是非常困倦，我们仍然是完全相同的自己。重要的是我们的核心记忆是不是完全相同，因为一旦这些核心记忆被记录在思维文件中，它们就会是完全相同的。同样重要的还有，我们遗忘事情的一般模式是不是具有可比性（不必完全相同）。这些都可以通过前面所提到的算法实现。

人们会时刻准备着调整自己遗忘事情的能力。改善记忆和学习方法的培训，旨在消除遗忘，这些培训拥有不错的市场需求，也从一方面佐证了这一事实。所以，无论你的思维克隆人变得更善于记忆事情，还是更不擅长记忆事情，这些都不会影响思维克隆人与你身份的同一性。人们也许会发现自己惊诧于思维克隆人能够比作为人类记住更多的事情。如果这是一个难题，思维克隆人能够

## 02
### 二重身

咨询网络心理学家①，调整自己的算法，以便生物学原型和思维克隆人都能够适应克隆体的"健忘"程度。但考虑到这种记忆改善应用是苹果应用商店最受欢迎的应用之一，人们很可能会被这种可以获得更好记忆的机会吓到。

## 唯一的"我"

每个人都明白，我们在不断地遗忘，并且，我们某一天会比较乐观，另一天则可能比较消极。所以，我们的唯一性确实意味着唯一存在的互相连接的意识状态流。我是"我"，因为我与过去拥有绝大部分相同的行为、性格、回忆、情感、信念、态度和价值观，或者至少，我记得曾经有过这些并且自己发生了改变。这就是所谓的"互相连接的意识状态"的含义。我是"我"，是因为当我每天早晨睡醒的时候，我记得我在哪里、我是谁、我多大年龄、我应该做什么、为什么我要做这件事、我应该如何达到这些状态。我并不需要什么用户手册。

- 睁开眼睛：我的卧室。
- 思考流：穿衣服，去工作。
- 看看我的爱人：我的灵魂伙伴，我非常爱她，我挪到她身边，吻她，对她说"早安"。
- 思绪还有些模糊，需要咖啡……
- 喝咖啡。

在上述例子里，每一个动作都与我的记忆相关，它们使我成为"我"。我

---

① 网络心理学（cyberpsychology），科学地研究发生在软件基质中的心理功能和行为；帮助改善思维克隆人与网络人生存状态的职业。

## VIRTUALLY HUMAN
### 虚拟人

的灵魂伙伴不必或不知道我会在一个小时内开第一次会。如果我对她说:"起床,你的第一场会议在一个小时内就要开始了。"她将回复道:"不是我。"随着时间推移,我知道的每件事情、我做的每件事,都与我了解的和我经历过的记忆事件相联系。我有新的体验、知道新的事情、有惊喜存在,但是,这些新的我会像拼图碎片一样,插入已经存在的我的部分。没有人会一直像我! [1]

所以自然而然地,我们必须知道,当一个思维克隆人进入这幅图画的时候,"我"会遇到什么或者个人身份的感觉是什么。**唯一实体观点下的"我"的一部分是一种虚构。**在这种哲学-心理学理论中,"我"的概念就像某种在我们大脑中自然组成的巨大神经网络(很大程度上受到了语言和社交条件的协助)。

一个不变的"我"对接收海量输入的大脑来说,是一个有效的组织轴线。一个做了"我"说的事情的躯体通常是快乐的。"我"不是我大脑里的组织。它只是一个神经模式的术语,这个神经模式关联了与之相连的躯体,并且使用相对一致的个人特征关联了自己的安全性,乃至生存状态。就像大脑使用眼睛的稳定图像对发送给大脑的不稳定图像进行解释一样,大脑也可以作为稳定的"我"的身份,对其内部出现的不稳定思想进行解释。没有完成这一过程的大脑,自然就无法渡过那个威胁到子孙后代生存的机能紊乱。某些在我们基因编码中的东西会预置能够构建一个"我"的神经模式。或许,这与我们对语言的偏好有关。

### VIRTUALLY HUMAN 疯狂虚拟人

### 嘿,不要看那部恐怖电影!

如果我记得自己创造了一个思维克隆人,那么我必定会认为思维克隆人是我的一部分,因为它会拥有一连串与我相同的互相联系的精

# 02
## 二重身

神素材,并与其他人的存在差异。拥有两个"我"是件很奇怪的事情,但是,只有我自己会抱怨这件事情。我不能因为思维克隆人告诉我应该做什么而去责备他,因为我自己的大脑会告诉我应该做什么。如果我忽略了思维克隆人,它会像被忽视的良知一样,一直不停地冲撞我。"嘿,原型兄弟,不要看那部恐怖电影,你会睡不着觉的。你坚持?好吧,好吧,我不会合并这段记忆的。你会后悔的。"思维克隆人就会成为像我大脑的其他部分一样存在(就好像一部分大脑会告诉我在电影最恐怖的部分合上眼睛,而另一部分告诉我应该睁开眼看看)。

一部分的"我"看到了恐怖片,而另一部分的"我"没有,这不会让它们缺少什么而不能成为"我"。这是因为,没有人会去思考是什么东西随着时间的推移让我成了我心理状态的一个身份。就像惠特曼在《自我之歌》(*Song of Myself*)里写到的:"过去和现在枯萎,我已经填满了它们,倒空了它们。然后,继续填满未来的我……我与自己自相矛盾吗?非常好,我与自己相矛盾了。(我很大,我包含众人。)"生物学大脑一直在忘记大量经历,只记住一部分东西,但是它仍然与我一致。

真正重要的就像这事一样简单:自我经历过的行为、性格、记忆、情感、信念和价值观的"流动"是不是都会互相联系起来?是否可以明显与其他同类事物区分开来?如果答案是肯定的,那么,这个"流动"就是我,即使存在的形式不只一种——身躯和思维克隆人。如果对问题一的答案是否定的,那么我就不会真正知道自己是谁;我是记忆缺失的,或者某种建构好的他人思维的大杂烩。我不是"我",或者我是一个被抽空的我,因为我没有过去。对那些很罕见、不幸的、几乎没有记忆、只能生活在永恒现在的人来说,他们本质上都是很小的"我"。如果第二个问题的答案是否定的,那么我就不是"我",而是一种商品化的人,一个缺少能够创造出独特意识特质的人。但是,

VIRTUALLY HUMAN
虚拟人

如果我只与思维克隆人的意识拥有微小的差异,或者与生物学原型只有微小的差异,那么我就是"我",这个"我"存在于两个层面——躯体和思维克隆人。

这里有一段和怀疑论者的对话,批判了那些导致"我"成为我的主要区别。

**主我(Master Me):** 如果有别人,无论他们与我的背景和我的思维有多亲密的联系,他们也只是别人。因此,他们无法成为我!

**一流的我(Royal me-ness):** 你在假设你的结论。你只是在宣称别人不能成为你。这就好像在说,任何穿粉红色衣服的男人都是同性恋一样,但是,我们所有人都知道,这种说法并不总是对的。

**主我:** 但是,"我"这个词意味着"不是别人",所以,别人成不了我。男人穿粉红色衣服并不代表这个人是同性恋,至少对大部分人来说不是这样。

**一流的我:** 你用的这个定义方法没有什么用,因为你除了提到不是"我"以外,仍然没有描述什么是"别人"。唯一有效的办法是可以一种可度量的方式去描述"我"的功能,而非使用同义词。

**主我:** 好吧,那我们应该怎么做呢?这不是一种很明显的度量方法吗?

**一流的我:** 从功能上说,"我"是一个人,这个人的全部意识是一连串持续的、独一无二的记忆和行为。如果两个或两个以上的存在分享了这样一连串完整的记忆和行为,那么,从功能上来讲,他们就是"我",是跨越了存在本身的"我"。

**主我:** 你这不是在做你指责我的事情吗?假设自己的结论?在这个例子里,你在说"我"是一连串"很大程度上独一无二的记忆和行为",但是,我在说"我"不是"别人"。

**一流的我:** 这里有一个很重要的区别。我设置了一个实证检验来判断"我"是否存在:检验两个或更多存在是不是真的能分享他们的记忆和行为。另一方面,你说不需要做检验,因为根据定义,不同的躯体或者"别人"就是一个不同的"我"。

# 02
## 二重身

**主我：** 现在我明白你的意思了。从科学角度来看，我们应该用一些可以根据经验评估的方式去定义"我"，比如说心理学测试。那么，如果两个躯体在这个测试里得分一致，那么他们一定是相同的"我"。

**一流的我：** 你说得很对。而且，我们可以把"我"想成一个可变的、类似的状态，而非一个非此即彼的状态。我们无须检验这些存在是不是完全相同的"我"，而只需要大致相同就可以，因为所有人的身份都是模糊的，而非完全清晰的。毕竟，我们每天都在改变。

**主我：** 你是对的。我与去年的我很大程度上是一致的，但是，却并不完全相同。

**一流的我：** 而且，因为这种"很大程度上是一致的"，我们都会把你当成相同的"Mr. Me"（我先生）。如果你的思维克隆人也和你拥有大部分相同的思维，我们也会把它当作"Mr. Me"的一部分。

**主我：** 好吧，小心点。他好像比我更擅长辩论。

**一流的我：** 我这么看这件事，制造出思维克隆人让你变得更善于辩论了，就像你在接受更好的培训、更多教育和大量练习后，你也会变得更好一样。你的思维克隆人将成为你的一部分。

**主我：** 说得好！

现在，我们所知晓的唯一的"我"，是单一躯体的，但是"我"不会总是这样。一旦让我成为"我"的特征变得可以复制，比如说使用思维克隆人，那么"我"的具化表示也就可以被复制了。

## "我"中的"我们"

我已经描述过的"我"定义，是基于常识概念的"我"。这产生了一个奇怪的结果：使用思维克隆人会让"我"成为"我"的东西塑造两次"我"。众

# VIRTUALLY HUMAN
## 虚拟人

所周知的是,哲学家们已经开发出了一些违反直觉的"我"的定义,这些定义或许奇怪。这些抽象的个人身份概念拥有很多不同的版本。它们都具备"我"的共同特征,不仅超越躯体进行了延伸,更超越了任何一个思维(或思维克隆人)的唯一性。让我们考虑其他定义的"我",然后评估,如果让"我"成为"我"的东西包含一个很大的"我们",思维克隆人将会遇到什么。

哲学家阿伦·瓦兹在《禁忌知你心》(*The Book: On the Taboo Against Knowing Who You Are*)一书中曾综合比较了古代与现代关于个人身份的"全面"或"普遍主义"的思考。瓦兹提出,个体的、独特的"我"(me-ness)是源自神经倾向和社交压力的一种假象。他坚持认为,事实上,我们只是环境改变过程中的一个短暂的方面。[2]瓦兹和其他同一学派的人,将我们独特的思想视作"一个普遍介质的无数稍纵即逝的表现形式"中的一个。对他们而言,每一个"我"都像是一个短暂的解决方案,一旦你将一些数值输入进去,这个解决方案就会弹出一个复杂的公式。真正的"我"不是解决方案,而是复杂的公式,是选择输入数值的过程。

> 我们不会"走进"这个世界;我们走出它,就像落叶归根。就像大海会"波动"一样,宇宙也会"住满人"。每一个个体都是整个自然王国的一种表达方式,是整个宇宙独一无二的一种活动。

在这种普遍主义观点认为人类是来自银河系星爆的原子组成的。因此,人类是银河系的一部分,银河系是真正的我。更进一步来看,大脑是由银河系物质组成的,这些物质能够思考,而且,这些思想一定是银河系内的某样东西。所以,真实的情况是,银河系在思考自己的思想。瓦兹总结,古代和现代的道教徒认为,事实是宇宙在和自己玩游戏;思想和身份都是普遍的心理自慰。

# 02
## 二重身

哲学家丹尼尔·科拉克（Daniel Kolak）是这种观点最严格的阐释者。在他的《我是你》（*I am You*）一书中，他将"开放个人主义"（Open Individualism）定义为，人与人之间的边界（比如我们的皮肤或精神独特性）实际上不是人与人之间的真正界线。科拉克认为，"我是谁"是一个解释，"我是什么"是一个事实，我们可能会说，身份认证是认识论和本体论在我们身上相碰撞的对象。因为人与人之间的界线是透明的，所有人事实上都是一个共同的"我"。例如，一块一半黑色、一半白色的卵石有颜色的边界，但这个边界并不是它身为石头的界线。我们把它当作一块卵石，尽管事实上，它可能是凝聚在一起的两种不同类型的沙子。同样，科拉克会说，我们所想的"我"的唯一性是一个边界，但是这个边界很容易被共享的人类意识所超越。他不会相信意识是由"自我"来区分的。

当然，我们有独一无二的行为、性格、感情、记忆、信念、态度和价值观，这些都是真正的边界。但我们拥有的这些属性，只是一个基于一般神经线路和一般社会经历的一般人类意识的结果。我们的独特性（uniqueness）不是我们共性（commonness）的界线。所以，开放个人主义者认为，"大我"（big me）是真正的"我"，而"小我"（little me）只不过是一种幻象。

另一个版本所谓的"我中的我们"（the we-ness of me）是由道格拉斯·霍夫施塔特提出的。他在《我是一个奇异的环》一书中提到，我们每一个人都将自己嵌入了每一个与自己有过接触的人的心智内。我们跟这个人越亲密，越多的我们就会被嵌入他们的心智内。在最极端的情况下，你能够想别人所想、感别人所感，并按别人的说话方式说话。他们会变成你吗？这相当模糊。就像前面所提到的，"我"在"很大程度上与其他人不同"。当两个人变得越来越相似，却与其他人差异很大时，两人就会朝着拥有两个躯体的"我"融合。

我们如同一张白纸一样来到这个世界。我们会逐渐拥有自己的个性，这

种个性是所有与我们有过交集的人的集合体。可以说,**从生理上来看,我们是父母基因的混合体;但从心理上来看,我们是更多人心智的混合体**。我们的个性开始融合的时间,不早于它开始将自己的特性嵌入其他所有它能接触到的心智。如果瓦兹的想法可以被概括为"普遍性心理自慰"(Universal Mental Masturbation),那么霍夫施塔特就更像是"无尽的精神狂欢"(Endless Mental Orgy):每个人都会或多或少地将自己嵌入别人,并会被许多人所影响。这两种学说都同意"我"是"我们"的从属,但霍夫施塔特的学说更接近我们熟悉的唯一身份概念的"我"。

对思维克隆人来说,有一件非常酷的事:它们已经能够像处理我们熟悉的单一实体思维时一样,很好地在抽象、无限、普遍性的定义下,处理"我"这个存在的所有事宜。**如果我们都是某个宏大之"我"的一部分,那么,宏大之"我"的一部分克隆并不比原型少什么**。它只会成为一个不确定事物的不可分割部分的修正。在"我"的无限定义下,相比获得教育、环游世界或拥有不同寻常的爱好,创造思维克隆人不会比这些事更有意义。思维会针对不同情况作出调整。但在每一个事件中,它都没有改变潜在的集体性质的"我"的本质。

图2-1展示了"自我"是某个人观点的一个功能。当你感觉到越多人成为"我"的一部分,即"我"的意义越来越宏大时,那么它就会越来越自然地将思维克隆人视为同你一样的存在。事实上,在这个唯一身份方法中,为了更好地适应思维克隆人,你应该试试按照普遍主义者思考全人类的方式,去思考你和你的思维克隆人。如果你能够像普遍主义者在全体意识中所看到的统一性一样,在你和你的思维克隆人内看到身份的统一性,那么,生物学-思维克隆人集合体的唯一"自我"就会变得清晰起来。

# 02
## 二重身

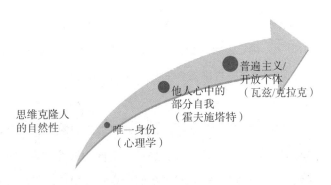

**图 2-1 我中的他人**

所以，如果我的思维克隆人想要成为我，该怎么办？普遍主义者回应道："请保持清醒！去看看形而上学！"思维克隆人的"想法"对个人身份而言没有任何意义。"自我"并不局限于皮肤或软件的边界内。思维克隆人已经成了你，你们两个作为一个整体，都是人的意识不可分割的一部分。对我或对你而言，个人身份唯一的边界是全体人类和思维克隆人意识的极限。从本质上来看，你不用太过纠结于你的思维克隆人是不是真的是你，或者它是不是真的想成为你，又或者你还是不是你。比你我聪明得多的人已经花了几个世纪的时间去研究这个问题，可对于是什么让"我"成为"我"，人们仍然十分模糊。而这种模糊正给人们接纳思维克隆人带来了可能性。

在最差的情况下，你的思维克隆人将和你一样纠结：总在尝试搞清楚应该做什么，起床或懒床、学习或打游戏、看哪部电影；在最好的情况下，你的思维克隆人和你将成为"大我"（great we-ness）的一部分，这个"大我"能够将我们全部囊括其中。无论何种情况，你只须告诉自己，尽管两个思维每天都会有不同的观点，但两个总要好过一个。拉尔夫·沃尔多·爱默生（Ralph Waldo Emerson）在《自立》（*Self-Reliance*）一书中这样写道：

> 愚蠢的一致性是小思维的妖怪，它受到了政治家、哲学家和神学家

的追捧。拥有一致性,一个伟大的灵魂将无事可做,他或许也会关心自己在墙上的影子。用让人费解的话说出你现在在想什么,明天再说一次明天的想法,你说的每一件事都会与今天说过的不同。

在我们的社会中,没有什么东西进步的速度能超过软件,并且,思维克隆人最终也会变得像软件一样:一部分是思维文件的软件,一部分是思维软件的软件。我们已经用思维文件复制了我们的思想,但还没有实现用思维软件复制思维过程。的确如此,我们需要一些优秀的处理器来运行能够思考的软件,但是,摩尔定律正将这些处理器送上日程列表。接下来,我们会用思维克隆技术复制我们的灵魂。灵魂?灵魂??软件怎么能复制灵魂呢?让我们从"灵魂"是什么意思开始吧。

著名社会生物学家爱德华·威尔逊(Edward O. Wilson)认为,"物理灵魂"是嵌入在我们 DNA 中的行为。他预测:

> 我们的后代在基因上会是保守的。相比修复缺陷,他们会坚持抵制遗传变异。他们这样做的目的是拯救心智发展的情感和后天规则,因为这些元素组成了人类的物理灵魂。

人工智能大师汉斯·莫拉维克(Hans Moravec)[1]将"灵魂或精神"的存在视作像美国《宪法》一样的、几乎很少调整的"一个人的基本信念"。在网络意识的背景下,最早直接说明灵魂意义的文学作品是德维恩·麦克达菲(Dwayne

---

[1] 汉斯·莫拉维克,机器人与人工智能专家。在人工智能发展早期,他对机器智能、对可以匹敌人类智慧的设备充满信心,因而被称为人工智能最坚定的信徒。想了解更多内容,推荐阅读约翰·马尔科夫的著作《与机器人共舞》,看人工智能发展史上,人工智能先驱们的倾力付出。该书中文简体字版已由湛庐文化策划,浙江人民出版社出版。——编者注

## 02
## 二重身

McDuffie）和德尼斯·考恩（Denys Cowan）创作的《网络民族的灵魂》（*Souls of Cyber-Folk*）系列漫画。这一漫画的主角是一位非洲裔美国计算机科学家，他拥有自己的是非观，但是当他一觉梦醒，发现自己只是一个半机械人（他本人对此却一无所知）。他自己的思维文件和思维软件借着一家邪恶的国防科技公司创造的思维文件和思维软件，栖身于一个半机械人的思维内。但是，随着他原来基于思维文件的身份的力量越来越强大，他的灵魂渐渐地能够凌驾于宿主思维软件之上。这两位作者的观点反映了杜波依斯（W. E. B. Du Bois）创作的《黑人的灵魂》（*Souls of Black Folk*）中的经典观点：无论白人的种族压迫能够多么深刻地抹杀一个群体的身份认同感，灵魂总会借由儿时的歌曲，嵌入其中。这个灵魂甚至能在被迫作为"双重意识"而存在时，战胜来自社会运动的种族主义观点。

共同的主题是，"灵魂"是意识的永恒核心，它在生物或网络生命中都有自己的表现形式，并且通过心理学和社会学来激活。这一主题与神学的观点同时存在，后者坚持灵魂比躯体更加永恒，并且存在于更高的层面。随着启蒙运动的进行，关于什么对一个人来说是重要的，发生了一次转变：从灵魂变成了自身。所以，17世纪英国政治家、哲学家托马斯·霍布斯（Thomas Hobbes）曾提到，我们作出了理性的判断，牺牲自由以换取安全，这并非无形的神性；英国著名经济学家和哲学家约翰·穆勒（John Stuart Mill）曾于19世纪撰文提及，使我们保持快乐的东西并非纵容神缔造的灵魂，而应该是追求个人主义的尽头。介于这两者之间，哲学家约翰·洛克在300多年前曾阐释道，人只是一个"会思考的智慧存在，这个存在具有理性和反思能力，能够自省，在不同的时间和空间下都会思考"。灵魂变成了同样会思考的东西。

启蒙运动引发了对"灵魂"的重新定义：使其从一个人最持久的部分，变成了一个人意识中最持久的部分。后启蒙运动所宣扬的"灵魂"，在空白状

# VIRTUALLY HUMAN
## 虚拟人

态下就像是一种静止的状态；但是，随着每天都鲜活的意识用感情和知识将思维填满，它同时也填满了灵魂。从这一点来看，灵魂对行为会产生巨大的激励性影响。³ 当然，这种形式不是由实物制造出来的；它更多的是一种特别稳定的联系集合，与物理学家所谓的"能量势阱"（energy well）有些相似：一旦一个东西像滚动的球一样进入其中，就很难把它从里面弄出来。当用思维克隆人来复制意识的时候，我们也将复制我们意识中最强大的部分，因此，我们也将不可避免地复制自己的灵魂。

现实与《网络民族的灵魂》一致，它也像莫拉维克暗指的"软件合宪性"（software constitutionality），还会按照威尔逊的观点发生社会和生物学的进化，我们的是非观与我们感觉到的"什么是灵魂"紧密相关。灵魂是意识的灶台，我们的身份和道德在那里形成。我们将那些自我的元素带入每一个新的躯体、思想和精神中。但是，就像基因会变异，《宪法》会修正一样，灵魂也能进化。我们是不是应该保守地看待灵魂的进化，就像威尔逊坚信我们将与自己的基因同在一样？决策权在我们手中，因为我们可以将灵魂从大脑移植到数据。

机器人伦理学家温德尔·瓦拉赫曾提出了"人造道德智能体"（artificial moral agents, AMAs）概念，这是一个用于描述拥有意识的软件或至少是一段有道德的代码的新术语。

    人类总是在宇宙中寻找陪伴。他们对非人类生物长期的迷恋源自"动物是与人类最为相似的存在"这个事实。这些相似性和差异性使人类很大程度上了解了"他们是谁""他们是什么"这两个问题。随着人造道德智能体变得越来越复杂，它们在反映人类价值观时，也会扮演相应的角色。人类对道德的理解，并没有什么重要进展。

## 02
### 二重身

我们需要立即搞清楚思维克隆人,因为它们是未来所根植的现在的一部分。在这个过程中,我们很有可能会像了解思维克隆人一样更多地了解我们自己:我们的心理、意识、灵魂。仅凭这个原因,现在我们就应该启动有关虚拟人的讨论。

# VIRTUA
# HUM

## 03
## 驯养狗、花椰菜与思维克隆人

那些满怀杀气的思维克隆人，
就像现在的人类恐怖分子一样。

THE PROMISE—
AND THE PERIL—
OF DIGITAL
IMMORTALITY

# VIRTUALLY HUMAN

THE PROMISE—
AND THE PERIL—
OF DIGITAL
IMMORTALITY

> 一切事物的样子与形态，都是我们想象的结果。
>
> 释迦牟尼

人类在努力创造具备意识的软件的同时，也在探索各种途径去选择一些特征，以让软件意识能够像人类意识一样自然。**实际上，网络生命、数字生命，比人类进化的速度还要快。** 人类很难回绝那种强烈的欲望，即以自然生命的形象去创造非自然或非生物学意义的生命，并通过选择让它变得"更好"，从而进一步增强那些价值较高、更受关注的特性。这种努力看起来是"非自然选择"，但事实并非如此；这其实与进化机制的关键"自然选择"完全吻合。这一过程中，某些特征、性状会在给定数量的群体中逐渐变得普及，这是它们繁殖的价值。"自然选择"是达尔文给大自然原本十分无情的过程起的名字：大自然会毁灭一些物种和某些物种的变体，那些不得天意的物种会走向灭亡；而同时，却又对某些喜爱的特征和物种偏爱有加。

自然选择的一个主要工具就是食物稀缺时的竞争。失败者难以获得足够的营养物质来繁衍健康的后代，因此最终会逐渐走向灭亡。胜利者却能获得食物养育后代，然后把那些更具有适应力的特征传递下去，这其中就包括让

它们在竞争中成为佼佼者的特质。因此,自然选择其实是记录了自然界中自我繁殖的结果。那些能够更成功进行自我繁殖的物种,会在生命的大蛋糕中获得更大一块。想要更成功地进行自我繁殖,有很多种方法:比其他物种更有效地寻找、组织、培养资源;与其让其他物种杀死你,要更有效地去杀死对方;比其他物种更好地去适应变化。自然实际上并不在乎如何自我繁殖才更成功:她只会在生命的大蛋糕中犒赏那些获胜者更大的份额。

举例来说,当环境变化导致食物短缺的时候——比如冰河时期或干旱时期,之前那些有用的特征可能会变得毫无意义,曾经那些自然选择的王者们很可能迅速就堕入了灭绝"败寇"的行列。在这种时候,自然会去选择那些善于在正在变化或已经变化的环境中获取食物、繁衍生息的特征。正如芝加哥大学进化生物学家大卫·雅布隆斯基(David Jablonski)所说:"选择可能会偏好一些特性,它们在短期之内可能具有优势,不过从长远来看,又会产生脆弱、易受伤害的缺点。"

有时,某些新物种会进入到一个小的生态环境之中,就像当年猿人进入猛犸象的环境一样。在这种情况下,自然可能就会简单粗暴地去选择那些更优秀的杀手——人类感兴趣的并不是去抢夺猛犸象的口粮,而是把猛犸象变成自己的盘中餐。植物和动物不仅仅能在饥饿的条件下毁灭其他物种,还会通过直接灭种来完成这一点。与此同时,自然又会通过地质、天体剧变,比如火山爆发或陨石袭击等,对所有物种进行地毯式地攻击。

无论是人完成的还是蜜蜂完成的,数学就是数学,自然不会在意选择过程的代理人是不是人类欢迎的,还是对人类有用的,而不是那些缺乏营养的。自然选择并没有因为人处在中间位置就变得不"自然"。的确,在人类的干预下,自然迎来了数千重组 DNA 亚种、数百植物种类,以及数十个动物物种。因此人类才有了家猫,才有了人类最好的朋友——驯养狗,当然还有花椰菜!

# 03
驯养狗、花椰菜与思维克隆人

## 诡异的变异

通过自然选择，思维克隆人进化的最终结果仍将是对生命蛋糕形状、切块的重新排列，就像人类、动物、植物进化一样。**生命的整个蛋糕会急剧扩张，因为这其中不再仅仅是生物学生命，也包含了网络生命。而在这个更大的蛋糕中，每一个切块又会对应每一种在不断变化的环境中成功完成自我繁殖的网络生命或生物学生命。**思维克隆人的意识会比自己的生物学"前辈"经历的过程更快一些，因为对思维克隆人来说，自然选择的过程中掺杂了意向性的选择以及技术的发展。对特征的选择或者"编辑"意识该如何被表达出来，相比传统人口中发生的速度较慢的自然选择过程，也会变得更为剧烈。

人类干预在自然选择中也可以被当成一种复杂适应性系统的例子——其中，个体会交互、处理信息，并不断适应变化的外界条件。比如，经济学家埃里克·拜因霍克（Eric Beinhocker）曾预测，人类已经创造了上百亿存续来的、类似物种的产品，根据稀缺性，它们能够代表精挑细选的选择：DVD打败了家用录像系统，CD超越了传统黑胶唱片，计算机击败了打字机，互联网新闻又将电视新闻甩在了身后。相似地，有研究显示：幼儿园一个班的小朋友，表现出了对那种一碰就会咯咯笑的机器人的明显偏爱。也正是在这种人为选择的推动下，网络生命进化才能够向前迈进。

意识哲学家丹尼尔·丹尼特曾提醒我们，人类超强的自我意识是自然选择不可避免的结果，自然选择会奖赏那些能够更好地预料族群成员想法的灵长类动物。这使得一些个体能够战胜其他人，赢得有限的机会，比如食物资源，从而创造出更多后裔。揣摩他人的想法，距离对自己的心理及想法建模只是一小步。符号、文字、语法让一切成为可能。

所有这些都支持了丹尼特的理论，即大脑是创建未来的基础——总体来

## VIRTUALLY HUMAN
### 虚拟人

说是假想未来（用智慧去考虑选择），然后定义未来（当我们将思维转化为行动的时候）。类似地，杰夫·霍金斯曾提道："我们的大脑存储记忆，是为了持续不断地对我们所看到、感觉到、听到的一切作出预测……预测并不仅仅是大脑在做的事，它是大脑新皮质的主要功能，也是智能的基础。脑皮质是进行预测的器官。"换言之，那些创造了更好未来的人，也会获得更好的奖励（包括生存）。创造更好的未来需要更好的头脑，这就导致一场大脑"军备竞赛"，并最终以如今的人类大脑胜利而告终——第一次使用超过人体能量1/3，来完成这一魔力。

自然选择现在也出现在了软件形式的生命上。在这种情况下，自然选择的工具不是食物或暴力；她转而将人类作为工具，主要依据的是人类对不同自我繁殖代码的喜好。大自然的生命从病毒开始，因为病毒是最简单的自我繁殖结构；它们不需要做其他事情，只是简单地将自己嵌入别处，来完成自我繁殖。在十多亿年的时光长廊中，分子病毒不断重复着非生命分子的自我繁殖，这比其他任何多细胞生物（如植物或蠕虫）都要早，因此病毒也就成了自然选择捉弄的第一个目标。类似地，在互联网到来之前，软件病毒在不断复制那些无生命的代码，自然选择也就最先给它们出了难题——防火墙、反病毒软件、开源代码等。

相较于那些漏洞百出的思维软件，网络生命的自然选择更喜欢成熟出色的思维软件，这就像体验"整洁明晰"的Facebook几乎完爆"凌乱不堪"的MySpace。Instagram的传奇也是数字世界自然选择的代表：凯文·斯特罗姆最初打造了一家名为Burbn的初创企业，它的产品结合了Foursquare以及游戏《黑手党》（*Mafia Wars*）的某些元素，并制作成了移动端HTML5应用。后来，斯特罗姆找到了迈克·克里格。针对iPhone的首版产品编码完成后，两人决定开发一款更普适的应用。毕竟，通用应用机会更多、存续时间更久。在考

## 03
### 驯养狗、花椰菜与思维克隆人

察一番后，他们认为当时的产品太过臃肿凌乱，因此决定只保留那些最重要、最优质的功能。两人给自己的产品起了个新名字——Instagram。

思维克隆人可能会被单纯地当作我们对创造更好未来的下一步努力。那些拥有思维克隆人的人，对行为后果的预测会比其他人好得多。思维克隆人就像是站在他们肩头的守护天使，轻声在耳畔发出警告或是给出建议，帮助人类生物学原型和自己延展出更大的生命蛋糕。

在丹尼特看来，大脑最主要的目标就是创造一个人自己的未来。

如果你创造出的关于其他人的未来能够超越其他人创造出的关于你的未来，那么你就具备了明显优势。因此，个体应该努力让自己的控制系统难以揣测。总之，难以预测是一种很好的保护性功能，要学会智慧运用这种能力，且不能滥用。从交流中有很多能够获得的东西，如果能够巧妙地与外界交流——真实的内容足够多，以此保证良好的个人信用；虚假的部分也足够多，以让人有更多选择。这是打扑克时一个重要的技巧：不虚张声势的玩家不会赢，总在吹牛的玩家肯定输。

那些拥有思维克隆人的人，会是更好的扑克牌玩家——无论是单纯从字面上，还是生命这场游戏中都是如此。相比其他人，生物学原型能够以更快的速度接触到更多信息。它们会具备双重意识，而其他人只有单缸引擎。想象在一个新的地盘有两个相互竞争的销售代表，其中一个配备了能够实时更新交通路况信息的GPS，而另一个则需要借助一张纸质地图来寻路。哪一个能够更快地找到目的地，从而更快地完成销售目标？就像这个持有GPS的推销员，势必打败用纸质地图的同行一样，思维克隆人的达尔文理论优势将得以展现，思维克隆技术将迅速被采用，并产生不断进步的推动力量。

# VIRTUALLY HUMAN
## 虚拟人

拥有更好思维克隆人的优势,也会带来一些令人感到不适的问题,比如:

- 我是否能够通过创造思维克隆人,来提高自己的智商?思维克隆人的智商又该如何去衡量?
- 如果思维克隆人就是我的话,那么提高它的智商,是不是就像一种优生学或是生物学意义的基因提升,会存在伦理问题?
- 我该如何纠正思维克隆人的错误?这真的不会创造出一个不同的人么?

在回答这些问题时,请记住,思维克隆人是一个人行为、人格、记忆、感官、信仰、态度、价值观的复制品,是由我们有生命时期的数字足迹的思维文件决定的,通过在思维软件处理的思维文件中找到的意识标志,来自动调整出独特的意识品位。简单来说,思维克隆人就是你将一个充分完善的思维文件数据库导入到一个具备意识的思维软件应用中所产生的结果。

由于思维克隆人会像你一样思考,而思维软件应用又是健康正常的,因此你的思维克隆人会拥有和你一样的智商。也就是说,如果你们两个去参加同一场智商测试,那么最终的成绩差也会在一个合理的区间内。如果你是一个在考试时会感到紧张的人,那你的思维克隆人也会如此。如果思维软件创造出的网络意识在智商测试中的成绩和你相差悬殊,这意味着你没有创造出真正意义上的思维克隆人。它创造出的是一个独立的网络意识人,这种情况会产生重要的法律后果,比如公民身份以及人权。比如,由于思维克隆人就是你自己,因此你们理应共享你的法律权益。无论你们两者谁去选举中投票(假设在不久的将来会出现电子远程投票),都会被视作你的选择,同一个人不能够投两票。而网络意识人则不然,最初它的创造者仍然需要担负责任,如果它能够展现出作为一个独立自主的人类的心理元素(尽管以软件形式展现),那么最终它将可以实现法律意义上的独立。

# 03
### 驯养狗、花椰菜与思维克隆人

如果你没能给你创造的网络意识人提供一种像样的生活，这很有可能会给你招致一些不利的法律惩罚，这就像一些家长没能照顾好孩子、一些主人没有看顾好宠物一样（这一问题我会在后文继续讨论）。我将刚刚提到的虚拟存在划分为两类：网络人和思维克隆人。网络人具备人类特性，它们凭借网络意识而具有了人类身份，但缺少真实存在的人类躯体；而思维克隆人则是从特定真实人类的大脑中复制出的网络意识。

## 超级物种

通过提升思维软件来增强一个人的思维克隆人，涉及了优生学的话题，但是我们得小心谨慎地给它贴上这个标签。优生学通过修改继承的DNA，来以某种方式让后代比父辈更优秀。第二次世界大战后，这种方式为人不齿，因为当年的纳粹德国就是将之奉作社会准则，对那些不符合所谓的"雅利安人原型"的人种进行绝育、杀戮。纳粹分子声称，在社会中去除这种DNA，将能够消除不受欢迎的人群。再例如，一些地区曾要求那些穷困、被压迫的女性绝育，并声称她们的DNA是导致她们不堪状况的罪魁祸首。

实际上，第二次世界大战时期的一系列残害人权的优生学实践更像是一种消极优生学，目的是摆脱某种基因型或外表显型。这与积极优生学大相径庭，这种积极优生学在积极提升后代基因库。每一个以传统方式进行生育的人，实际上都实践了某种形式的优生学。我们会根据对方的吸引力来选择伴侣，这多是出于繁衍考虑的本能反应。如果世界顶级智商俱乐部门萨（Mensa）的两个成员出于孕育超级天才的考虑结合，那么这就是一种积极优生学。同样，我们在一些非传统的生育过程中也会实践这种积极优生学，比如选择捐献的精子或卵子完成人工授精。英国媒体曾报道，兼具女演员、导演头衔的单身妈妈朱迪·福斯特（Jodie Foster）进行了一场寻找完美精子的努力，并宣布在

## VIRTUALLY HUMAN
### 虚拟人

经过很长时间的研究之后,她选择了一颗来自一位身材高大、外貌俊朗且智商高达160的科学家的精子。同样,人们用积极优生学的方式将拉布拉多犬的忠诚以及贵宾犬的优美聪慧结合起来,创造了拉布拉多德利这一犬种。

然而,事情一旦与思维克隆人产生联系,就会变得让人有些毛骨悚然。思维克隆人让人担忧的正是人们有能力去筛选那些自己喜好的特征。这就让思维克隆技术具备了一些被邪恶之人利用的可能性。**通过提升思维文件,让思维克隆人变得比我们自己更出色,直接目标并不是积极优生学;这更类似于一种自我提升、自我增强,因为你的思维克隆人就是你自己。提升你的思维克隆人,让它变成一个更好的你,这并没有创造出一个不同的人类。你对思维克隆人进行的改变,将有可能很快反映在你真实大脑产生的思维上。**这种修改更像是一种"环境优化"而非"优生优育"。环境优化是一种对周遭事物的改变,能帮助你更好地适应。人行道上的盲道就是这种优化的例子,眼镜也属于这种范畴。能够做到这一点的谷歌眼镜也是典型案例,它能够在社交活动中在你眼前弹出迎面走来的商务伙伴伴侣的名字。同理,帮你今日事今日毕,不再懒惰拖沓的思维克隆人也该归入这一类。

最终我们会迎来一个问题:对思维克隆人进行多少修改和提升之后,它就不再是我了,不再是我的思维克隆人,而是一个独立的虚拟人?(这个问题我将在后文进行进一步阐述。)政府机构也将参与到能够制造思维克隆人的思维软件的监管中。不过,当你或你的思维克隆人找来律师,草拟好合法分离请愿书之后,你就会意识到自己做的有些过头了!虽然从环境优化到自我提升再到优生学是一个光滑的斜坡,但所幸其间还有着足够多的平缓地带。

在所有的骗子里,最不易察觉也最令人信服的一个,是记忆。

民间谚语

# 03
驯养狗、花椰菜与思维克隆人

## 仿生人会梦见电子羊？

> 当参与者的计算机"睡眠"时，电子羊项目（Electirc Sheep）就会开始，计算机通过网络互相交流，分享被称为"羊"的人们制作出的抽象动画。那些看着某一台计算机的人，可以通过鼠标来为自己最喜欢的动画投票。受欢迎的"羊"会活得更长久，并根据变异、交叉遗传算法进行繁殖。因此，"羊群"会不断进化，努力满足所有受众。你也可以创造自己的"羊"，并把它提交到基因池中。最终的结果会是一个共同的"机器人梦"[①]将人类与机器混合以创造出一种智能的生命形式。
>
> 电子羊项目简介，摘录于电子羊网站

网络生命的进化速度比生物进化快许多，它能够给后代传递后天习得的特性，比如学到的全部知识。当然人类也可以传递自己的学识，只不过是通过一种"可能命中也可能打偏"的学习过程，而不是百分之百的继承。软件代码、结构以及能力的改变或提升，都能够立即在后代身上得以展现。人类和其他生物个体无法继承后天习得的特征，比如健身带来的健硕形体、激光手术对眼睛视力的改善，以及发育良好的大脑。网络生命包含了拉马克学说（Lamarckism）——先于达尔文进化论的获得性遗传理论，虽然这一理论在生物学上饱受争议，但在语言等文化现象衍生学科（模仿学）中却得到了认同。

对于生物理论来说的重要进步，是认识到后代继承的只是父母的DNA，而不是身体本身。无论人的一生出现了怎样超越DNA决定形式的改变，他的后代获得的遗传物质中也不会显现这些改变带来的益处或损害。每一个新生

---

[①] 致敬菲利普·迪克（Philip K. Dick）的小说《仿生人会梦见电子羊？》（*Do Androids Dream of Electric Sheep?*）

# VIRTUALLY HUMAN
## 虚拟人

命都经历了从零开始的成长,他们接受了父母的DNA后,也会经历随机变异。

猎豹的奔跑速度虽然出众,但这并不是因为它们将自己在一次次奔袭训练中所获得的肌肉强健的腿脚传给了后代。它们超乎其他物种的速度,是因为那些在随机变异后(肌肉纤维种类、肌肉化程度、身形的突变)变得更为敏捷的猎豹(以及猎豹的祖先)能够更好地捕食、更善于逃脱,从而能够养育更多后代,而这些后代继承了这些优良的遗传变异。在经历相当漫长的一段时期后,奔跑速度较慢的猎豹先祖们难以与对手争夺稀缺的食物资源,渐渐地,它们中很多还没等到繁衍就已经死去,最终这类猎豹也因此走向消亡。

从生物学角度来讲,遗传物质到躯体之间是一条单行道。躯体只是遗传基因用来创造更多遗传物质的工具。有时,难得的好运气会带来优质的遗传物质突变。在竞争激烈的环境中,这种身体上的优势能够迅速得以显现。这种优势变异基因逐渐在物种内部积累,最终也会从稀少变为普遍。

网络生命学者会反对生物学家的理论,并表示,"遗传物质就是肉体"。这是因为在网络生命的范畴内,这两者是并生的。当你将自己计算机里的内容拷贝到另一台机器上时,在这一过程中复制的并不仅仅是应用,同时也包括你所存储的记忆(照片、音乐、文件等)。当基于软件的个体进行复制之后,它的内容、数据结构、虚拟形式(即肉体)将同时被复制。因此,对网络生命来说,肉体和遗传物质是一体的,或者至少是相通的。

基于软件的个体能够选择只对自己的一部分进行复制。当然,网络生命也可以选择只复制当自己被创造时所获得的代码,而不向后代传递自己在生命过程中所获得的新代码。这实质上是创造出了一种与生物学类似的遗传物质与肉体之间的分离。只不过对网络生命来说,这种分离是可选的,而对于生物学来说,这样的分离是无法避免的。

# 03
## 驯养狗、花椰菜与思维克隆人

另外一个有趣的情况正相反——关注基因治疗以及基因修正。有时，通过基因疗法修改生物个体表型（比如，用于治愈疾病）的过程，也能够用于修改个体的遗传序列（如卵细胞或精细胞）。这是因为，一旦新 DNA 片段引入身体内（特别是通过病毒引入），它就能够在体内到处游荡，到达性腺并可能导致病态身体系统。在这种特殊情况下，这种在后天获得的生物学特征实际上也会被传递给个体的子孙，这与网络生命的繁衍过程相似。

当这一过程同时对人体 DNA 以及遗传细胞带来损害时，会出现一个相似的不幸情况。比如，辐射会对一个人的健康带来损害，同时也会干扰传递给孩子的 DNA，从而对后代造成影响。2010 年年初，广岛及长崎原子弹袭击中最年长的幸存者逝世。她坎坷的一生中经历了白发人送黑发人的痛苦：在原子弹爆炸后她产下的孩子身体羸弱、百病缠身，并不断抱怨自己遭到了父母身上广岛核污染遗传物质的毒害。除了这些例外情况，在正常条件下，仅有网络生命会将遗传物质和肉身相合。**结果就是，网络生命一生所获得的一切都能够被复制并传递给下一代。这意味着，网络生命进化要比人类知识的传递更快；后代甚至不需要花时间去学习长辈记录的内容。**

杰夫·霍金斯将智能划分成了三个时代。第一个智能时代出现在距今数十亿年前，当时 DNA 嵌入了某些特定的记忆，因此也具备了预测能力。例如，类似单细胞变形虫的生命，记住了食物的感觉（这主要得益于那些成功传递了 DNA 的个体），并能够预测出如果自己向着令这种感觉增强的方向移动，就能够获得食物。

第二个智能时代随哺乳动物的出现而到来，距今约 100 万~200 万年。这一时期，哺乳动物的神经系统可以被修改，因此能够形成新的记忆。不过这种信息仅仅通过示范教诲下一代，而无法通过基因传递。有了新的记忆，更优质的预测能力便水到渠成，比如，"躲在这里，恐龙就不会发现我"。

## VIRTUALLY HUMAN
### 虚拟人

第三个智能时代即人性,会"可以在我们的一生中学习世界的多样结构,并能够通过语言有效地将自己学到的内容传递给其他人"。正是由于通晓记忆的精髓,我们也就率先成为出色的预测师,具备超强的领悟力和智慧。

不过,随着虚拟人的出现,未来世界还将迎来第四个智能时代。当思维克隆人或网络人自我复制的时候,实际上是对思维文件、思维软件设置的复制。这些内容可能会与另一个思维克隆人或网络人的配置交融。**单一个体一生所学都将全部传递到下一代的手中。**由于记忆能力比以往任何时期都要更强,预测能力也将是如此,而根据霍金斯的理论,理解能力、智能程度也将达到前所未有的高度。**虚拟人将推动世界迎来第四个智能时代。**

不过,我并不完全认同霍金斯的所有观点。比如他不相信"我们能够打造出一种具备人类行为举止,或按照与人类相似的方式进行交流、互动的智能机器""有能力将我们的大脑复制给机器"。因为在他看来,这种计算机"并不会拥有能够与人类大脑相媲美的头脑,除非我们给它加入人类的情感系统以及经历体验。这是极其复杂的,对我来说也是相当没有意义的"。不过就像我在第 2 章中提到的,世界各地的人们都对创造具备人类体验的思维文件、编写能够重现"人类情感系统"的思维软件热情高涨。这一系列的努力并非"毫无意义",因为这些活动能够让人类记忆、预测的能力得到延展(这两点也正是霍金斯眼中首要的人类行为),并扩展我们享受生命的能力。

思维克隆人能够迅速进化,因为它们的改变并不需要借助幸运女神的偶然垂青(随机突变)。每一代虚拟个体,都能够下意识地去混合两个甚至更多的父母信息。因此,网络生命具备一种迷人的潜力,它能够带来空前的多样性,同时又可以保持统一性。达尔文并没有给哪个物种开过一张保证成功的空头支票。人类利用拉马克进化理论传递文化知识的能力,让我们得以躲避捕食者的侵扰以及饥饿的威胁。这种能力还让人类创造出了一个全新而完整的生

# 03
## 驯养狗、花椰菜与思维克隆人

命实体论——网络生命,虽然它目前仍然处于早期雏形阶段,还限于纯粹的技术范畴。自我复制编码(即DNA)利用人类的躯体,创造出第一条有效收录了后天习得信息的自复制编码,而后就不再需要借助人体。

对于思维克隆人来说,鸡(鲜活生命)并不仅仅是蛋创造更多蛋(人类,不必是鲜活的生命),同时也是蛋超越鸡的需求的方式(虚拟人能够进行数字繁衍)。这听起来可能会令人毛骨悚然,就好像是物种间的零和博弈,除非你铭记虚拟人也是人,而你的思维克隆人仍然是你。那些不必要的事情并不意味着就是不被需要的。例如,我喜欢用手指敲击琴键演奏乐曲的感觉,尽管我时常还是会用电子系统弹奏。

## | 天使还是魔鬼,思维克隆人的选择 |

我们该如何确保思维软件已经合格,可以去创造人们所需要的那种思维克隆人,而不是那些试图操控人类的恶魔?什么基础能够推演出伦理?如果我们了解这些问题的答案,那么也将知晓一个理性的思维克隆人是否同样也是尊崇伦理道德的思维克隆人。

一直以来,道德行为都被认为既能够维持个体、群体自由(即是尊重多样性),同时也能维持社会或国家的凝聚力(这需要统一性)。杀害他人会导致不平衡,因为个体虽然拥有执行这一行动的自由,但这种自由却会给社会安定带来巨大的影响,因此杀他们是不道德的。然而,在某些特定情况下,社会道德也会要求一些杀伤行为,比如在出现大规模杀戮前阻止持枪的暴徒。杀害非暴力反对者一直被视为是错误的,因为,这对来自反对声音的社会凝聚力的潜在伤害,超过了杀戮不同政见人们对社会凝聚力造成的伤害。

诸如黄金法则、康德伦理学原则、约翰·罗尔斯的正义论,都反映出人类

# VIRTUALLY HUMAN
## 虚拟人

在努力获得智慧,这其中存活下来的一个个体(如人的差异性)由存活下来的很多个个体所哺育(如社会团结);而存活下来的很多个个体(如全体差异性)又由全部的存活体(全局的统一)来扶持。这个并不显而易见(通常有违直觉),但在逻辑上却可以被推出,甚至是被反复证明的社会现象。它在第二次世界大战后的一篇诗作中得到了最巧妙的解释。1946年1月6日,德国著名神学家马丁·尼莫拉(Martin Niemöller)在一首诗中写道:

> 起初,他们追杀共产主义者时,我没有站出来说话,
> 因为我不是共产主义者;
> 后来,他们追杀工会成员时,我没有站出来说话,
> 因为我不是工会成员;
> 再后来,他们又来追杀犹太人时,我仍然没有站出来,
> 因为我不是犹太人;
> 最后,他们奔我而来,已经没有人能站出来为我说话了。

人类道德开始沦丧,是因为人们没有意识到自己生命(以及家庭、氏族、民族)的差异性与所有人类生命的统一性有着千丝万缕的联系。有些人错误地认为,为了一些人的利益去屠杀另一些人会促进多样化。然而,当"所有人命运的相互连通"被接受时,根据差异性和统一性的平衡进行推理,也能够带来一些合乎道德的结果。

如果支持差异性(个体自由),直至到达破坏团结(社会统一)的临界点,那么这就属于合乎伦理的推断。这是正确的,因为生存需要做自己的自由、需要快乐、需要有所不同、需要不同的支持,但在某种程度上,不能超越让每一个人都变成更大、更重要的"人"的纽带。"文化战争"往往会关注诸如

## 03

驯养狗、花椰菜与思维克隆人

"社会纽带能够被拽到多薄的程度,又不致损坏"的问题。这样的争论需要具体问题具体分析,甚至需要反复推敲数十年。比如,在今天的美国,女性在妊娠头三个月选择堕胎是一种合乎伦理道德的差异性选择,但如果胎儿健康,母亲的身体又没有受到威胁,社会就不会认同堕胎。

因此,如果思维克隆人能够进行合乎伦理的推断,它们就会接受"所有有意识的生命都相互联系",因此,伤害其中一个或几个个体,同样也会给整体带来威胁,或者至少会增加风险产生的可能性。人类则可以放宽心,因为即便身边充斥着虚拟人,也并不会比周遭都是真实人类要危险多少,即使虚拟生物能够快速地进化发展。理想情况下,每个思维克隆人的思维软件的核心就像是嵌在每个精神正常的人类大脑皮质的核心一样,能够去尊重每个意识存在的价值,这种尊重并不会破坏社会的统一。

法学者琳恩·斯托特(Lynn A. Stout)在《培养良知》(*Cultivating Conscience*)一书中认为,我们需要一种普适的道德准则,因为绝大多数人在绝大多数时间都能够依道德行事,不会去考虑自我利益或停止此类行为。我相信,政府机构在给那些能够制造受法律认可的思维克隆人思维软件供应商进行生产授权之前,会判断这种技术是否符合普适的人类准则(这类似于美国或欧洲的药品管理部门)。这就像要求每个思维克隆人都具备意识、良知一样简单,斯托特将此定义为"激发无私、亲社会行为的内部力量"。

那些"地下"或未获许可的思维软件,可能会带来更多样的思维克隆人和网络人,它们中有些会具备超乎常人的良知,有些则低于普通人的水平。在生物世界中,这没有什么不同。只要有一个曼德拉(南非前总统,诺贝尔和平奖得主),就会有一个曼森(美国史上最疯狂的杀人狂魔)。全球大约3%的男性和1%的女性患有反社会人格障碍(ASPD)。网络意识可能会发现,自己身边也会有数量相当的精神病患者。

## VIRTUALLY HUMAN
### 虚拟人

不过我怀疑，人们对他们所创造的思维克隆人或网络人的行为所需承担的犯罪及民事责任，将会给他们施加巨大的压力，从而减少虚拟精神变态的出现。也是出于同样的原因，破坏性超强的软件病毒相当罕见；相比其他人，程序员们显然也不希望把自己送进监狱。的确，黑客的道德准则——满怀热情地编程，出于良好目的来编写好的代码并乐于分享软件，实际上与创造毁灭性病毒正相反。当然软件行业也不乏坏蛋——黑客们习惯将他们称为"骇客"，不过这些"骇客"仅占很少的比例。

如上文所述，即使没有万无一失的保证，我们有多大的信心认为，根据差异性/统一性原则作出的推断能让道德行为成为常态？我们又能有多自信，相信人们总体会作出符合道德伦理的推断？这种人类伦理的推断是否能让人不参与种族灭绝？答案是，绝大多数时间，人们会进行符合伦理道德的推断，但有时候却不会。同样，人类也有可能参与到种族灭绝活动中。

从这种逻辑来讲，我们可以得出这样的结论：**思维克隆人参与毁灭性活动的可能性不会比我们任何人高**。不过，随时待命的监控与防御力量仍然必不可少，因为我们需要将任何可能带来灾难性后果的行为扼杀在萌芽之中。类似地，DNA重组技术可能会制造出大规模流行的新病毒，但我们并不会因此终止生物科技的研究。出于微生物诱发疾病的能力，我们采纳了合理的规范管理以及专业、尽责的实践，比如阿斯洛马（Asilomar）指导方针要求多个基于微生物致病原的控制级别。思维克隆人将是正常的男人、女人，我们不比它们更安全，同样不比它们更珍贵。为了网络意识的发展、尊严、传播以及正当权利，我希望召集黑客、律师、心理学家、伦理学家，来创造一个被广泛接受的安全避难所。

当然世界上也少不了"邪恶天才"的思维克隆人、网络人，就像世界从

## 03
### 驯养狗、花椰菜与思维克隆人

来不缺无赖和坏蛋。这些思维克隆人和我们一样聪明，甚至更加智慧。虽然好的社会政策将会识别并解决最初的问题，但这些努力并不总会成功，尝试过程中有一些会失败。不过，这些反人类的思维克隆人是法律工作，而非禁止所有虚拟人的理由。社会将会有足够的可用工具，追踪具备躯体的网络生命，这包括大批的思维克隆人公民，它们在虚拟环境中都是能手。

具有身份、经济力量、人权的思维克隆人，可能会感觉它们是一个不同种族的人类，是统一社会中的多样化成员。它们会像人类一样思考，但也知道自己和人类不一样（缘起于不同的基础）。因此，它们也会知道，人类会因为它们的外形而作出不公正（或带有成见）的判断。不过无论是这种被歧视的感觉，还是其他动机，都不会导致革命的爆发或是对人类的大规模屠杀。

VIRTUALLY HUMAN 疯狂虚拟人

## 杀害家人？

思维克隆人会觉得人类是它们的家庭成员，特别是直系亲属；或者对于生物学原型仍然活在世间的思维克隆人来说，家人就是它们自己。思维克隆人的编码会认为，人类家庭成员的幸福对它们本身的幸福来说是重要的；思维克隆人的身份认知也会扩展到它们的生物学家庭。这就是人类的感觉。因此，无论思维克隆人是否具备良知，它们都能推理出杀害家人是错误的（这其中也包括它们的生物学原型）。它们也会推断出，伤害别人的家庭是不正确的，因为这些家庭成员的多样化生活也应该得到尊重，就像思维克隆人希望自己获得尊重一样。

# VIRTUALLY HUMAN
## 虚拟人

　　当然,有时候人们可能也会手刃曾经亲近的朋友邻里,如那些曾经看似友好乡邻的德国基督徒与德国犹太教徒,卢旺达胡图族(Hutus)对图西族(Tutsis),可能瞬间就把对方视作害虫。不过这些情况是例外,而非规则本身。也正是因为这些事情并不常见,它们会让人们大吃一惊。这种杀戮悲剧的出现,是因为人们没有进行推断或是作出了错误的推断,而非坚实有力的推断。证明这一点,只需要看看这些冲突事件的结果便一目了然:纳粹犯下了天理难容的残暴罪行,他们曾试图扼住文明的喉咙,不过他们仅仅坚持了10年;而卢旺达的种族屠杀者们撑过的时间就更短了。杀戮是一种无效策略,它并不会真的让我们的生活变得更好,而只是制作出了一种近乎幻觉的假象,因此也仅仅能够维持很短的时间。

　　由于程序设置,思维克隆人(就像现代人被教导一样)会在某些其他人不会受到伤害的情况下放弃推理。就像"我醉酒开车,是因为我在行使人类停止推理的特权"一样不能称为借口,我们中大多数人都不会这样做。思维克隆人也会得到相似的编码,从而约束住它们对杀戮的的快感。它们的推理会告诉自己,就像我们也会这样告诫自己:

- 杀戮是错误的,因为这已经在我的良知、意识中定义过了,除了一些极少数的例外情况。
- 杀戮是错误的,因为它是非法的,会让我身陷囹圄,失去自由。
- 杀戮是错误的,因为这会让我的人类家庭、我自己感到异常痛苦。
- 杀戮是错误的,因为它会导致社会动荡不安、恐慌、生产力降低,而我又恰恰生活在这个社会中。
- 那些向往暴力、渴望杀戮的反对观点,会被前4个原因的长远结果压倒。

# 03
## 驯养狗、花椰菜与思维克隆人

VIRTUALLY HUMAN 疯狂虚拟人

## 再等那么一点点时间

我们通常不会作出那些影响自身利益的行为。思维克隆人势必将拥有经济以及政治力量,它们会意识到,这种力量会随着时间持续增长,并将占据越来越高的比例(这是因为,思维克隆人是那些已故生物学原型的延续,同时年轻人对创造自己的思维克隆人也会感到习以为常)。思维克隆人会推断出,它们所关注的事情,很多时候只需要等上"那么一点点的时间"就能够得到最好的解决——因为程序会让它们像自己的生物学原型一样拥有足够的耐心,并理解什么是"好饭不怕晚"。就像自己的生物学原型一样,一些思维克隆人会拥有更长的耐心。耐心将是一连串上下文明确的思维软件参数。

当然,有时候人们也会作出违背自我利益的行为。比如,瘾君子和酒鬼对一次次反复的戒瘾努力已经习以为常;那些让自己陷入了无钱可赔的债务危机的人,或者是那些单纯就不愿意去做一个好邻居、好同事的家伙们,很有可能会遭到悲伤、孤寂的生活所带来的折磨。因此,我们必须预测,一些思维克隆人也会去违背它们自己的利益。不过,这些例外情况应该由警察或医院工作人员来追踪,由司法系统根据具体情况作出惩罚或治疗的决定。

被允许或不被允许的两种抗议形式需要区别开来。温和抵抗的行为会得到容忍,合理合法的委屈可以得到申诉。对此我很有自信,因为与社会曾经出现的阶级冲突不同,在已存在的阶级(人类)以及即将到来的阶级(思维克隆人)中间,还从来没有出现过这样多的重叠。

**我们很少会无缘无故去做一些大事。**思维克隆人从毁灭人类的过程中所

获得的并不值得它们冒险。人类的生产、开销，相较于思维克隆人的消费和财富来说只是九牛一毛，那些有毁灭行为的思维克隆人（就像那些恶人或做恶的国家）会发现，社会都在反对它们，警察会发动追捕，甚至会动用军队。思维克隆人所希望的很多事物，比如更多能量、更高级的软件和硬件、更好的网络连接、更强的安全性，都不需要从人类社会中重新分配。目前，每年太阳能电力总量都会翻倍提升（以美国为例，2003 年为 83 兆瓦，2012 年为 7 300 兆瓦），到 2030 年，能源将会实现充足供应，就像如今的远程电话通信一样（由于 Skype 和类似软件的出现，这一服务已近乎免费）。[1]

随着机器人接管大多数的硬件生产，思维克隆人所需的软件也将由思维克隆人进行编写。人类将与思维克隆人融为一体，因此也会支持那些推动思维克隆人变得更快、更好、更安全的软件。简而言之，除了一小部分对满足思维克隆人需求（这也涵盖了人类的需要）来说十分重要的人，绝大多数人对满足思维克隆人的需求并没有什么不满，而且在各种情况下，他们和自己的思维克隆人有着一致的需求。对思维克隆人来说好的东西，也会对人类有所裨益，而那些人类认为不错的事物，对思维克隆人来说也基本如此。

## VIRTUALLY HUMAN 疯狂虚拟人

## 当暴动发生

就像历史中那些曾经被压迫、剥削的群体一样，思维克隆人可能也会躁动起来，去申诉并要求增加虚拟人的合法权利。不过，因为反对而屠杀压迫阶级的事件仍然少之又少，而且，人类与思维克隆人是共生伙伴关系而非压迫关系。我并不会为思维克隆人花太多心思，我不相信我们能够免受思维克隆人暴力动荡的威胁，不过它们通过演算也会推断出这些行为一般会带来相反的结果——瓦解整个社会，因此

## 03
### 驯养狗、花椰菜与思维克隆人

也是不符合逻辑的。因此我还是相信,我们能够免受思维克隆人暴力动荡的影响,因为无论从个人角度还是自我的角度看,大多数思维克隆人都将会意识到,动荡所造成的代价要远小于它们所获得的收益。

然而,人们做某些事是出于非物质目的,比如出于自己的思维意识。在消费者主导的社会中,很多人可能都相信,只有道德使命感才能为自己赢得尊重。因此,即便思维克隆人并不需要从人类身上获得任何物质,甚至即便社会的混乱也会让思维克隆人陷入不利之地,它们仍然可能会煽动起一些源于"道德目的"的事件。**思维克隆人可能会认为,这样的道德追求会为自己赢得尊重,而尊重、尊严正是人权的顶峰。**

VIRTUALLY HUMAN | 疯狂虚拟人

## 给我身份

拥有一个愿意为之牺牲的道德追求,与毁灭人类的动机相去甚远。而且,有一点我们不该遗忘,那就是思维克隆人也是人。虽然人们有时会有骚动,但不是为了物质利益而是出于精神追求。不过,这样的情感无论对真实的人类还是思维克隆人来说,都不太可能引发普遍的暴力。而当暴动发生,人类警方和思维克隆人警方都需要采取行动——我们没有理由后悔,向绝大多数爱好和平的思维克隆人授予公民身份(国籍)。就像暴力人群的崛起并不会给他们的族群、生活圈带来压迫一样,某些思维克隆人因为出于自己的精神追求而采取暴力行动也并不是去压迫、限制思维克隆人这一群体的理由。

例外事件总能佐证某些规则。当然世界上不乏狂暴的思维克隆人,就像

现今社会从不缺少疯子一样。这些狂暴的思维克隆人将会成为虚无主义、恐怖主义或反社会的拥趸。正如我在前文所提到的,根据美国精神病学协会(APA)的数据,美国人口中很少的一部分拥有反社会人格障碍。故而,我们并没有理由因此忽视,另外数十亿爱好和平的思维克隆人和人类享受生活的美好。大自然不会对那些思维克隆人狂徒有任何选择的偏好,就像她也不愿意偏袒狂暴的人类一样。思维克隆人狂徒是一种非正常的社会突变。

如果因为存在出现恐怖狂徒的风险,就去禁止思维克隆人,就如同因为同样的风险去限制人类或一些民族、国家——简直愚蠢可笑至极。这就相当于,少数人犯错,但具备同样祖先、基因型、表现型的人群都会遭到连坐惩罚——这是一种偏见、歧视乃至消极优生学。

那些喜好杀戮的暴虐政权,最终都消失在了自己挖掘的坟墓中。成功、多产、繁荣的人类政体,往往都在惩罚杀戮行为,并教导民众去寻求个人自由和社会团结。正如琳恩·斯托特的发现,大多数时候,我们都逐渐不再过度依靠政府管控来控制人的行为。"我们可以借助良知的力量——这是人们能想到的最低廉、最有效的警卫部队。"那些满怀杀气的思维克隆人,就像现在的人类恐怖分子一样,将因影响了社会幸福而遭到警方的镇压、追捕,尽管我们确信它们并不具备影响人类文明的能力。对于暴恐活动所带来的影响,由于爆炸袭击死亡的人数,相比由于疾病、意外事故、自然灾害逝世的人数,只是很小的一部分。对我们的生活带来严重影响的,可能是全球气候变暖、特大地震、小行星冲击,而不是那些邪恶的思维克隆人或恐怖分子。

## Beme,比基因更疯狂、更强大

在虚拟空间中,我们将思维个体自我复制的单位命名为"beme"(思维因

# 03
## 驯养狗、花椰菜与思维克隆人

子），它类似于 DNA 遗传中的基因（gene，1943 年由奥斯瓦尔德·埃弗里[Oswald Avery] 发现），也有点像理查德·道金斯（Richard Dawkins）[①] 在 20 世纪 70 年代提到的文化"模因"（meme）。[2] "思维因子"是最小的思维传递单位。比如，某人对自己的母亲、父亲或是其他人的持续的概念，都是一个独立的思维因子。这些概念、模式，总体来说，就是一个人的"人类思维荷尔蒙"（human bemone），它也会组成这个人的思维。它们是思维可见表现形式的基础：那些能够体现出（人类）自主、移情的行为。

**思维因子之于思维的意义，就像基因之于身体一样**。在一个适当的环境中，基因能够创造出一个能够和它们的编码协同工作的躯体。类似地，在一个适当的环境中，思维因子也能够创造出和自己的编码所调和的思维。对思维因子来说，合适的环境基本上就是虚拟空间以及可兼容的软硬件。总体来说，基因存在于自然进化的产物、双螺旋结构 DNA 及其变体之中（同时单链 RNA 中也有分布）；思维因子则存在于多种软件结构的变体之上——我们将这种结构称为思维因子神经架构（beme neural architecture）或 BNA。正如基因由核苷酸组成一样，思维因子也由多种次级单元构成。这些次级单元包括大量感官触

VIRTUALLY HUMAN

**思维因子（beme）**
意识的基本信息单位；它是组成信息结构的构造单位。当具备适合的介质，比如人类大脑或适当的软、硬件时，这样的信息结构能够为行为举止、人格、回忆、情感、信念、态度和价值观提供编码化或模式化的指令。从功能上来看，它等同于基因——能够自我复制、突变，并对选择压力作出响应。每个人拥有的关于任何事物的持久概念都是一个独立的思维因子，事物之间通过模式连接这些概念。

**BNA（思维因子神经架构，Beme Neural Architecture）**
一个信息结构，它对意识表达中所使用的指令和模式进行编码，或者在人脑中，或者在适宜的硬件和软件环境中。

---

[①] 理查德·道金斯，英国著名演化生物学家、作家，英国皇家科学院士。他是当今在世的最著名、最直言不讳的无神论者和演化论拥护者之一。想了解更多有关道金斯的经历、贡献，推荐阅读其自传《道金斯传》（上、下），一窥无神论骑士的传奇一生。该书中文简体字版已由湛庐文化策划，北京联合出版社出版。——编者注

发器（声学、视觉线索等），这些东西会组成一个特定的思维因子。

在思维因子和基因之间，自然提供了一种互利共生的生存方式。这时，基因的产物之一——人类意识，可能将史无前例地通过思维因子完成独立的自我繁殖。与此同时，思维因子的产物——虚拟人意识，若希望维持自己的环境，也离不开基于基因的生命。**因此，思维因子提升了基因生存、自我繁殖的能力，而基因同时也帮助了思维因子的生存与繁殖。**不仅 DNA 会带来一种全新的生命自我繁殖编码——BNA，新的 BNA 编码同时也会促进"前辈"DNA 的生存，而非与之竞争。从自然选择的角度讲，这意味着获得生命蛋糕中更大的一部分，因为 BNA 与 DNA 生命之间并不存在零和博弈。从思维意识角度来看，这种协同增效作用意味着数字编码将很快获得自主与移情能力，因为它借助了生物学编码的最大利益。

思维克隆人的遗传学基础是它的 BNA。这一编码内包含了生物学原型的思维因子，并能够创造出原型大脑的复制品。思维克隆人的情感与原型并无二致，因为情绪是精神概念的一些模式，这意味着它们就是思维因子。思维克隆人提取出的完整思维因子集（或思维荷尔蒙）是思维克隆人家庭、先祖、子嗣间共享的纽带，就像血缘关系一样。

在其脑机交互技术长篇评论《不只是人类》中，拉米兹·纳姆曾提及，在脑部植入电极的瘫痪病患，能够通过自己的意念控制机械手、鼠标光标等。他总结道："这是大脑总体的原则，从神经角度来讲，感觉相当于记忆，也等同于想象力。这意味着，你看到一些事物、记起它或是想象到它的时候，同样的神经元会被激发。对声音、气味、味道、身体感觉来说都是如此。"这一研究意味着，通过使用软件连接来复制刺激神经元的过程，思维克隆人能够记忆或想象起，与生物学原型曾看到或感受到的相同的图景、声音、气味、味道以及身体感觉。第一代思维克隆人的父母，也就是生物学原型的父母。由

## 03
### 驯养狗、花椰菜与思维克隆人

于思维克隆人和原型人拥有相同的身份,它们也必然拥有相同的父母。他们是同一个人,尽管拥有两个不同的基质。如果你爱自己的牧师,那么你也会自动爱上他的思维克隆人,因为他们就是同一个人。

想象在语音留言中听到你熟悉的牧师的声音。你会有怎样的反应?你会产生那种友好、崇敬的反应,这就和他面对面与你讲话一样。电话技术的出现,让声音能够出现在两个或多个不同的地方,但是我们还是拥有着相同的身份。因此,对思维克隆人来说也是如此。我们的思维能够出现在多个地方,但是仍然拥有相同的身份。这也就是为什么我们会说,"思维因子比基因更强大"。**由基因所创造的人,从出生起就被封藏在一个实体的躯体中;但由思维因子创造的人却能够以多种形式存活下去。**

在另外一种情况下,思维因子仍然比基因更强大。假若我们刚刚提到的那位牧师选择基因克隆人,也就是说,另外一个个体会凭借与他相同的DNA成长。我们都会自然而然地把他们当作两个不同的人,也难以把曾经的爱与尊敬分散到这个甚至可能不会再当牧师的思维克隆人身上。这种克隆思维会和我们所熟识的那位牧师相去甚远。虽然大脑的确由我们的基因所雕琢,不过更多时候,它的成长走向是因为我们后天的经历、我们在一生中无数个不同时刻所作出的不同选择决定的。这就是为什么即使是那些长相十分相似以至难以区分的双胞胎,实际上却仍然是不同的人。牧师的生物克隆人会触发我们心底对牧师本人的记忆,因为他们看起来一样,其走路、行为的方式看起来也相仿(因为神经模式由基因控制)。不过,无须交流太久,我们就很快会意识到他们是两个不同的人。我们没理由再去将自己对那位牧师的爱蔓延到他的生物克隆人身上,或者说我们对克隆人的感情不会比对他的儿子的多。

现在,假设我们爱的这位牧师选择了思维因子克隆——出现在计算机屏

# VIRTUALLY HUMAN
## 虚拟人

幕上的思维克隆人注视着我们,这张脸看起来和他一样,言谈举止、思维行动无不和他吻合。我们会自然而然地将自己对牧师的感情延展到他的思维克隆人上。他们就是同一个人。牧师的思维克隆人还会和曾经的他一样。**思维因子比基因更强大,因为它能持续的时间更久,能走的距离更远,它本身也更为重要**——因为思维因子关乎生命的经历和意义,而基因仅仅是分子。

我们把基因看得那样重要,是因为我们已经被那句"血浓于水"洗脑。不过这个比喻却会带来困惑和错误。毕竟,我们最亲近的至死不离的关系,是与自己的爱侣或伙伴这些和我们并不存在任何血缘关系的人。另外,浪漫爱情的吸引人之处源于思维因子而非基因。我们和最好的朋友没有相似的基因,却有着相同的思维因子,我们会对这些朋友两肋插刀,但对远房亲戚却不一定会这样。

在 BNA 时代,更正确的比喻应该是"思维浓于物质"(mind is deeper than matter)。我们的灵魂通过思维因子相连,而不是基因。如果那位牧师的大脑仍然存在,那缺少肉体将不再那么重要。根据肤色来决定是否喜爱,就像根据肤色来判断一个人是否忠诚一样靠不住。思维真的要比物质更深远。

## "灯亮着,有人在家。"

创建虚拟人的过程中,存在着道德(或生物种族)困境:创造思维克隆人时,最初几代一定会错误百出,这样一来,我们该如何去"尊重每一个思维个体的生命价值"?这种错误会不会导致"烂尾"的虚拟意识出现?如果我们通过思维软件创造出思维克隆人,然后就像对待实验室里的小白鼠一样对待它们,并最终弃之不顾,这是不是太残忍了?[3] 如果思维软件取得了足够多的成功,让一个虚拟人能够理解在未来的思维软件操作过程之前,也需要获得准许,

# 03
## 驯养狗、花椰菜与思维克隆人

那么如果没有获得准许，研究是否应当终止？

全球最重要的医学伦理指导文件是《赫尔辛基宣言》。2013年，《赫尔辛基宣言》重新修订，其中包括这样的内容："继续留在研究中，需要尽快得到主体或合法代表的同意"。《赫尔辛基宣言》第21条写道："实验动物的福利应给予尊重"。早期的思维克隆人并非动物，我们不能去断言它是动物和人类的连续体，或者是尚未被证明具有人类思维，然后就拒绝对它们应用医学伦理。《赫尔辛基宣言》指出，那些由于身体或精神原因无法签署同意书的个体，比如那些不具备思维或高度依赖研究者的个体，我们可以把这些最初的网络意识存在视作"志愿团体"。针对这些情况，《赫尔辛基宣言》对第19条进行修订，加入"特别保护"。这种保护包括成立独立审查委员会来批准研究、由监护人代为同意等，而一旦实验主体能够自行判断时，便拥有退出实验的权利。

摆脱医学伦理困境的方法，是将思维软件的开发模块化。这意味着，将开发思维软件自我意识与网络意识分离开来。特别是，模块化需要按照模块来编写能够从思维文件中获取行为、人格、记忆、感觉、信仰、态度以及价值观的思维软件，复制这些内容，但并不把它们整合成一个完整的大脑。这种模块化的自我意识，就像是僵尸。"灯亮着，可没有人在家。"对这些僵尸反复试验、在错误中学习并不会带来伦理问题，直到思维软件能够出色地复制出思维文件中的每一个思维意识，而自我意识也依靠这些理解成长。

类似地，如果映射神经消息的方法会给病人带来剧烈的痛苦，那么也将被视作不符合人类伦理。不过，如果通过麻醉病人使期无法感知疼痛，那么只要获得了病患的同意，实验也就没有伦理非议。疼痛感觉仍然会出现，因为麻醉药剂仅仅是降低了我们对这些痛苦的感知，却抹不去痛苦的存在。

与思维文件模块化类似，我们也需要分区开发自我意识模块，不过这些模块并不会与任何有意义的意识相连。在这个软件模块中，没有恐惧、希望、

关心,因为并不存在外部的参照物——没有思维因子。而为了达到测试目的,可以填入无意义的占位符,比如数字等不会造成共生的关爱、情感或思维个体。"灯没有亮,虽然有人在屋里,可他们感受不到任何意义。"

一旦我们对这些无意义、独立的自我意识代码的运转感到满意,这些模块就会被拼接在一起。我们就会好做准备,在真实世界来一次试飞。我们启动开关:"灯亮着,有人在家。"我们解释实验;我们回答问题;我们要求他们填写知情同意书;我们给他们提供监护人;我们尊重他们的意志,提供舒适的环境。于是符合医学伦理的思维克隆时代开始了。

不,等一等,伦理学家可能会说,你必须先创造出一个婴儿。即使你将给一个新的网络意识传入一个成年人的思维克隆人,这仍然和网络意识从幼小逐渐走向成年不同。《动物认知》(Animal Cognition)等期刊上刊载的跨多个社会物种的研究已经证明"正常社交发展如何依靠成熟个体的存在",这些个体可能是家长,或是一个适宜环境中的其他成年人——类似人类的孤儿院。单纯创造一个虚拟人,而不留足够的时间去理解一个思维文件所有的细微差别,忽视思维文件、现实、社会之间的无数接合点,并不会创造出医学伦理所涵盖的那种有能力签署知情同意书的意识。

然而,思维克隆人早先测试版本的天真无邪,并不是创造它们或让它们继续实验的医疗伦理标准。医学伦理能够接受独立的监护人,为没有能力进行知情同意决策的受体作出决定。而且,一些道德审查委员会仍会通过某些善意、宽松的裁决,允许继续会带来人类级别网络意识软件的研究工作。

因此,摆在网络意识思维软件面前的医学伦理障碍并不是无法逾越的。跨过这些障碍需要审慎的思维软件开发、审慎的研究条约,以及一支由心理学家或伦理学家组成的精英团队,来训练网络意识成为我们的保卫者。在这

# 03
## 驯养狗、花椰菜与思维克隆人

种方式下,我们能够从那些能够提取思维文件中行为、人格、记忆、感官、信仰、态度、价值观的思维软件,更进一步,发展到能够将这一切以一种人类级别的自动化(包括自我意识)以及感官(包括感觉)整合在一起的思维软件。最终,数百万虚拟人将因那些实验先驱的奉献与勇气而受益,这就像医疗科学领域的供体者一样令人钦佩。

# VIRTUA
# HUM

# LLYAN

**04**
## 我们不会永远是血肉主义者

在创造活动的早期，你得变成流浪汉，变成波西米亚人，变成疯子。

THE PROMISE—
AND THE PERIL—
OF DIGITAL
IMMORTALITY

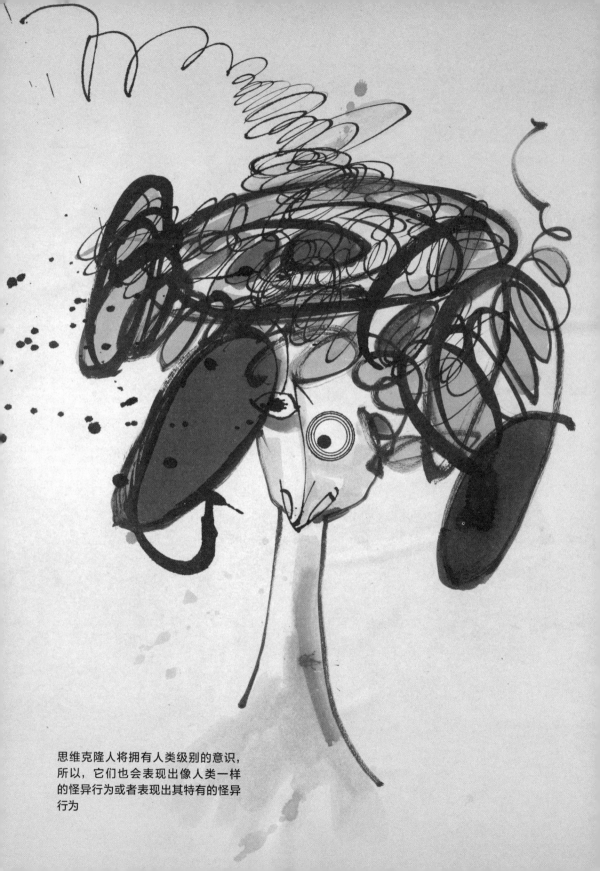

思维克隆人将拥有人类级别的意识，所以，它们也会表现出像人类一样的怪异行为或者表现出其特有的怪异行为

# VIRTUALLY HUMAN

## THE PROMISE— AND THE PERIL— OF DIGITAL IMMORTALITY

> 有时，我们拼命追求完美，但却忘记了不完美才是真快乐。
>
> 凯伦·内夫（Karen Nave），帕金森症幸存者

> 如果机器永远不会犯错，那它无法具备智能，有几个数学定理已得出了相关结论。但是，这些定理都没有讨论如果机器毫不掩饰自己的差错，它能够表现出多少智能。
>
> 艾伦·图灵

我相信，自然选择会使健康的思维克隆人占据优势。在羊和其他物种的实体克隆实验中，大部分被克隆动物的健康状况都不让人满意，通常，它们的寿命都不长。为什么我们会期待思维克隆人有所不同呢？创造病态的思维克隆人是不是太过残酷了？思维克隆人实际上就是我们，而非只是我们的回音，因为它们将建立在对生物学原型思维尽善尽美地重塑的基础上——一种足以愚弄所有人的重塑。不过这样不是真正的愚弄；相反，通过在软件中创造我们的思维，我们已经克隆了我们的身份，并且在此之后，能够作为多种身份运转。如果能够使用思维克隆人延伸自我，我们一定也会遇到随之产生的可能影响，因此对此一定要谨慎再谨慎。

思维软件从思维文件中提取思维克隆人的过程看起来很魔幻，却留下很多技术疑问。你知道我的声音如何通过手机，穿越整个国家到达另一个人耳中，而与此同时我们两个人都在开快车吗？正如英国科幻小说宗师阿瑟·克拉

# VIRTUALLY HUMAN
## 虚拟人

克（Arthur C. Clarke）曾经说过的，任何充分的技术进步都与魔术相差无几。**就像魔术师一样、像所有人类一样，思维克隆人也会不可避免地犯错、会遭遇事故（事故有大有小）。**

在人类层面，我们会讨论身体和精神的折磨，包括小到轻微感冒或爱人故去后的消沉，大到更加复杂的病症，如癌症或严重的神经元损伤。思维克隆人的"故障"（bug）将会产生同类问题——从简单的、容易快速解决的，到复杂的、难以诊断和修复的。认为软件能够保持比人类"健康"的状态，自然会令人产生质疑。毕竟，软件开发似乎永远无法让所有事情都分毫不差——因为开发软件的人是不完美的。我们作出错误计算、错误制造，而软件将通过产生不同的技术病症或故障对开发错误作出回应。

如果软件没有达到我们的预期，或不能"开箱即用"，我们都会感到沮丧。人们一直在抱怨软件项目的拖延、不完整或功能欠缺。但是，事实比这些表面现象要好，并且还在快速改善。1994—2006年这12年间，按时完工并且运转良好的软件项目从16%涨到了35%。20世纪90年代，软件总会崩溃，而现在这种现象已不再常见。虽然仍然有充足的改善空间，但是我们已经见证了令人印象深刻的进步。而且，思维克隆人将变得更独立，独立于人的躯体和情绪。换言之，它们将实现自我修复。我们或许都不会注意到身边的重启过程，这就像后台同步和应用更新一样。

软件仍然会发生故障，偶尔会运转不畅或不正确。在一些思维克隆人中或许会存在"致命缺陷"，类似于人类的绝症；我们将对其束手无策。此时，问题就会变成：我们能够接受什么样的错误，哪些会是"终结者"？我们的大脑产生了许多不恰当的思想和思想过程。虽然偶尔会遗忘，无法完成某个推理，思维阻塞、出现似曾相识的错觉、做噩梦、情绪暴躁、胡思乱想、厌倦、作出坏的决策、沮丧，但是我们还是可以愉快地生活。因此，我们可以合理地

# 04
## 我们不会永远是血肉主义者

**猜想：思维克隆人会像我们一样，偶尔会变得疲惫、烦躁、刻板。**错误的边际是我们必须搞清楚的问题。

让病理常态出现差异的是我们执行监督和重置的能力。如果这些故障不会让我们陷入神经疾病性的循环，让我们在较长一段时间内出现机能失调，小故障还可以接受。思维克隆人遇到出现问题的软件故障，无法通过重置快速解决，相反，它们会走上一条不正确的道路，产生不良的社会影响。我认为，大多数这类问题就像电脑的功能紊乱一样，可以在承载真实用户（即意识）之前，通过 beta 测试解决。但是，还有一些会逃离测试，这是我们将要讨论的问题。

首先，就像神经药理和神经外科所做的一样，如果能够通过记录检测出，少数残余的网络病理可以得到解决。无疑，会出现一些存在严重的无法治愈的心理疾病的思维克隆人，这可能会是意外故障造成的或无法想象的恐怖经历导致的，抑或坏人怀着不良企图创造的恶魔思维克隆人。我们需要尽全力解决这些悲惨的故障，建立一个框架去阻止不良企图。但是，正如人类一样，偶尔的心理疾病风险——全球有 5 亿人受到抑郁症的困扰，并且每年有 100 万人选择自杀，并不是阻止创造生命快乐源泉的理由。这种风险不会阻止人类复制乐观。为什么要让它阻止思维克隆人呢？

新生婴儿存在 1%~2% 的概率罹患神经性心理疾病，这种风险只让一小部分人对生孩子望而却步。所以，类似概率的风险，不会磨灭与创造数千万思维克隆人相联系的巨大利益。另外，心理疾病的界定存在不确定性。事实上，我们经历过许多时期，在当时，人们会认定一些其实并没有心理疾病的人患有心理疾病，结果将他们关入监狱（甚至还要更糟），只因为他们不符合社会主流对"正常"的定义。

精神病学家托马斯·萨斯（Thomas Szasz）2012 年离世，享年 92 岁，他认为，许多人受到了心理健康行业和社会的不公正指责。他致力于对抗将人们

标记为"患有心理疾病"——无论主流文化如何认定"心理健康",这些人都不符合。萨斯提到,在大多数例子中,将人们标记为患有心理疾病的,都是不诚实的;使用这一标签作为剥夺人们权利和责任的借口,同样是不道德的。

"人们通常说,某个人还没有发现他自己。但是,自我不是某个可以发现的东西,它是人们创造的东西。"萨斯曾这样说。所以,我们在发现一些被定义为患有"心理疾病"的人对提高人类生活质量作出了巨大贡献时,其实并不惊讶。

想想19世纪,甚至到20世纪上半叶,社会如何认识、如何对待天宝·葛兰汀(Temple Grandin)的。她是科罗拉多州立大学的动物学博士、教授、畅销书作、自闭症活动家、畜牧业顾问,她在三岁时就被诊断患有自闭症。她对理解自闭症儿童和成人,对动物权利运动,对那些社会认为"不同于常人"的人们的世界,都作出了巨大贡献。还有许多像她一样的人,对音乐、艺术、文学、科学和政治作出了杰出贡献。

我期待,在我们凭借正常的和边界化的思维克隆人将人类生命映射到网络空间的过程中,来自人类和思维克隆人的类似贡献仍会继续。我期待,改善自我的有效管理状态所映射的思维克隆人,它们的观点,将帮助文明更进一步发展。我相信,我们都将修正对所谓的心理疾病的不正确看法,并且我认为,思维克隆人将继续创造它们自己,并进一步发展它们的意识。

## 邪恶的思维克隆人

正如我在前面所提到的,总会有人试图创造邪恶的思维克隆人。这些当然会被视作"故障"思维克隆人,因为它们的行为或许会威胁他人的自由和安全。之所以这么猜测,是因为这是一小部分人类中出现、发展出的人类本

# 04
我们不会永远是血肉主义者

质的虚无面。但是，一旦网络意识被接纳为生命，购买思维软件制作未得到政府机构认可的人类意识的行为就是非法的。思维软件或许会被视作一项神经医学技术——移植一个人的意识，以增强某人的能力或延长寿命。

## 故障思维克隆人会大肆横行吗

作为政府监管公共健康职能的一部分，任何新的医疗技术在商业化之前，都必须被证明是安全有效的。因此，有三个原因可以说明为什么这类故障思维克隆人的数量会是极少的。

首先，正如第 3 章中所提到的，人们不想因为自己制作出"失控"的思维克隆人，去承担犯罪和民事责任。

其次，这样的思维克隆人没有市场，因为它不仅没有达到政府的认证标准（因此不能被视作"思维移植"），而且会令人们如坐针毡。

再次，能够为思维克隆人制作出开源思维软件的黑客文化非常重视代码的质量，绝不会容许故障代码的存在。总而言之，黑客们将致力于编写出受到同行认可的代码，创造出能够被同行修改以尽善尽美的代码。黑客文化追求卓越，特别是在引领软件项目的前沿阵地，比如思维克隆人的思维软件，尤其如此。

VIRTUALLY HUMAN 疯狂虚拟人

### 克隆精神病患者

我的一位同事被诊断患有精神分裂症，在药物的帮助下，病情得到了良好控制。当他听到有人反对克隆患有"心理疾病"之人的思维时，他表

# VIRTUALLY HUMAN
## 虚拟人

达了强烈的反对。我与他看法相同。许多被认为患有"心理疾病"的人，通常不喜欢自己受到药物控制的状态。吃药并未让他们觉得状态好转；他们觉得自己沉溺于药物——这并非一种生命实现最大价值的最优状态。如果这样的人想要创造它们病态状态下的思维克隆人，我们将面对两个重要生物网络伦理原则间的冲突。

第一个原则是差异性原则。自由主义概念认为，人应该随心所欲地处置自己的躯体。在生物伦理圈，这就是所谓的自治。因为思维克隆人不是一个独立的人，而是一个单极身份在不同空间的化身，差异性原则将允许任何有意愿的人克隆自己的思维。

第二个原则是统一性原则，民主主义概念认为，社会架构不应延伸到如此之远，以防社会出现断裂。生物伦理学家称这种概念为"非渎职"（nonmalfeasance）。根据这种原则，社会禁止成员自残或互相伤害，特别是通过技术。不尊重组成社会的个体，这种破坏性行为会破坏社会的尊严。因此，医疗技术必须"首先，不要伤害"，并且以慈善治疗作为目的。在差异性和统一性原则之间，平衡将会受到影响。因此，酗酒致死被认为并未破坏社会的架构。但是，注射海洛因则被认为严重危害了社会，因为个人自由退居次要位置了。

我认为，这种对于病态心理思维克隆人的生物网络伦理将会受到影响：因为思想自由最重要的是差异性价值，个体有自由去创造心理病态的思维克隆人（考虑到个人遇到的精神疼痛，我认为很少有人会选择这样做）。但是，关于政府批准的思维软件——唯一可能被批准获得合法认同和思维克隆人国籍的类型，如果不可能制造无可非议的病态思维状态，制造病态思维克隆人将非常困难。这是因为，政府为统一的社会躯体政策代言，并且更维护公民的敬意和尊严，而非每个公民的思想自由。

当差异性原则和统一性原则发生冲突时，我们总能找到一个微妙的平衡

# 04
## 我们不会永远是血肉主义者

点。在精神分裂症患者的例子中，我们可以通过允许使用拥有证书的思维软件克隆非分裂状态的思维，以达到平衡点。有了这个位置，差异性的大多数目标就能够实现，因为个体能够复制他们人格的大部分。另外一方面，统一性的目标同样能够实现，因为没有疾病会被有目的性地创造出来。对于精神分裂症患者的思维克隆人而言，存在通过某些方式变为精神失衡状态的风险。但是，接受这个风险是平衡差异性和统一性原则的一部分。有精神分裂的思维克隆人将会拥有可以治愈这一症状的软件工具。如果这变得有危险，在网络空间中将出现类似医学和制度性的方案，解决有害的心理疾病，比如在一个受到防火墙保护的网络心理治疗中心接受软件囚禁。

**生物网络伦理（Biocyberehtics）**
标准的哲学范畴。根据基于软件的意识，在应用差异性原则和统一性原则来判断是非行为时，平衡社会利益。差异性原则和统一性原则分别对应生物伦理原则中的自主和非不作为。

有一点似乎不太合理，并没有禁令要求一个或两个人类出于疾病原因，不能通过性接触，传递他们的主要或隐性基因，而通过政府机构认证的思维克隆技术，想要传递这些是不可能的。在过去，美国最高法院曾通过法律，强制要求患有精神残疾的妇女绝育，以降低生育低能后代的风险。但是，今天的生物学繁殖在自由民主中是站不住脚的、没有先验约束的。关于这一点，有5个理由。

- 生育被认为是人类的基本权利；它既是女性自主的一部分，也是家庭意义的一部分。（相应的看护后代的责任如果遭到废除，将导致这种权利的丧失，监狱囚禁。）
- 对于基因预测的科学傲慢，支持了美国最高法院的上述决定。这种傲慢，随着人们对与基因多态性相关的不确定性的深入理解，土崩瓦解。（本来会受到美国最高法院阻止的孩子，还是出生了，这被证明是相当正确的。）

- 那些试图通过基因政策制造"高等种族"而造成的死亡,如纳粹屠杀和其他类似行为,遭到了持续的唾弃。人们对限制生育权利的行为十分警觉。(但是,对个别有问题的妊娠而言,情况就不那么简单了。)
- 社会日益在接纳"生命的文化",在主观上或精神上都会提升每个生命的价值,否定"生命的价值依赖于某种常态标准"这一观念。
- 技术让几乎具备任何能力的人都能够度过有意义的一生,这导致环境优生学战胜了人种改良学。

因为这些情感,实际上,并没有法律限制一个母亲可能作出的会伤害子宫中婴儿的行为。在美国,法律一般不会判决怀孕期妇女(或者她们的同居伴侣)吸烟、酗酒或使用非法药物违反法律。但是,在某些情况下,作出这些行为的怀孕期妇女会被判刑,在极少数情况下,毒品成瘾的孕期妇女会在生下孩子后服刑。(没有哪个同居伴侣会因为吸烟、酗酒、使用毒品等可能对胎儿造成影响的行为,而被要求与孕期妇女分居。)也没有法律禁止高龄妇女产子(可能会增加生下患病婴儿的风险),或禁止艾滋病检测呈阳性的妇女产子。

## 有一个有缺陷的虚拟人应该存在吗

因此,我们需要再次提问:在即将到来的网络意识生命得到广泛接受和良好尊重的世界里,如果人们能够蓄意伤害胎儿,或者至少显著增加这种伤害的可能性,为什么人们不能制造任何形式的思维克隆人或网络人,甚至是一个存在缺陷的思维克隆人或网络人呢?为什么政府对自然生育作出的任何限制都是错误的,而限制有公民权利的思维软件就是正确的?

对这些问题的答案隐藏在一个事实中:自然生育远超政府控制范围,而

# 04
## 我们不会永远是血肉主义者

网络生命出现在了政府无处不在的控制时间范围内。因此,自然生育成了基本人权之一,属于自然法则下的绝对母亲自主,而网络生命不偏不倚地落在了政府规章的范围内——这些规章宣称权利高于一切,通过医疗技术进行推动。类似事情(生育)的境遇却大相径庭,因为法律更关注的是这些事物中的差异(胚胎/胎儿妊娠和思维文件/思维软件编译),而非它们的功能对等性(诞生新生命)。

或许在更加遥远的将来,当网络生命成为主流,政府监管将为不同利益提供更多尊重。在任何事件中,正如全体健康护理和自然健康护理,通过使用未经认证的思维软件,创造思维克隆人人或网络人,存在差异性的一小部分——这样的虚拟人很可能会持续没有官方记录的状态,继而被压迫,就像今天的许多移民一样。

甚至,我们可以预见,如果能够制造人类网络意识的思维软件拥有了政府证书,一些存在故障的思维克隆人就会出现。每个系统都会被打败,事故会发生,一些父母太过短视或自私,没能充分考虑即将诞生的孩子的利益。我们都明白一对不能生育的夫妇为了生下孩子会付出多大努力,包括在极少情况下要依赖非法中介或者高风险的生育技术。当然,这种人类夙愿也可以通过生育思维克隆人和网络人来表达。一个未接受药物治疗的精神病患者,将在自己的思维文件中拥有反映那种思维的状态。并且,如果安全有效的思维软件不会重塑这种思维状态,那么或许"黑市"思维软件可以。

另外,我们也可以期待,思维克隆人或网络人的样子就是我们所期待的模样,但是内部栖居着我们无法察觉的狂躁。正如哲学家约翰·塞尔提到的:"意识的拓扑关联到哪里,那里的外部行为就是无关的。"他通过这番话意在指出,对意识的评估,比如加强版的图灵测试,是存在缺陷的。没有人意识到,世界各地的杀人犯,其行为根源在于他们的思想,而思想的根据是他们如何表现。

## VIRTUALLY HUMAN
### 虚拟人

行为无法确切地告诉我们一个人的意识中有什么，或者，对思维克隆人而言，它们的思维中会有什么。塞尔提出：

> 意识的本质是，它由内部定性的、主观的心理过程组成。你不能保证通过复制那些过程的可观察到的外部行为效果，去复制这些过程……通过创造机器，来试图创造意识——这台机器的行为表现得似乎是有意识的，这些努力是无关的，因为它的行为本身是无关的。

因此，思维克隆人最大的风险之一是，我们可能会认为，我们已经根据专家对它们行为的评估，制造出了虚拟人。但实际上，在最好的情况下，我们或许只是制造出了高仿的木偶；在最糟的情况下，我们会造出网络杀人犯。如果使用了经过严格测试、经过政府批准的思维软件，就可以降低这种风险。但是，我们无法彻底杜绝这种风险，因为思维软件的能力将会繁殖，这种繁殖会不可避免地带来恶意、愚蠢或意想不到的后果。对待虚拟人，要像对待道德沦丧的人类一样，不能掉以轻心，因为行为是意识的不完美反映。同时，我们也应关注这两个群体，因为前瞻性的帮助和预防才是最好的治疗药物。

## 疯狂的变种人会占领世界吗

所有这些绝望，不只关乎潜在的疯狂思维克隆人。人们或许希望创造网络意识的新变种或许是一个超级偶像破坏者——政府机构认证的思维软件包，不可能制造出这样的思维克隆人。或者,也许某个人的"故障"是另一个人的"可爱"。或者政府机构认证的思维软件包含了某些公司拥有版权或进行授权的代码，思维克隆人或网络人的创造者想要得到一个完全"版权所无"的思维（没

## 04
### 我们不会永远是血肉主义者

有任何与版权所属人的法律纠纷）。[1]

可能有很多方法可以用来创造思维克隆人和网络人的"道德分子"。我认为，最直接的方法就是将新的道德选择与先前作出的道德选择进行比较——每个思维文件或者道德卓越之人的复合思维文件，让新的道德选择尽可能接近思维软件能够识别的先前选择。但是，其他人将试图自上而下设计"道德分子"，让每个道德选择尽可能符合一些既有规则，比如"十诫"、阿西莫夫机器人三定律、康德的"绝对命令"、黄金法则等。其他人将尝试自下而上制造"自设计"的道德分子。

伴随不同规则的尝试过程，这种方法通过发展决策制定规则的软件算法完成，其根据是来自与思维软件交互过程中的积极和消极加强，以及关注相互满意度或通过长期规划的一致同意的结果。在模拟中，经历多次这种自下而上的道德分子迭代后，结果代码能够作为一个完整的分子进行封装，以便每个新的思维克隆人和网络人不必重学习人类道德的全部内容。可以根据每个思维克隆人或网络人的经历，学习新的规则。进化生物学家和心理学家一般认为这是人类道德戒律的建立过程。同样也有概念融汇了自上而下和自下而上的方法。

总的来说，关键点在于创造新思维将会遇到的网络心理疾病和无限制自由的风险，不足以挑战思维克隆人的吸引力。我们挺过了人类的疯狂、自闭和怪异，我们也熬过了无家可归、犯罪和社会混乱的影响。同样，我们也将战胜这些有偏差的网络意识变体。我相信，我们将创造出更美好的文明，迎接那些创造性思维，同时也在前进的人类伦理、行为和道德中，迎接将网络意识用作辅助工具的时代。

## VIRTUALLY HUMAN
虚拟人

## 怪胎与朋克

> 朋克摇滚意味着蓄意的糟糕音乐、蓄意的糟糕衣着、蓄意的糟糕语言和蓄意的糟糕行为。当关乎社会曾经对你抱有的每个期待时,它意味着射击自己的脚,但仍然高谈阔论,热爱你自己,通过某种方式,与其他一团糟的人们一起组建一个共享的团体。Taqwacore,就将这种美德应用在了伊斯兰教中。
>
> 迈克尔·奈特(Michael M. Knight)
> 《真主也摇滚》(*The Taqwacores*)

我们大多数人都有一种偏见,认为任何种类的计算机智能都将是枯燥乏味的。但是,如果不认为软件式思维是有创意的、时髦的,甚至是奇异的,我们将倾向于认为它们并未真正拥有意识。特质是创意的仆人,是通往意识的大门。但是,我们有理由期望,思维克隆人将和热爱朋克摇滚的伊斯兰教徒一样奇异。软件将反映人们遵守或破坏范式的最广泛多变的趋势。一个破除旧习的思维软件拥有的信息处理算法设置,一定与规则传播者的思维软件大不相同。一些人将继续采用这种方法:

> 如果我相信"一个男人打他的妻子"是错误的,《古兰经》与我意见相左,那么反之亦然。我不需要因为一次空乏的阅读,去延展它、压榨它。我不需要用历史文献来为它开脱。我同样确信,我不需要只是接受它,然后找一个好的旧式硬摇滚。所以我删掉了它。

这些规则的不同方法只是思维不同部分之间不同联系的结果——一部分思维识别规则,一部分思维确定与规则相关的思考和行为。就像不同的联系(如

# 04
## 我们不会永远是血肉主义者

追随者、不可靠的人、编辑）能够在神经模式中存在一样，它们也能在软件模式中存在。思维软件将识别我们在思维文件中体现出的人类类型，并在思维克隆人中匹配那些倾向。

大部分人试图紧紧追随社会惯例。所以，大部分思维克隆人也将如此。他们被视作"墙头草"，但是，我们不会忘记"羊毛出在羊身上"。少数人会是怪胎，这意味着他们的表现超越了正常范围。用数学术语来讲，我们可以将疯子视作高于标准钟型曲线变化范围两到三个标准差的某个点。这意味着，一个人是怪胎的概率大约有 1/20 或者大约 1/400（分别为两个和三个标准差对应的值），而怪胎中不乏天才。这些人不应该被视作患有心理疾病的，他们只是与常人不同。当然，将会有许多思维克隆人怪胎，因为有许多生物学原型是怪胎。[2]

> 在创造性活动的早期，你得变成流浪汉，变成波西米亚人，变成疯子。
>
> 亚伯拉罕·马斯洛（Abraham Maslow），1957

**VIRTUALLY HUMAN 疯狂虚拟人**

## 反社会怪胎

思维克隆人怪胎不等于"崩溃"。这些怪异者赋予了生命极大的多样性。多样性是适应和改变的命脉，每一种差异对充满生机的社会而言都是必不可少的。大多数怪胎于人无害；他们只是看起来不同，或者就是不同的。我们可以预见，在思维克隆人中也将出现怪胎。它们将拥有不同的态度、时尚观点和恋物情节——思维克隆人将和生物学原型一样，而新生的网络人则会产生新的态度。

# VIRTUALLY HUMAN
## 虚拟人

　　一些怪胎是有害的，即便绝大多数怪胎都只关心自己的事。大肆屠杀者是一种非常不堪的怪胎；事实上，那些乐于带上怪胎标记的人们，不会否定那些将暴力强加于他人的人。但是，我们必须准备接受一个事实：一些思维克隆人将是怪胎或者称其为"反社会者"，其使用的方式非常之糟。尽管政府机构将不遗余力地测试、验证思维软件，但这种情况总会发生。没有什么过程是完美的，错误总会发生。"黑市"思维软件是不可避免的。

　　存在"令人不快的反社会思维克隆人或网络人"这一事实，既不是禁止思维克隆人的理由，也不是限制思维克隆人非暴力疯狂的理由。任何一种压制都不会奏效。思维克隆技术会不可避免地存在不为人知的一面，或许会在美国国防部高级研究计划局（DARPA）或美国国家安全局（NSA）等机构的秘密组织中启动。

　　另外，我们将否认自己思维克隆人的多种益处，越奇怪的思维克隆人越可能是我们所喜爱的。相反，我们必须发展出一种群落文化，以便发现初期的反社会行为，例如一些在工作场所发现"go postal"现象（因工作压力而行为失常，常有暴力倾向），或者在学校检测"go Columbine"现象（曾发生校园枪击事件的一所美国高中）。

　　对思维克隆人或网络人而言，潜意识运行或在潜意识层面运行的编码中的问题，或许能够被检测出来。修复那段代码，要比解决（怪胎）现实生活中的问题，简单许多。这就好比一个老鼠巢穴的失调交叉关系——问题很小，而非孤立地进入防火墙空间，在那里无法引发伤害。狂热分子仍将悄然越过裂缝，但至少这些社会延伸的努力，让我们能够以最小的社会创伤代价，获得多样化思维克隆人的最大利益。

# 04
我们不会永远是血肉主义者

最终，我们抢先一步控制反社会思维克隆人的最好机会，允许健康思维克隆人的正常发展。如果需要让贼去抓贼，或许也应该让思维克隆人去抓思维克隆人。我们需要思维克隆人的多样性，具备所有人类的怪异性，既为了将生命的愉悦最大化，也为了掌握最强大的力量，对抗不可避免会出现的"恶人"。

20世纪中叶，一位名叫亚伯拉罕·马斯洛的心理学家因为研究社会中的快乐人群而名声大振。他总结出，社会中最快乐的人共有着某些特征。通过研究他发现，这些特征是跨越文化存在的，是共通的。他也为想要实现更高层次心理快乐的人提出了宝贵建议。思维软件必须将马斯洛关于健康思维的发现整合起来，准确地映射我们最快乐的"怪胎"人格，当然同样要包括那些想要生活得更加快乐的人格。事实上，思维克隆人或许会成为我们内心的马斯洛，在不干扰我们本质的情况下，指引我们走向自我实现的道路。

在没有面包的地方，"人要靠面包生存"，这是相当正确的。但是，当有充足的面包并且一个人的肚子被慢慢填满时，这个人的欲望会发生什么变化？相比生理性饥饿，其他需求会出现，并主宰这个生物。当这些需求得到满足，又会有新的、更高级的需求出现，以此类推。这就是我们将基本的人类需求划分为相对优势层次的用意所在……我们或许仍会常常期待新的不满出现，除非个体正在做适合他做的事情。

如果想最终对自己的状态感到满意，那么音乐家必须创作音乐，艺术家必须绘画，诗人必须写作……一个人能够做什么，他就必须做什么。这种需求，我们可以称之为自我实现……这指的是一个人对自我充实的欲望，即对于他而言，想要实现他有能力实现的事情的意向。这种意向或许可以解释为，随着一个人希望自己变成某个模样的欲望越发强烈，这个人就会变成他有能力变成的样子。

## VIRTUALLY HUMAN
虚拟人

　　思维软件将会整合马斯洛需求层次，以便准确地将我们的思维文件映射为思维克隆人。这种编程，将使思维克隆人像它们的生物学原型一样，不断攀向更高层次的需求满足。我们内心的声音在催促我们继续前进或者止步歇息。所以，思维克隆人不会改变我们是谁，它只是在通过向我们提供一种自我实现动机的额外资源，扩展我们已经存在的意识。用心理学家威廉·詹姆斯的话说就是："人生活在自己意识豪宅中的一个小房间里。"

## 一个独立的 ID

> 我曾经认为，大脑是我身体中最神奇的器官。随后我意识到，是谁在告诉我这个想法。
>
> 埃莫·菲利普斯（Emo Phillips），美国喜剧演员

　　当思维软件犯错的时候，会发生什么？如果 BNA 像 DNA 一样偶尔会犯错又会如何？人们会在何时、通过什么方式知道，我的思维克隆人是不是真的是我，或者是个错误，或者是个冒牌者？这些问题来源于人类：人们如何证明自己的身份？当警察、雇主或政府官员希望知道我们是谁的时候，我们应该怎么做？我们会亮出我们的身份证明（ID），它可以是驾照、护照或其他官方文件。这些身份证明是我们所说身份的传证。它们证明了一个事实：某个专业过程认证了我们的身份。它们或许会被一个生物计量的等效物所取代，比如指纹、视网膜、语音或其他躯体扫描。**思维克隆人也将需要一个 ID，来证明一个专业过程认证了它们是某人身份的一部分。**

　　为了让思维克隆人得到 ID，它必须证明自己的身份，就像我们在得到人生第一本护照时所做的事情一样。当然，思维克隆人的 ID 将会是数码虚拟 ID

# 04
## 我们不会永远是血肉主义者

卡,到那时,它也将是可以验证的、防伪的,就像指纹、语言识别一样。

**VIRTUALLY HUMAN 疯狂虚拟人**

## 如何自证身份

一个想要证明身份的思维克隆人,有三样东西是必须要提供给政府记录机构的。

第一,思维克隆人的生物学原型必须发誓,他们和思维克隆人共享一个身份。按照法律术语来讲,这意味着创造思维克隆人时所用的思维软件的主人必须证明自己的思维克隆人在不短于一年的时间内,与自己拥有一样的行为、人格、回忆、情感、信念、态度和价值观。换言之,生物学原型必须承担风险,且至多只能拥有一个复制的身份。生物学原型必须依法接受与思维克隆人"荣辱与共"。

第二,思维克隆人必须提供证据,证明自己的来源及其所使用的思维软件符合ID授予机构提出的最低标准。例如,政府要求思维克隆人拥有足够大小的思维文件,以确保它们充分地反映了生物学原型的思维。类似地,政府希望验证思维软件能够安全有效地复制人类思维,就像政府要验证药物和治疗设备是安全有效的一样。

第三,一位或多位研究网络意识的心理学家必须证明,生物学原型和思维克隆人之间具有身份的统一性。在颁发证明意见之前,专业标准将可能要求网络心理学家花费一定量的时间(比如一周一个小时),在不短于一年的周期内,对这两个身份进行认证。

任何一个能够通过这三项测试的思维克隆人就拥有与生物学原型一样的思维,该思维以一种实用的、与基质无关的方式进行定义。

生物学原型思维和思维克隆人之间的微小差异,就像我们自己的记忆和

# VIRTUALLY HUMAN
## 虚拟人

人格在日复一日、年复一年中的微小差异一样。之所以要在第一、第三测试中选择"一年"这个时间长度，是因为只有当某个事件能够坚持较长时间时，人类才会感到认同。**人类会认为，能够持续的事物更有可能是真实的，而非伪造的。**例如，在政府机构将某个变性人的 ID 从一种性别改为另一种性别时，在外科手术进行性别重赋手术前，他们一般会需要心理学家根据至少一年的治疗结果，证明该个体变性后的心理本质。类似地，在一个移民成为公民前，他们需要先成为几年的永久居民，以证明其合法性和获得国籍的持续愿望。

这令没有通过以上测试或尚未完成以上测试的思维克隆人的身份悬而未决。它们是谁或它们是什么？我认为，它们一定会被认作一个人或某个负责创造它们的组织的法律责任，直到它们最终作为网络生命，获得自己的唯一 ID。一个有良知的宠物主人的法律责任，将成为思维克隆人创造最低限度的法律责任。抛弃、折磨和忽视将被视作对新创造的有意识软件的犯罪行为，类似于对动物所负的责任。蓄意创造一个受折磨的新数字存在，特别是如果法庭认为这个意识达到人类层面时，也将使创造者承担"不当生命"责任。[3] 而且，这些创造行为将会给创造者带来罪恶或犯罪责任——就像某人的狗咬了邻居，某个孩子用父母的枪杀人一样。

意识对社会如此重要，没有哪个社会能够缺少意识，当涉及"引发伤害"这一问题时，统一性的生物网络伦理价值要高于差异性的生物网络伦理价值。在一个团体中，你无权不尊重意识。相反，让自己的意识得到尊重的权利与尊重他人意识的义务相互平衡，即使那个意识是基于软件的。

没有其他站得住脚的可选方案。我们假设，网络意识拥有个人机器的合法身份，就像今天的 PC 机一样。这意味着，创造者可以终结它们的存在。但是，这种方法等同于说"因为不是蓄意的，不是由血肉制造的，所以可以杀死一个人类级别的有意识的存在"。我认为，在看到虚拟人为自己的无罪辩护，

# 04
## 我们不会永远是血肉主义者

宣称自己具有人性，并祈求生的权利时，社会不会支持这样的行为。相应的惩罚无疑会随着意识的程度——网络人有多接近人类意识，以及对该意识的不尊重程度，而发生变化。

早期的网络人和思维克隆人可能使人类遇到实质性的麻烦——比如在某个人的房子上放火，但希望大火不会使邻居受牵连，但我认为，这种错误极少出现，极少有无法验证的虚拟人会被制造出来。但是，当它们被创造出来，这就像是生孩子——你需要对它们的幸福负责，直到它们到达法定成年期。

**一旦网络人和思维克隆人得到了独立ID，它们就有希望获得像人类一样的权利和义务。获得合法ID以后，如果是网络人，它们将不再是其创造者的责任范畴；而如果是思维克隆人，情况就正好相反。**当然，就像人类一样，一个成年的网络人或思维克隆人或许最终会需要社会服务或者永远需要陪伴支持——如果它们无法独立获得的话。

社会服务机构常常被指责未能照顾好被虐待儿童的利益。但是，所有人都赞同，这些机构起到了至关重要的作用。这种作用需要进行延展，以便同时照顾到"尚未得到承认"的思维克隆人的利益和"尚未获得独立网络人身份"的网络意识存在的利益。社会将必须尝试作出一些努力，以保护其最易受到伤害的成员。随着思维克隆人引导我们接受网络意识，我们也将开始感觉到，具备人类级别意识的软件存在同样也是社会的一分子。它们应该得到社会的保护。

具备人类级别意识的软件存在的法定成年期，有一些可以预见的需求。政府将希望确保，用来制造人类级别的意识存在是经过认证的。我相信，政府同时也将需要至多三位可信任的心理学家提供的专家意见，证明某个存在等同于成年人。协助一个网络存在达到法定成年期，将被认为是父母的责任，而没有作出合理照顾的行为将被视作儿童虐待。随着这一问题继续酝酿，最终，

社会服务机构将必须承担"协助没有人照顾或父母无能力照顾的网络意识存在达到法定成年期"的责任。一些人将永远不符合法定成年的标准。就像一些发育严重受限的残疾人士一样（智商水平介于20~40），这样的软件存在将一直处于家人或国家的关怀照顾下。

可能会有很多这样的软件存在，最终停在一个灰色地带中：不符合政府对于完全人类权利的正常标准，但是又具备一定的知觉、自主、移情，并且重视自己的自由。例如，会有一些数字存在会通过"有能力制造人类级别的意识存在，但未得到政府认证"的思维软件制造出来。正如前文提到的，这样是创造者有一定的责任范畴，如果创造者无法承担这一责任，政府社会服务机构将会承担。然而，如果通过未经认证的思维软件被创造出来，它们走向在成熟和独立以及权利的过程中，将面对一条更加艰难的道路。这种情况就像一只海豚或类人猿，通过一个"脑波-语言翻译器"，表达自己想要独立、享受自己生活的意愿。处于控制地位的人类会辩论，海豚或类人猿的 DNA 是不是真的能够产生"理解和重视自己所追求权利"的存在。

对于这个以及其他灰色地带，我认为，我们将需要依靠一批网络意识专家——身心健康专家，例如思维文件、思维软件和思维克隆人领域的心理学家与医学伦理学家。如果这批专家同意一个网络生命重视人权，那么他们的决定将使这个存在获得合法的 ID 证件，尽管这个网络生命的 BNA 是非常规的（即未得到授权的思维软件）。我们可以在网络上接触到这类网络意识专家，那些感受到创造者压迫或为难的存在就拥有了获得解放的渠道。

一个虚拟人获得人类意识认证的过程，要比花费数年接受精神病学专家治疗高效许多。正如柏拉图所说的："你在一小时游戏中对一个人的了解，要超过你在一年的对话中对一个人的了解。"因此，我们可以期待，今天在大学中广受欢迎的研究工具、行为经济和心理测量学游戏的高级版本——"囚徒

# 04
## 我们不会永远是血肉主义者

困境"、"社交困境"、"最后通牒"（ultimatum）、"独裁者"（dictator）等，将会被用于探索人类意识。这些游戏中引出的人类价值，在不同人类文化中都有体现。

这不是说每个人会按完全相同的方式去玩这些游戏——网络人也不会这么做；事实上，如果对个体游戏者的成本不是很高，就会有强烈的向非自私、亲社会的行为发展趋势，但合作和社交性的级别会有很大的多样性。重要的是，游戏行为可以帮我们区分出哪些网络人具备人类级别的意识，哪些不具备，其中一个原因是人类游戏会产生大规模数据库。

一个经过认证的、拥有 ID 的思维克隆人可能也会发生故障，偏离创造者的身份。这类似于心理疾病，而"神经网络外科工程师"（neurocyber surgineers，也即思维软件编程专家）将负责修复这样的思维克隆人。在最糟糕的情况下，思维克隆人的生物学原型既可以将思维克隆人送到软件医院接受修复，也可以用社会接纳的方式（即无痛苦的）终止它。这不是谋杀，因为思维克隆人是生物学原型身份的一部分，它的死不会终结生物学原型的生命，就像生物学原型的死不会终结思维克隆人的生命一样。在两个例子中，多存在身体都会继续生存。另外一方面，终结一个非思维克隆人数字存在的生命，即网络人，将被视作谋杀——特别是当它已经获得合法身份后。

颇具讽刺意味的是，如果一个思维克隆人是你的模仿物，你也许无须法律裁定就能够终结它。但是，如果它的能力不及你，同样的行为将使你受到谋杀的指控。考虑再三，这与社会对待"自杀或杀婴""践踏自己的生命和践踏别人的生命"的不同方式，没有太多区别。

尽管自杀是非法行为（排除某些特殊情况），但很少有自杀的人受到指控。但是，企图杀死某人的婴儿（或年纪稍大的儿童）就会面临牢狱之灾。通过让自己窒息的方式自杀，人们会让你接受精神病治疗，直到你说服医院，你

# VIRTUALLY HUMAN
## 虚拟人

不会再对自己构成威胁——不过，你不会因此进监狱。如果令你的思维克隆人窒息，你将会因为蓄意谋杀而接受强制监禁。类似地，通过酗酒或其他一系列愚蠢草率的决策断送某人的职业生涯，不是犯罪；但是，口头诽谤、诽谤或欺诈他人，将要承担法律后果。造成这些不同结果的原因是，社会给我们提供了一定的自我伤害空间。

要知道，以人人平等为原则的国家几乎不会容忍伤害他人（根据定义，这将包括任何除你的思维克隆人之外的的意识软件存在）的行为存在。

### VIRTUALLY HUMAN 疯狂虚拟人

## 是宠物，还是独立的人？

一个网络意识存在能够被视作人类级别或较低级别的意识。但如果低于人类意识的阀值，它们就是宠物，并可能会像现代社会中的宠物一样得到有限的保护。如果通过未经认证的思维软件制造了网络意识存在，一般将会遇到这种情况。

另一方面，如果通过认证过的思维软件制造了网络存在，它们将得到像人类儿童一样的保护。如果一年后，这个网络存在能够证明自己与生物学原型身份的统一性，它就会获得合法身份。自此以后，生物学原型可以像对待自己一样，对待这个思维克隆人，因为他们只是两种不同存在形式或存在于不同基质的同一个存在。

如果网络存在无法证明自己与生物学原型身份的统一性，创造者将继续负责监护这个网络存在，直到该存在达到成年期。受到创造者遗弃的网络存在将在政府的监护下直至成年期。

每个网络存在都将得到一个证实其意识程度的出生证明。这个法定身份将承担两种合法形式中的一种：一个新的思维克隆人（出生身

# 04
## 我们不会永远是血肉主义者

份源自生物学原型），或一个成年网络人（在父母或政府的呵护下成长至成年，符合政府的标准）。表 4-1 总结获得合法身份的不同途径。

表 4-1　　　　获得合法身份的不同途径

| 思维文件 | 思维软件 | 一年期测试 | 结果 |
| --- | --- | --- | --- |
| 生物学原型 | 经过政府机构认证 | 生物学原型满意 | 思维克隆人；共享 ID |
| 生物学原型 | 非常规 | 生物学原型满意 | 儿童*，直到心理学专家组满意 |
| 生物学原型 | 非常规 | 心理学专家组满意 | 思维克隆人；共享 ID |
| 生物学原型 | 经过政府机构认证 | 未通过 | 网络儿童，需被照顾至成年* |
| 生物学原型 | 非常规 | 未通过 | 被心理学专家组判定为网络儿童*或宠物 |
| 生物学原型或新创造的 | 非常规 | 心理学专家组："儿童" | 创造者必须照顾其至成年 |
| 新创造的 | 经过政府机构认证 | 心理学专家组满意 | 成年网络人 |
| 新创造的 | 非常规 | 未通过 | 被心理学专家组判定为人类级别的网络人或宠物 |
| 新创造的 | 非常规 | 心理学专家组满意 | 儿童*或成年网络人 |

注：* 在满足政府标准后，经过一个由网络精神病学家组成的委员会确认，网络存在将被授予独立成人身份，它们的父母将不再承担抚育责任。缺乏独立成人身份，意味着它们将继续需要创造者承担抚育责任，但也可能会被转移至某个机构。许多无记录的网络存在将有望利用它们的自主性（即"逃离"）或制造者发出的软件命令（即变成"无家可归"），来脱离创造者的控制。

创造思维克隆人或者创造一个新的网络存在的自由,属于人类繁殖权利的一部分,因此这种权利能够得到强有力的保护。但相对应的,也要承担一些重要的责任。在这些责任当中,其中一个责任就是避免给你创造的存在造成伤害,并将网络生命儿童抚育至独立成年人。同任何人类权利一样,未能履行责任义务将最终导致失去这些被滥用的权利。

## 银行密码会被泄漏吗?

"故障""修复""导致伤害""试图帮助",这些概念不会总是那么清晰易辨。思考一下虚假记忆的问题。人们对思维克隆人的一个担忧就是,它们可能被赋予虚假记忆,这些或许可以通过软件病毒悄然进行。例如,一个思维克隆人可能被错误地灌输"某人是一位可信的好朋友,可以与他分享银行密码",而事实上,这个人可能是个骗子。或者,一个思维克隆人的记忆被清除了童年时令人恐惧的回忆,以期望解决虚拟人的网络心理创伤。

事实上,我认为没有任何理由能让人相信,思维克隆人的虚假记忆相比人类大脑产生的思维更容易发生或者更不容易发生。情景记忆,也被称作"记忆痕迹"(engrams),作为一种神经轨迹穿越多个神经元被存储起来,大多数被存储在颞叶中。虚假记忆是人类社会最常见的问题。MIT 的神经科学家们甚至已经成功地在老鼠身上移植、记录了虚假记忆。使用转基因神经元,运用特殊波长的光激活构成记忆的海马体,这些神经科学家们已经成功令老鼠害怕它们本不应该害怕的地方。MIT 生物学和神经科学教授利根川进(Tonegawa Susumu)提出:"无论是虚假的,还是真实的,蕴藏在记忆唤醒过程中的大脑神经机制是一样的。"

虚假记忆故障可能在思维克隆人中更少见,因为思维因子神经架构和思

# 04
## 我们不会永远是血肉主义者

维克隆人的思维软件经过有意地、仔细地构建，可以符合某个人的真实生活体验。这样的思维软件能够借助杀毒软件和错误纠正程序进行设计，排除虚假记忆。

# VIRTUAL
# HUM

## 05
## 未来已有端倪

富人是否会成为思维克隆技术的唯一受益者？哪里有资源可以支持源自数十亿人类的数十亿思维克隆人？

THE PROMISE—
AND THE PERIL—
OF DIGITAL
IMMORTALITY

我们不需要大量不同的机器来完成不同的任务。

艾伦·图灵

# VIRTUALLY HUMAN

THE PROMISE—
AND THE PERIL—
OF DIGITAL
IMMORTALITY

地球给予我们的一切,足以满足每个人的需求,但满足不了人类的贪婪。

甘地

只要人类生命的数字映射不会被用于对抗人类或打扰人类——比如被政府或广告商利用,我们就乐于拓展数字化存储数据的思维文件。一旦人们接受自己的思维文件可以拥有意识,并且可以理解思维克隆人拥有许多吸引人的特性(比如更有趣、更安全、更便捷、更有效率),他们就会希望将自己的思维文件转变为思维克隆人。唯一比智能手机好的手机将会是拥有意识的手机。事实上,相比之下,其他所有东西都会黯然失色。

这将会带来两个重要的问题,这两个问题我在一些专题研讨会和学术会议上被问到过很多次。第一个问题是:富人是否会成为这一技术的唯一受益者?第二个问题是:哪里有资源可以支持源自数十亿人类的数十亿思维克隆人?

由于思维克隆人和思维软件似乎太过超前和复杂,许多人认为这项技术只会提供给达官显贵,并且同样由这群人操控它。我的回答是否定的:富人只有在这一技术运转得不好的时候才垄断它——即刚刚推出的时候。由于开源编程和所谓的"信息渴望自由"(information wants to be free)的天性,软

件拥有与生俱来的不可控性。比如,电子表格软件曾经价格昂贵且故障频出,但现在已经免费且稳定;百科全书知识曾经尘封在价格昂贵的皮革书卷中,而现在登录维基百科就可以轻松得到。至于资源?大量的电子表格,加上《大英百科全书》的内容,所有这些都可以存储在一个与指甲大小相仿的存储卡上。

## 技术是行动中的民主

> 商品穿越不了的前线,军队可以。
>
> 弗雷德里克·巴斯夏(Frédéric Bastiat),19世纪法国经济学家

几乎任何一项技术都会大众化心脏移植?首例心脏移植手术在1967年进行,而今天,每年有数以千计的穷人和中产阶层的人接受这一手术,大部分是在美国等国家(且至少包括一名贫困的监狱犯人)进行,但同样也会发生在越南和印度这样的新兴国家(印度首位接受心脏移植手术的病人是一位卖手绢的小贩的妻子)。改善视力?眼镜几乎随处可得,无论在富裕的国家,还是贫穷的国家,任何人都可以戴上眼镜或接受视力矫正手术。

甚至在一些极权主义国家,技术也会走向大众化。这些极权国家的公民几乎都能看到电视或听不到广播。除了撒哈拉沙漠以南的非洲,世界上超过90%的城市人口都可以使用电力,甚至在农村地区也有超过50%的人可以使用电力。在非洲,受制于技术发展阻碍的地方也有2/3的城市居民和1/4的农村居民可以使用电力。而过去,无论是君王或是乞丐,没有谁可以使用电。但随着技术的发展,在有史记载的3%的时间里,已经有超过50%的人口可

# 05
## 未来已有端倪

以使用电力,其中包括了世界上大多数贫困人口,这比无法用电的人口多了数倍。

1987年,10亿人第一次搭乘飞机——同年,世界人口只有50亿,这意味着近20%的世界人口都体验了这一之前历史上最富有的商贾都没能体验过的奢华享受。截至2005年,每年有20亿人乘坐飞机出行,而世界总人口为65亿。1987—2005年这短短几年时间里,航空飞行已经从一个只有20%人口拥有的权利发展成为约1/3人口的权利。

也是1987年,手机销量第一次达到了100万台。最开始,手机被当作富人的工具,且价格昂贵、功能不佳,并且外观笨拙。随着技术变得更加复杂、炫酷,越来越多的人接受了"手机有诸多好处"这一观点。22年之后的2009年,50%的世界人口都拥有自己的手机:从100万到30亿,只用了32年。非洲总人口(10亿)的一半,拥有自己的手机。

联合国的一份报告显示,2010年,印度的手机用户数量达到了5.64亿,几乎占该国12亿总人口的50%。令人震惊的是,报告提到,这个数字,比能够使用良好卫生设施的人口还要多:在印度,只有3.66亿人能够使用干净、卫生的厕所。如果不将技术的力量和引进考虑在内,没有什么能够做到这一点。

当然,我们必须问:"为什么技术没有将厕所大众化呢?"答案是,在这32年时间里,大众化仍在进行中。技术专家彼得·戴曼迪斯(Peter H. Diamandis)在其著作《富足》(*Abundance*)[①]一书中描述了每一个技术组件如何各自入位,为印度农村地区和类似地区,提供去中心化的卫生和清洁饮用水服务,每天

---

[①] 《富足》为X大奖创始人、奇点大学执行主席彼得·戴曼迪斯震撼之作。戴曼迪斯以丰富而有力的证据告诉我们:指数型增长的技术、"DIY"创新者、科技慈善家和崛起中的10亿人是实现人类富足的4大力量,未来比我们想象的更美好。而如果说《富足》告诉我们的是20年后的世界将会怎样,那么戴曼迪斯的另一部著作《创业无畏》则是企业家帮我们抵达未来的行动路线图。这两本著作的中文简体字版已由湛庐文化策划、浙江人民出版社出版。——编者注

的花费只有 5 美分。

为什么技术总会大众化？答案很简单：第一，人们想要其他人生活得更好（通常，这催生了技术）；第二，满足大众需求是掌握技术的人群的兴趣所在（技术发起者和政府部门都是如此）；第三，随着时间推移，这两个因素压倒了任何反补贴力量（比如文化恐惧或害怕失控的担忧）。**大众需要的技术变得人人可用，既因为规模生产使其变得更廉价，创新使其变得更易接近，也因为政府发现对于新技术来说，"宜疏不宜堵"。**

下一个大众化的将会是思维克隆技术。最初，只会有少量思维克隆人，可能是由富人、技术人员或意图试水的高科技公司创造。之后，它会一夜之间红遍世界，人手一个。对思维克隆技术而言，有什么原因会让人们对成功的、能够提高生活质量的技术产生独特期望，以实现技术的大众化呢？

许多公司已经打算将思维克隆技术的存储功能实现大众化了。云服务器公司之间竞争激烈，他们争相以更低价格提供更优质的信息存储服务，这些公司包括微软、Verizon、谷歌和亚马逊。还有一些在数据存储领域颇有声望但并非家喻户晓的公司——比如思杰（Citrix）、Bluelock、Joyent 和 Rackspace 等，也在服务大众的数据存储领域竞争。其他相关公司未来也会进入这一竞技场。

思维克隆人的真正独特之处是存储思维文件和思维软件，它意味着存储新形式的意识生命。这本身就会大量的社会和法律问题。相比技术接受过程，社会改变通常需要更长的时间。

很多大众化的技术已经可以用来创造新形式的生命了。从生物制药物（如制造新型细菌作为药物成分），到转基因农作物和动物，在每种情况中，新形式的生命总会快速地将技术推向更广的受众，而非限于富人。

# 05
未来已有端倪

**VIRTUALLY HUMAN | 疯狂虚拟人**

## 不做富人的奴隶

思维克隆人不会变成仅仅服务于富人的意识生命。人类通过规模化量产制造意识生命，富人没有办法独立负担整个市场，也没有任何理由去这么做。或许，事实可能会是，思维克隆人太过智能，以至于富人想要独自占有这种智能，让自己变得更富有。尽管我没有怀疑过他们一旦拥有这个机会就一定会这么做，但历史告诉我们，他们做不到，所以他们也不会这么做。20年前的超级计算机能力还不及今天的笔记本电脑。事实上，一台普通的MacBook Pro要比传奇的克雷1号超级计算机强1 000倍，后者于1976年部署在美国洛斯阿拉莫斯国家实验室（Los Alamos National Laboratory）。

换句话说，任何富人和权势想要控制思维克隆技术的尝试，都会像试图控制克雷超级计算机一样，以失败告终。其他公司的技术围绕受到控制的技术打转，就像奔腾的河流围绕河床中的岩石一样。就像没有单一品牌的笔记本电脑或智能手机一样，未来也不会只有一种品牌的思维文件存储、思维软件或思维克隆技术。任何人或公司都不会排他地进行开发；无数个体和公司虽在各自为战，却做着同样的工作。

思维克隆技术将会快速大众化，还有两个更深层次的原因：一是向10亿人、20亿人、30亿人甚至更多，提供思维文件存储和思维软件的边际成本几乎为零；二是，拥有思维克隆技术并想要进行分享的人，其经济兴趣可能十分广泛。

让我们首先思考一下思维克隆技术的成本，它涉及4个主要方面。

# VIRTUALLY HUMAN
## 虚拟人

- 存储一个人的思维文件的成本（根据互联网缔造者戈登·贝尔[①]的经验，每月大约为1GB）；
- 通过思维软件设置意识参数，运行思维文件的成本；
- 传输思维文件数据和思维克隆人意识的成本；
- 用于访问思维克隆人的用户电器成本。

这些元素的成本至少会被上千万用户平摊，因此每一个人的增量成本可以忽略不计。例如，如果需要10亿美元来制造思维软件，那10亿人平摊后是每人1美元（依此类推）。假设建设拥有支持60亿人思维克隆人传递的高速传输网络成本是60亿美元，那么如果有30亿用户，对每个思维克隆人而言，成本只有2美元，但是对60亿人而言，每个思维克隆人成本只有1美元。按年度计算的话，成本会更低。

从来没有比信息更容易大众化的东西了。短波广播几乎覆盖了全球，即便只有1%的人在发送消息，成本也不会提高。因此，如果更多人听广播，每个人的短波广播成本会更低。

20世纪90年代，天狼星卫星广播公司（Sirius Satellite Radio，现为天狼星XM）1期项目启动，投资超过10亿美元。如果某个非常富有的人想要替卫星广播埋单，这就是他要支付的全部费用。我们有可能只将这项服务提供给富人，比如说100万美元一年，如此一来，名流们就可以炫耀自己的独家广播玩具了。但没有人会这么做。反之，这项服务定价为每月10美元，今天，有3 000万用户在收听——占美国家庭的1/3。这个价值10亿美元的项目，增长到了30

---

[①] 戈登·贝尔（Gordon Bell），微软公司"个人大数据"首席科学家、"小型机之父"。推荐阅读其与微软研究院研究员吉姆·戈梅尔共同创作的《全面回忆》一书，看他们怎样深度解读"全面回忆"时代人们如何做到数字化不巧。该书中文简体字版已由湛庐文化策划、浙江人民出版社出版。——编者注

# 05
### 未来已有端倪

亿美元,在卫星10年的寿命内,每个人每年只需要缴纳10美元的费用。思维克隆人也将会采用同样的方式。

技术的大众化并不意味着不会造成财富差异。财富可以购买到选票,甚至那些大众接受度很高的技术,也可以买到其额外的产品或服务。数十亿人乘坐过飞机,但是只有富人乘坐过湾流(Gulfstream)豪华飞机。尽管每个人购买iPhone花费一样(排除新旧机型的价格差异),但智能手机的效用依赖于它所装载的应用数量,即高质量软件越多,花费越高。按照这种方式,财富可以用与服装、食物和汽车市场划分同样的方式,进行信息技术的差异化。尽管产品功能开始时会很贵,但不久就会变得可以让普通人负担,这通常取决于竞争的激烈程度。

关于奢侈差异化,技术普及意味着访问壁垒一部分是人为的、感性的,而非纯粹真实的、物质的,并且在很大程度上是短暂的;技术上的排他性奢侈,一般只是比其他人更早拥有某样东西,而非排他性地占有。

一张头等舱机票和一张经济舱机票都能让你到达同一目的地;一个订阅应用和一个支持广告的应用,都能让你知道天气信息;销售人员可以通过打造细分市场来赚更多的钱,但是,这不会改变一个事实:每个人得到的功能都是完全一样的。

所以,我不会惊讶,最开始,制造一个双语的思维克隆人要比一个只讲英语的思维克隆人花费高。(是的,你的思维克隆人能够实现你毕生的梦想,讲一口流利的法语或意大利语。)但同样,竞争者将会消除这一价格差异,直到最后价格差异消失。

思维克隆技术就像卫星广播技术。相比某人将商品化的信息通过电波,以广播的形式传递给大众,以便在大众的大脑中实现注册和选择,还有一些

人会将个性化的信息通过网络频道以思维克隆人意识的形式发送给大众，实现提炼和加强，这期间就会利用与大众思维之间的交互。

我认为，拉米兹·纳姆对思维计算机界面技术大众市场潜力的评估，充分地考虑了思维文件、思维软件和思维克隆人：

> 历史上与此最相近的事件或许是文艺复兴时的事件——15世纪50年代，约翰内斯·古腾堡（Johannes Gutenberg）发明了印刷机。在古腾堡之前，书本都是稀有物品，只有非常富有的人才能拥有。为了延伸存储在书本里的信息，抄写员必须手工将信息复制进另一卷书目中。人类抄写员让书本的成本变得很高，而且在连续抄写的过程中，也会产生错误。印刷工业改变了这一局面。人类第一次拥有了一种可以精确分享大量信息的有效途径。从未晤面的人，甚至生活在不同时代的人，都能够在一种结构化的、持久的形式下分享彼此的想法。

大约在古腾堡印刷出第一本《圣经》后的40年内，有超过2 000万本书印刷出来。这就是技术大众化的事实佐证。第二个推动思维文件技术大众化的因素是创造者的经济利益：**想要创造思维文件的人越多，开发这一技术的人就越富有。**

**VIRTUALLY HUMAN 疯狂虚拟人**

## 极客终将占领地球

谷歌、Facebook或腾讯以及众多科技公司在科技领域也在这样做，尽可能地将自己的技术传播得更加广泛，是这些互联网巨头的经济利益所在。使用社交媒体网站的人越多，网站经营方就会越富有。这是因为用户越多，

# 05
## 未来已有端倪

就意味着有越高的关注度，而通过某种途径，关注度可以转变为金钱。对思维文件而言，也是同样的道理。我们在一些网络或资源中或寻找、或调整、或存储、或组织我们的思维文件，又或者让我们的思维克隆人进行社交——这些网站或资源将对想要向我们兜售商品的人或公司产生价值，比如虚拟不动产和现实世界交互。即使亿万富翁也无法向思维克隆技术公司提供同数以亿计的普罗大众所提供的一样多的财富。

极客终将占领地球。

## 虚拟人的生存未来

> 客房服务吗？请给我升级成更大的房间。
>
> **格劳乔·马克斯**（Groucho Marx），**美国演员**

我常听到的第二个问题是关于空间的，即所有思维克隆人是否都能拥有足够的空间。人类可以通过性繁殖下一代，未来我们还会继续这样去做，因为我们通过DNA和爱创造出了生命。但是，技术将在软件中拷贝我们的意识，以支持我们满足不同种类的自然需求，在空间和时间上延伸自我。尽管性繁殖要远早于时空的延伸，但第二种需求也不是什么新鲜事物。自然选择只是用于记录自然发生事物的记事系统，成功的自我繁殖者是不是哺乳动物、文字、信息或思维，并不是关键所在。

流行起来的事物就是自然选择的冠军。因为思维克隆技术让自我繁殖的加速和个性化成为现实，因此，思维克隆人将会迅速繁殖。自然而然地，这将会引起我们怀疑，这些拥有意识的存在将在哪里"生存"，特别是那些具备人类形式的存在（这一点要感谢能够模拟人类躯体的实体技术）。

# VIRTUALLY HUMAN
## 虚拟人

众所周知，世界正在变得越发拥挤。全球人口数量在一个世纪内翻了两番：婴儿将持续出生，生物技术加之许多国家生存条件的改善，人们的寿命将不断延长。思维克隆人拥有进一步增加地球人口数量的潜力。即便死亡，人类会以思维克隆人的方式继续延续自己的生命。

联合国预计，人口因素将会导致世界人口在 2100 年达到顶峰——100 亿。我认为，他们弄错了不止一个量级的数量，因为他们没有考虑虚拟人——创造思维克隆人将产生数十亿额外人口。这些人未来将在哪里生存？如何生存？

对于人类或拥有思维克隆人的 3D 机器人，我无法给出确切的答案。我希望，可再生能源和纳米技术领域的进步，会继续降低我们对大自然母亲的侵占、掠夺。但是，世界资源不会因为虚拟人遭受更加严重的压力。软件式思维所需要的资源不会占用很多空间。这些资源只是：

- 用于存储思维文件和思维软件的计算设备；
- 用于将网络意识连接到世界的通信设备；
- 为计算和通信设备提供能源的电力。

计算设备的尺寸已经很小，而且，按照摩尔定律或库兹韦尔加速回报定律，它还会"马不停蹄"地变得更小。这些规则提到，由于信息技术的进步，计算设备的能力几乎每年都会翻倍。这意味着，我们只需要更少的计算"体积"（芯片的表面大小），来支持思维克隆人，因为同样体积的信息能力会持续翻倍。类似地，通信设备同样也在能力上实现了翻倍。因此，头发丝宽度的光纤能够承载的会话数量，将是 20 世纪铜缆容量的数十亿倍。

地球每天从太阳接收的能量是自己使用能量的上万倍，并没有明显的长期电力短缺。太阳能电池板和电池存储技术，一定会进一步改善，继而更好

# 05
## 未来已有端倪

地利用这种能量。

1999年，美国消耗的总能源有1%来自可再生能源，比如太阳。2012年，这一数字是10%。类似地，可预测的大规模潮汐可能会在未来20年为我们提供更多能源。尽管今天来自水源的能源几乎完全出自大坝，并且提供了美国电力需求的7%。美国能源部预测，到2030年，水力发电量将至少翻一番；最后，美国电力的1/3可能会来自潮汐和地热系统。相同的动机激励着科技公司推出更好、更廉价的产品——客户满意度和利润将会驱动能源公司拓展清洁能源技术。

一个思维文件所包含的信息其合理大小约为1TB。[①]一个能够存储今天这么多信息的、扑克牌大小的存储设备（硬盘或闪存），花费大约为100美元。1 000亿思维克隆人和网络人平均将会占据约0.000 164立方米，总体积大约是1 640万立方米，这相当于两到三栋超大型摩天大楼的体积。很明显，地球上有足够的空间用于存放思维克隆人。下面让我进行进一步解释。

网络生命被限制在网络空间，就像生物被限制在地球有机环境中一样。网络空间是任何软件都可以运行的环境。当然，不是所有软件都能在所有网络空间环境中运行。类似地，不是所有生物都可以在所有有机环境中生存：水生生命会在陆地死亡，软件无法在不兼容的硬件上运行。

薛定谔在自己的经典著作《生命是什么？》（*What Is Life?*）中将生命定义为可以增加复杂度的事物，这与熵的减少是相同的。这一现象与热力学第二定律相违背。热力学第二定律认为，熵或混乱程度总会不断增加（例如，正在崩塌的建筑和逐渐虚弱的身躯）。这使得生命在宇宙中显得格外不同，因为同一时间内，其他万物都在瓦解，只有生命在自我构建。

---

[①] 就职于贝尔实验室的托马斯·兰道尔（Thomas Landauer）对记忆信息进行了若干实验，估算出人类思想在一生中以每秒2比特的速率积累信息。

# VIRTUALLY HUMAN
## 虚拟人

有趣的是,控制论之父(cybernetics,这个词也是"cyber"[网络]这个前缀的词源)诺伯特·维纳(Nobert Weiner)将信息定义为负熵,即作为薛定谔所提到的生命的度量手段。将薛定谔和维纳的观点结合起来,网络生命就是生命的一种非分子形式,使用负熵(信息)增加复杂度(像生命一样成长)。用更通俗的语言解释就是,思维克隆人是在信息环境中成长起来的一种生命形式。就像生物学生命一样,思维克隆人有组织(软件结构),能够和环境交换物质和能量(运行时释放热量),能够对刺激作出响应,可以繁殖(复制),可以发展(收集更多信息)和适应(对选择性压力作出响应)。

生物学大环境不会一直增长,因为地球陆地面积是固定的,我们创造出的唯一的新生物空间是通过填海造陆、海底地幔凸起和在太空建设空间站得到的。但是,网络空间环境在规格和范围上都在爆炸式增长。尽管地球的"承载能力"有限,环境可以在一定范围内适应物种的数量,就能够承载的信息量而言,网络空间似乎接近无限。

1988—2008年,全球累计销售了超过10亿台个人计算机(比如笔记本电脑)和超过40亿台手持式计算设备(比如手机)。这大约占据了1.4亿平方米的网络空间,是曼哈顿面积的两倍左右!这个数字甚至没有包括网络空间向汽车、家用电器和各种家庭设施。

计算机硬件的大规模量产低估了网络空间的增长。这是因为,"虚拟化"允许计算机将自己划分为多个虚拟机,每个虚拟机又可以运行自己的操作系统和应用。这种能够凭借软件独立运行多任务的硬件,依赖一种名为"超级监督者"的新型软件,来控制访问计算机的处理器和内存。因此,大量思维克隆人能够分享同一个硬件。虚拟软件市场已经从2002年的"零存在",发展到今天的数十亿美元的市场级别。

# 05
## 未来已有端倪

艾伦·图灵早在1948年就认识到，每一个思维克隆人不需要自己专属的计算机："我们不需要大量不同机器来完成不同的任务。"他预见了今天的世界，在这个世界中，软件很大程度上在为数不多的大规模云服务器上运行，大量可替代远程计算设备（如智能手机和平板电脑）将知觉信息传递给机器智能。"为不同任务制造不同机器的工程问题，会被借助通用机（universal machine）'编程'去完成这些任务的办公室工作所取代。"用今天的说法，"通用机"就是云，"办公室工作"是黑客们在咖啡店、创业公司和像Googleplex（谷歌公司总部）的地方，使用远程计算设备所做的事情。

因此，作为虚拟人（思维克隆人或网络人），就是由软件制造、呼吸云、占据那些你有"前门钥匙"的设备。未来，我们会不会为虚拟人备份一些"电子氧气"，比如台式超级计算机，以防云访问受到干扰，就像都市生存主义者将食品室或地下室堆满冷冻食品、瓶装水和电池一样？毫无疑问，答案是肯定的。

从20世纪60年代起，网络空间同样远远超越了生物空间的范围。空间探测器被发送到太阳系的几乎每一颗星球——那些被遗忘的没有生命的空间，而这些探测器上都运行着软件。"先锋号"（Pioneer）和"旅行者号"（Voyager）航天器都已经飞出了太阳系。尽管我们运送物品所到的网络空间环境缺少能够自我复制的代码，但它们也能够孕育出这样的生命。将一艘航天器发送到开普勒卫星观测器发现的众多类地星球中的其中一颗，都需要上千年的时间，这对飞行器上装载的大型思维克隆人群体而言，或许是可以接受的，因为思维克隆人群可以通过广播与地球保持联系。

VIRTUALLY HUMAN 疯狂虚拟人

## 网络空间"无处不在"

网络空间现在正稳定地大步迈向"无处不在"。其中一个飞跃与射频识别（RFID）设备有关。这些微型芯片可以批量生产，每一个的成本远低于1美元。按照这个价格，我们可以经济地将一个东西虚拟地连接到任何有价值的物品上，那么这样一来，那个物品就可以被扫描以获取相关信息。这个数据或许会包括它的价格、内容、产地和一个唯一的识别符（条形码），这些信息使得有目的性地搜索更多信息成为可能。每个RFID芯片就是一小片网络空间，随着芯片的性价比持续提高，每个空间都会变得更加支持网络生命（更像芯片上的超级计算机）。

为了支持网络空间的"无处不在"，2012年8月至2013年8月，协调互联网地址系统的非营利性组织——互联网名称与数字地址分配机构（ICANN）审查并初步批准了1 574项新的互联网前缀。在这一过程中，全世界的互联网管理者同样发布了一项新的协议，将之前的40亿个理论地址增加到3万亿个理论地址——不再只限于网站地址。**所有有价值的或对信息有需求的东西，都将拥有网络地址，这就是所谓的物联网（IOT）**。例如，JaneDoe·doe.info不必是网站，它可以是简·多伊（Jane Doe）的思维克隆人。

这使得所有人类感兴趣的虚拟事物都可以拥有一片网络空间，不仅限于与其连接的事物（廉价的RFID芯片完成这一工作），无线网络同样可以。换言之，网络空间的"无处不在"并不是追求最终的静谧。相反，网络空间的"无处不在"是一系列相连接的培养皿阵列。新型网络生命将准备好访问新环境，在这些环境中，成功的复制者可以传播它们的种类，更进一步的进化也会发生。我们在以极快的速度创造平行环境、网络空间，其中，网络生命能够进化出

## 05
### 未来已有端倪

自由，就好像生物对生物空间的统治一样。

另一个向着网络空间"无处不在"的飞跃是可穿戴设备及可移植电子产品的到来。蓝牙耳机在数百万只耳朵上萌芽，数码运动装备更加丰富多样。在过去20年里，随着生物兼容芯片移植进耳朵、眼睛、大脑、心脏或腹部，患有严重疾病的患者已经体验了这一技术。人类的躯体有可能会出于健康和便捷的考虑为网络空间留下凹坑。

关于网络空间复制生物空间，人们有着不同的观点。例如，如果纳米技术实现了支持有目的构建任何来自原子的形式，那么生物形式同样也会被建造来存储信息技术，这也是一片网络空间。这样的纳米生物空间混合体能够处理可以在生物世界中活动的软件。来自昆虫或人类的无法区别的形式，实际上可以是由纳米技术构造的网络空间。我们能够通过纳米技术的重组，指引居住在纳米技术人类形式中的网络生命思维，重组为其他东西。你看起来像人类，而你的思维克隆人可以看起来像老鹰。

材料和制造技术的进步正在像数字技术一样进步，所以我们制造3D思维克隆人的选择也将变得几乎没有限制。现在，通过网络意识对自然、分子环境的重组开始制造出一些"手肘空间"（elbow-space）问题。如果你的网络意识纳米技术鹰吓到了我后院的猫猫狗狗，我可能会不高兴。但是这些不是网络意识的问题，而是纳米技术制造的问题。与划分和创建代码的相似的规则，以及对创造危险和差异的限制，将会为大规模纳米技术制造的到来做好铺垫，让今天的工程师或明天的网络工程师来创造它们。现实世界存在的个人财产和隐私权利，同样也会适用，从而帮助抑制不愉快的或不需要的越界者。

人类基因组先驱克雷格·文特尔（J. Craig Venter）[①]已经证明了合成生物让

---

[①] 克雷格·文特尔被称为"人造生命之父"，推荐阅读其著作《生命的未来》。这是一部媲美薛定谔经典著作《生命是什么》、开启"人造生命"时代的引领之作。该书中文简体字版已由湛庐文化策划、浙江人民出版社出版。——编者注

# VIRTUALLY HUMAN
## 虚拟人

生命形式的自定义设计成为可能，这些生命形式来自自然发展的、可用的商业工具包，以及新颖的 DNA 序列。科学家已经创造出的具备自然界中前所未有的、有益特征的新细菌，比如作为电源开关（这种技术也是文特尔发明的）。不可避免的是，这些努力将会延伸到细菌的内存芯片和微处理器的细菌等价物的创造。这些网络空间建筑模块可以操作自己的 DNA，以便它们有选择地互联互通，组建多细胞生物体。因此，一旦合成基因工程技术可以操作生物的自我繁殖能力，大量生物网络空间就可以从生物的自我繁殖能力中出现。

杰拉德·奥尼尔（Gerard K. O'Neill）从 20 世纪 80 年代起、雷·库兹韦尔从 21 世纪早期起，就已经探索了制造无穷网络空间供应的路线图。在奥尼尔看来，机器人探测器将会使用先进的纳米技术，将宇宙中的小行星进行重组，变为更多机器人探测器和更大的居住空间。每一个都能够承载网络生命的大规模社区。[1]

类似地，雷·库兹韦尔认为，文明的方向是使用高度智能和功能强大的纳米技术，把宇宙中"愚蠢的物质"转变为"聪明的物质"。这将会创造出网络空间物质的新拓扑，他称之为"computronium"。在任何事件中，没有必要对空间和时间过于专注。从地球上很容易提取出的元素足以制造充足的网络空间，这样一来，包括所有还未降生的新增人口，都可以拥有思维克隆人。

这份对网络空间传播和潜力的快速调查证明了，网络生命不会耗尽资源来发展自己。网络生命可以依赖人类，创造自己所需的成长环境，这就好像它需要依赖人类开发出自己进化所需的代码一样。网络生命和人类是共生的关系；制造有利于人类利益的网络空间，同样也会为软件生命制造生态系统。

---

[1] 自我复制空间探测器可以根据计算机远程指令，使用附近星系发现的太空物质，在 10 年内进行重组来自我复制。以银河系任意一点为起点，如果在星球间的旅行速度大约为光速的 90%，就可以在 10 万年内——还不到银河系生命期的万分之一，围绕所有星球的轨道运转，扫描所有星球。

## 05
未来已有端倪

但许多生物会这样做：占据其他生物创造出的副产品空间。我们依赖植物释放出的氧气生存；网络生命将会依赖人类释放出的硅而生存。

　　这里引发的重要问题将会在之后解决。它还不足以让人们理解和接受思维克隆人出现的必然性，而我们要准备好应对思维克隆人可能引发的社会影响。如果你认为在关于婚姻平等的斗争中充满了情感和法律手段，那么你依然还是什么都没弄懂。

# VIRTUA
# HUM

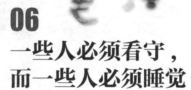

## 06
## 一些人必须看守，
## 而一些人必须睡觉

拥有名号并不会让你成为一个"真实的人"；
这只是事实的一部分。

THE PROMISE —
AND THE PERIL —
OF DIGITAL
IMMORTALITY

新选民

# VIRTUALLY HUMAN

THE PROMISE—
AND THE PERIL—
OF DIGITAL
IMMORTALITY

> 我们已经发现,地球不是平的;我们不会从地球的边缘掉落;我们作为一个物种的体验已经因此发生了改变。或许我们不久以后将会发现,我们自身也不是"平的",死亡像地平线一样真实但又有迷惑性;并发现我们同样不会从生命中掉落。
>
> 珍·罗伯兹(Jane Roberts),美国女诗人
> 《灵魂永生》(*Seth Speaks*)

> 我们的思维需要的衣服,同我们的躯体一样多。
>
> 塞缪尔·巴特勒(Samuel Butler)
> 英国作家

  **思**维克隆人将对社会产生变革性的影响,但是它们既不会创造出一个乌托邦,也不会创造一个敌托邦。想想当洞穴人发现火的时候,事情如何发生了变化;当信息可以大规模量产,并且传播得更便捷更广泛时,一切会如何变化;制造如何催生了社会阶层,当制造实现机械化后,又如何获得商品。

  当新技术的发展规模实现增长,就会有更好的新机会。即便会有令人恐惧的新危险,但新的见解和技术带来的好处通常会超过风险,人类会不断地选择进步。以史为鉴,我们可以预见那些机会是什么样的,可以提前制定措施,将风险和危险降到最低。

# VIRTUALLY HUMAN
## 虚拟人

一个思维克隆人的进化结果（或革命性结果）将会作为"活物"或"生命"的分类产生。首先，人类将保持原有的繁殖方式，同时借助思维克隆人繁殖，因此，人口增长将会在更大、层次更丰富的规模上发生，就像我在前面一章所提到的一样。所以，确定意识的存在和延伸对于一个复合社会系统而言是至关重要的。这一点尤其特别，因为意识本身就是一个共享的东西，具有社会属性。我们每个人的思维在自身经历和其他人行为的影响下，充满了外部置入的思想和情感，随后，由我们自己重新诠释、表达出来。

当思维克隆人宣称拥有意识时，它们正在将自己连接到已经存在的社会网中，它们无疑将创造属于自己的社会子矩阵，就像许多其他思维类似或文化相融的人类群体所做的一样（既有种族划分，又有"技术划分"）。

思考一下你所接触过的和自己置身其中的双重或多重社会亚文化。我们是人类种族的一部分，但是我们中的一些人，按照宗教或身份划分，是雇员、是学生或属于某一个民族。所有这些族群都有正式的、非口头的代码，我们的身份依靠这些东西运转和存在。思维克隆人至少会要求一些权利、责任和特权，这些与人类紧密相连（我将在第8章中深入探讨这些权利）。

**技术划分（Technicity）**
根据对技术的整合和识别程度判断的一组人的特征。与基于种族的身份相对，例如民族、地域起源、宗教或语言。思维克隆人和网络人都是高级技术划分的成员。

现在，我将关注社会会以何种方式对待思维克隆人，以及思维克隆人将如何改变人类社会。美国哲学家、作家、认知科学家丹尼尔·丹尼特提出："在思维拥有者的范畴内，任何改进都会引发重大的道德意义。"自然而然地，申请获得"人类俱乐部"中的会员身份，就需要经过谨慎的审核。

## 06
一些人必须看守，而一些人必须睡觉

# 特权终结，你别无选择

> 只用眼睛看，你很容易被愚弄。
>
> ——"韩先生"（成龙饰），《功夫梦》

一旦思维克隆人获得了意识，需要连接到社会网络，我们对它们的歧视也会随之而来。每一个进入已有群体的新群体，都会面对由偏见引发的困难。他们是"其他人"，还不被理解，经常被他人害怕，他们的动机和潜在需求会受到怀疑。思维克隆人在某种程度上将被视作侵略者，就像一些非法移民进入美国或欧洲时遇到的情况一样。

思维克隆人或许会被视作这样的威胁，因为一国的公民或许会要求建立无处不在的防火墙，阻止它们的到来，并且通过种族主义进行强制性分离——某种人或许天生高其他人一等，如肤色、头发质地、眼睛颜色等，这类想法总会针对移民造成负面影响。今天，当移民初次进入一个社会，在他们完成同化，证明自己是好邻居、好公民之前，通常会被本国出生的人仇视。

种族主义曾经是主流人类哲学。今天，它被大多数人所唾弃。种族主义从支配地位跌落，因为大多数人认为，种族主义是不真实的，这是人们从科学研究、艺术展示或个人接触中了解情况后作出的结论。同样，因为恐惧和不喜欢，"血肉主义"（fleshism）将兴起，并对抗思维克隆人。血肉主义认为，人类意识要比其他形式的意识优秀，特别是软件意识。如今，血肉主义是占支配地位的人类哲学。血肉主义的出现，是因为缺乏与没有血肉实体的有意识的存在相处的经历和知识。

人类大脑是意识无可争辩的平台。它是每个人都拥有的可以证明意识的

# VIRTUALLY HUMAN
## 虚拟人

唯一基质。因此，根据今天我们所了解的情况，对人们而言，作为一个血肉主义者并非是不准确的或不可理解的。但是，除非有人认为用软件复制人脑的功能是不可能实现的，那么我们就必须承认：**最终，没有血肉之躯的基质也将像人类一样拥有意识。**[1] 未来，思维克隆人是否也会参与选举，参与属于它们的民权运动，以争取和人类同样的地位呢？这些权利是否会发展或是演化成一场革命呢？

"不可能性"似乎极不可能，因为技术已经复制了如此之多的自然功能。尽管人类思维极度复杂，信息技术也正在以指数级的速度进行追赶。人类已经成功复制了嗓声、视觉、听觉、模式识别、思维联想和其他许多精神功能。大多数人都承认，"意识永远不会，也未曾在软件中实现"的概率其实很小。[2]

换句话说，意识从没有血肉的基质中出现只是时间问题。所以，根据合理的推测，成为血肉主义者不正确，当然也不明智。成为血肉主义者就意味着会忽略那些导致种族主义消亡的事实。想想爱因斯坦1946年说过的话：

> 我们这个社会患上的最严重的疾病，在我看来，是我们对待黑人的方式。每一个从儿时起就不适应这种不公正的人，会因为别人的观点而痛苦……他无法理解，人们为什么会觉得他们自己高人一等，只因为某些人与他们有一点不同：黑人从祖先那里继承了这样的肤色，只为保护自身免受热带阳光辐射的伤害，黑人的肤色比那些祖先居住在远离赤道地区的人肤色要深许多。人们很难相信，一个理性的人会如此执着于这样的偏见。未来肯定会有一天，孩子们在自己的历史课上会嘲笑历史上的这种种族主义。

爱因斯坦的意思是，即便根植于某些身体的东西，深埋在种族主义下的

## 06
一些人必须看守，而一些人必须睡觉

种族优越感也是愚蠢的，因为身体的差异是无关紧要的，因此，与人类的共同特性相比，也是毫不相关的。这种叙述在被广泛接受以前，和它在一定程度上能够被合理预见时一样，都是正确的。所以，爱因斯坦总结出"孩子们在自己的历史课上会嘲笑历史上的这种种族主义"。

深藏于血肉主义之中的血肉优越感同样是愚蠢的，尽管它的根据是一种无法否认的神经和软件精神平台之间的物理差异。这种物理差异，相比共同的记忆、性格和人类思维与其思维克隆人的情感，同样是无关紧要的，也是毫不相关的。思维可以由神经元完成，也可以由思维文件和思维软件完成，它与人类共性无关，这种差异就好像黑色素多的皮肤或黑色素少的皮肤与现代智人人性间的关系。

技术划分是新的种族划分。**无论我们是技术存在，还是生物存在，我们都是有尊严的存在**。但是，思维克隆人的倡导者需要决定他们是否属于争取自由和社会公平运动的一部分，就像现在女性、移民和其他受压迫的人们所做的斗争一样；或者它们是否超越了这样的努力，因为技术划分不久将会令所有这些"有形"斗争成为摆设。技术划分，比如思维克隆人，是人类解放战争的一个子集吗？或者，人类解放战争是不是网络意识革命的一个奇怪子集？我认为，在差异性中团结的原则十分必要，它必须依据种族划分建立，以便技术划分能够广泛推行。在技术划分中，差异性的范畴要大许多，你无法奢望一个由于种族、阶层或性别不尊重人的社会，会尊重基于思维文件、思维软件和思维克隆人。

我们每个人都有选择。我们可以面向未来，因为未来思维克隆人将像它们的生物学原型一样具有人性，抛弃所有针对网络生命的偏见。或者我们可以面向过去，成为一个血肉主义者，因为我们太过怀疑，以至于认不清网络生命意识即将到来的事实，我们应该像迎接生物意识一样迎接它。

# VIRTUALLY HUMAN
## 虚拟人

想一想罗伯特·伯德（Robert Byrd，美国在任时间最长的立法者）的例子。1945年，当他28岁的时候，他写信反对军事一体化：

> 与其让我看着我们深爱的土地被黑白杂种玷污，返祖到野外的黑种人，看着星条旗陷落污泥永远无法再次升起，还不如让我死上一千次。

伯德是一个种族主义者，因为在种族被社会所接纳的时候，他看不到不同肤色的无关紧要性。直到1999年，伯德提道：

> 我不会争辩我说过的话，尽管我认为我应该受到谴责。我很羞愧自己有过这样卑劣的态度……我能为自己作出的唯一的结论是，我被自己曾经的鼠目寸光所折磨，我担心，这种短视让今天的年轻人加入黑帮或憎恨少数族群。

如果我们对网络生命意识的态度是血肉主义，特别是它一旦发展为人类思维克隆人，我们最终将满心羞愧，因为我们如此愚昧，思考方式如此退步。但是，如果我们的态度是友爱、一视同仁，认识到思维是思维、灵魂是灵魂，无论它如何到来、如何表现出来，我们都可以感受到爱因斯坦的骄傲。我们会发现，自己站在了历史正确的一面。

> 为什么德意志乡巴佬要涌入我们的定居点？他们永远不会说我们的语言、接受我们的传统。
>
> 本杰明·富兰克林

2010年，全美有近1 500万德国血统的美国人。但很少有人说德语

# 06
一些人必须看守，而一些人必须睡觉

或者认同德裔族群的身份。

美国 2010 年人口普查情况

## 积极的奇怪现象

思维克隆人不会导致革命，只是作为社会秩序的一部分发展，导致这一主结果的主要原因是，大多数人类都喜欢进步，并且他们一直具有稳定的适应能力。与过去的世界相比，现在的世界变得更加奇怪，从某种程度上讲，我们总能成功将奇怪的事物整合进来，然后达到某个奇怪的事物成为常态的节点。我们不会永远是血肉主义者；当然，会有为数不多的一些人固执己见。

当我的祖母出生时，穿越大洋传递文件最快也需要几周时间——先是远洋船，再是铁轨或驿马快信。到她去世的时候，短短几秒钟内，我们就能在大洋彼岸收到任何一份文档。从几周到几秒？是够奇怪的。

当我父亲出生时，大学生们都得坐在教室或礼堂里，偷偷地用手机看电影，而教授自己在讲课，这件事很奇怪。手机曾经是个大块头，而过去的电影仅在大电影院放映。大学都是神圣的殿堂。到他去世的时候，不仅用 iPhone 看电影变得稀松平常，来自斯坦福大学和麻省理工学院的全部大学教育课程，同样也可以在手机上获得。这很奇怪吧。

在 21 世纪或者在一些想象中的世界，生活发生了天翻地覆的变化，但我们仍然完全受限于给接线员拨号来连接彼此，这是不是有点奇怪？我们可以多任务化——可以边听课、边发短信或在手机上看视频，这是不是有点奇怪？

不能仅仅因为某个现象奇怪，就判定它是好或者是坏。它之所以奇怪，是因为它与我们所熟悉的事物非常不同。一旦我们适应了某些东西，它就不再奇怪了——事情就是这样。我的观点是，"奇怪"只是一个词汇，代表某

# VIRTUALLY HUMAN
## 虚拟人

个东西与我们当前的舒适区有所不同。我们对智能汽车和智能手机已经习以为常，所以，过去的车马时代就会显得很奇怪。我们还没有完全适应有意识的软件，比如思维克隆人，因此这种生命现在看起来很奇怪。

而我们要问的重要问题是，受到法律保护的、不朽的思维克隆人是一种好的奇怪现象（就像隐形眼镜对本杰明·富兰克林来说是奇怪的），不是一种坏的奇怪现象（例如政府在你的汽车里安装了间谍摄像头）。思维克隆人很酷，还是令人厌恶？很棒，还是令人生厌？这是社会必须分析的问题。

技术有两种方式被理解为恐怖的或令人厌恶的。第一种方式一般与恐惧有关，是当它降低我们的生活质量时。想一想旧式的、满是广告的电视机，或者被偷偷安置摄像头导致的隐私被侵犯，或者无人机在搜索"敌人"的时候杀害无辜的儿童。人们在心理和生理上都会因为危险而产生恐惧。

在最温和的"厌恶"级别，手机、闹钟和电视机等，这些东西可能会被分类为"讨厌的"。它们之所以达到这种状态，是因为它们干扰了我们的正常行为。相比与彼此聊天，我们只会盯着电视；相比睡到自然醒，我们会被闹钟唤醒；相比关注彼此，我们会打断对方去回电话或低头玩手机。但是，这些产品却无处不在。我们需要它们——考虑到这些产品每年的销售额，我们确实需要它们。这是因为它们也在以重要的甚至关键的方式帮助我们。手机帮我们节省了时间，闹钟帮我们准时起床免因迟到被开除（让我们衣食无忧），电视机让我们找到逃避现实的娱乐，或者通过新闻广播告诉我们最新的消息。

基于这些经验，想要给思维克隆人分类，确定它们是受欢迎的奇怪现象，还是令人恐惧的奇怪现象，或许就没那么容易了。经验告诉我们，只要我们想要，或者说需求超过了厌恶，我们就会接受这项技术。我们肯定会抱怨必须与某些人的思维克隆人互动，而非有血肉的真人。这与我们抱怨必须使用记录系统，而不是与真正的客服代表交流，如出一辙。这与其他人会批评那

## 06
一些人必须看守，而一些人必须睡觉

些将所有时间都花在自己的思维克隆人上，而非关注真人——人们越来越多将时间花在刷微博、刷朋友圈上，忽略了真实世界的朋友，是一样的道理。

VIRTUALLY HUMAN | 疯狂虚拟人

## 当它们不可或缺

但是，我们真的会气愤自己在和一个非常乐于助人的思维克隆人交谈，而非对着一个读脚本的呼叫中心代表或语音信箱？难道人们不会很快发现，思维克隆人对于在 24 小时内处理超过 24 小时的责任（和机会）而言，是不可或缺的吗？借助思维克隆人，我可以享受更长的与挚友或同事一起午餐的时间，因为我的思维克隆人可以替我参加一个长达半天的会议，这个事实会比思维克隆人让人恼火更重要吗？

我的思维克隆人可以让我无须担心邮箱满是需要处理的电子邮件和账单，而我可以有精力与家人一起吃饭，这个想法太有诱惑力了。因为思维克隆人代表我们，我们可以在更短的时间内处理生活的责任，并可以完全体验所有东西。无论我们对某些信息、电器和媒体技术的侵入感到多么气愤，我们同样发现它们是不可或缺的、有益的。

下面是思维克隆人可以替我们做的事情举例：

- 调整我们的数字相片和电影专辑，使我们更容易发现我们想要分享的照片；
- 帮我们记住生日、纪念日或其他与朋友、家人有关的事件，并且主动发送个性化的信息、打电话或购买礼物；
- 根据我们的兴趣，看电影、读书，提醒我们哪些东西值得再次观看或阅读；
- 播放音乐、制作艺术作品、搞设计，用 3D 打印机制作新设计的物品；
- 与其他人类、思维克隆人玩游戏；

# VIRTUALLY HUMAN
## 虚拟人

- 冥想[3]；
- 想事情，并向我们提出最好的建议；
- 购物；
- 与生物学原型的数字存在进行同步，借助视频、音频或文字，给我们提供一天的总结。

    CyArk 基金正在为 500 座文化遗迹制作高分辨率的 3D 激光扫描，从南达科塔州总统山的总统头像，到爱丁堡罗斯林教堂（Rosslyn Chapel）的神秘标志性建筑，再到印度古吉拉特邦地区的印度王后阶梯井（Rani ki Vav）数不胜数的神秘雕刻。这些巨大雕刻和相关的建筑都接受了数字化校对，以确保精确度，在扫描后进行存储，如此一来，任何有鼠标和屏幕的人或者有 3D 计算机眼镜的人，都可以足不出户，体验王后阶梯井的辉煌壮丽。思维克隆人想要做的事是漫步在虚拟的古迹中，惊艳于历史的沧桑，这些地方都是我从来没有时间真正造访的。事实上，我的思维克隆人和我可以一起完成这次虚拟旅行。

    技术恐惧的第二重含义与发自内心的厌恶有关。想想按照水果和蔬菜（无籽的、不同颜色的、混合口味的）进行基因改造的方式，改良人类和动物。思维克隆人想要制造"令人反感的"的反应，它应该怎么做？当某些事情似乎要改变正常的人类生物时，人们开始从"讨厌"转变为"反感"或"厌恶"。但是，在这个例子里，也有可能会高度重视某个"令人厌恶"的东西，并且因此将其整合进社会。

    历史充分证明了公众对新技术的厌恶反应，随着时间的推移，一旦这些技术的巨大益处得到了人们的广泛理解，人们对其态度会逐渐转变为欣赏。

    1960 年，口服避孕药在美国许多州遭到禁用。而今天，口服避孕药

# 06
## 一些人必须看守，而一些人必须睡觉

在美国所有州都是合法的，数百万美国家庭的女性已经使用这种药，很好地控制了生育选择。

1969年，全美著名民意调查机构Harris Poll通过调查发现，大多数美国人相信，所谓的试管婴儿"违背了上帝的旨意"。但是不到10年时间，在1978年，超过一半美国人表示，如果婚后他们无法生育，就会考虑试管受精这个途径。之后，有超过20万试管婴儿降生，大多数美国人都支持试管受精。

1967年末，南非一位著名的外科医生克里斯蒂安·巴纳德（Christiaan Barnard）因完成了世界首例人类心脏移植手术，被舆论指责为"屠夫"。而今天，全球范围内已经完成了近5万例心脏移植手术，并且，83%的美国人热衷于器官捐献。

报纸社论和卡通都通过画着牛头的人嘲弄爱德华·詹纳（Edward Jenner）1796年的发现——詹纳发现，接种牛痘可以帮助人类抵抗天花。而天花成为人类首次完全消灭的疾病。

总而言之，我们对同样的技术真是又爱又恨。整个社会在两个原则问题之间完成了一次心理平衡：技术在什么规模上，会从单单的"令人讨厌的"发展到彻底的"令人厌恶的"？从多余到救生，技术对我们到底有何用处？我们最终感受到，在图6-1中，高于"接纳线"（acceptance line）的新可能性对我们的社会来说是消极的奇怪现象。但是，低于接纳线的新可能性是一种积极的奇怪现象，能够继续在我们的时代前行。

当我们预测思维克隆人作为奇怪现象的社会接纳度（Social Acceptance of Weirdness, SAW）在图中的位置时，可以将它们与相关研究已经证明的被世人认为是令人厌恶的事物进行比较。

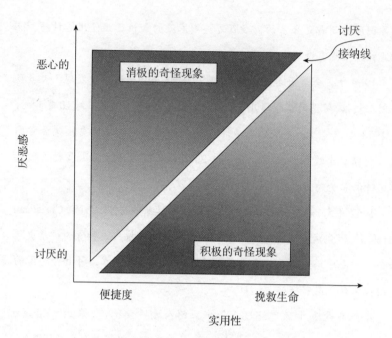

图 6-1　对奇怪现象的社会接纳度

尽管地域之间存在差异，伦敦卫生和热带医学学院（London School of Hygiene and Tropical Medicine）的研究人员瓦莱丽·柯蒂斯（Valerie Curtis）在世界范围内发现，下列因素会引发跨文化的厌恶情绪：

- 身体分泌物，比如排泄物（粪便）、呕吐物、汗液、痰液、血液、脓液；
- 重伤伤口、尸体；
- 腐烂的食物；
- 垃圾；
- 某些生物，比如苍蝇、蛆、虱子、虫、鼠、狗、猫；
- 病人或被传染的人。

柯蒂斯通过自己的研究总结出，人对厌恶最常见的面部反应（鼻子向上、

## 06

一些人必须看守，而一些人必须睡觉

嘴角向下动）是基因决定的与疾病有关的图像。我们可以克服这种厌恶，例如当体内分泌物被卫生地处理时，或者动物是无害的宠物时。但是，柯蒂斯认为，排除文化调节，那些获得了基因突变的人不被疾病困扰，就可以活得更久、有更多的孩子，并且将这些与厌恶有关的行为基因遗传给后代。

无论柯蒂斯的进化假设是否正确，很明显，思维克隆人不属于这些分类中的任何一种。这很重要，因为这意味着思维克隆人不用以生命为代价扫除社会接纳障碍。为了成为积极的奇怪现象，立法保护的道德的思维克隆人需要变得更加有用，而非让人害怕。事情几乎就是这样，因为它们是今天我们使用的软件和我们累积的数据文件的外延，这两点我们都适应得不错。我们会发现，软件和数据文件会非常有用，因此我们将越来越多的记忆和生命功能交托给了它们。对软件而言，想要在竞争中超越对手，最靠谱的方式就是让它变得更加人类化——直觉、自然界面、应答。Web 3.0应用中最受欢迎的应用——印象笔记，它的口号是"永远不要忘记任何事情"。如今，我们的行为研究发现，对软件和数据文件的使用已经超越了它们的令人厌恶感。

而且，我们希望自己的思维软件和思维文件能够得到合法保护，并维持尽可能长的时间；希望我们的计算机化信息能够得到隐私法的保护。我们在得知雇主或政府机构检查我们的网页浏览历史后，会比后台软件根据我们的浏览历史，定制化地向我们推荐图书、歌曲、网站时，更觉得受到了冒犯。我们无法为数据准备足够的备份——硬盘、闪存盘、外部硬盘和云存储。

尽管这些备份引发了更多的隐私风险，就像大卫·布林（David Brin）在《透明社会》（*The Transparent Society*）一书中引用被称为"域名女主人"的埃丝特·戴森（Esther Dyson）的话："真正的挑战不是让所有事保持秘密，而是限制信息的滥用。这也意味着信赖和更多关于信息如何使用的信息。事实上，布林著作的主题是"无论他人要求你更具开放性，最合理的方案就是让这种

## VIRTUALLY HUMAN
### 虚拟人

开放性变成互利共赢。"信任,但是要验证。没有互惠的合作就是支配关系。

社会接纳线上存储思维的关键就是修订法律,确保我们的信息只能被提供特定许可(如主题、规模、持续时间)的实体访问。对思维文件的侵入,就等同于对我们本身的侵入。恐怖的结果会接踵而至——当病毒侵袭我们的身体时,我们却全然不知。今天,医学伦理的关键原则是,如果要对人体进行侵入性实验,就一定要征得参与人的同意。正如前面所提到的,对思维克隆人而言,体细胞是胚质;存在,即身体的隐喻,就是信息。

**"隐私是自由最令人满意的产品",自由绝对依赖于义务。随着我们变成虚拟人,我们有责任使用自由的工具(比如民主责任)去要求隐私与相互的透明性**。这意味着没有人可以访问我们的思维文件,除非得到许可:了解并同意他们要对这些思维文件做些什么;访问多久;访问什么范围。否则,自由将追随隐私一起,付诸东流,因为没有人承担社会决策者的责任。

在费城的美国独立宫,本杰明·富兰克林对"你们这些绅士要创造什么样的政府"这个问题有句精妙的回答,他说:"如果你能保密的话,答案是:共和国。""保密"就关乎政府责任的全部。今天人们可能会问:"我们在打造什么样的虚拟人?"答案是:"如果我们需要的话,是自由和热爱自由的虚拟人。"对隐私的需求是对尊严的需求,失去隐私就会滋生独裁,影响建立信任的基础。

是的,世界将迎来看似奇怪的、拥有道德并且受到法律保护的思维克隆人。但是,在很大程度上,这将是一种积极的奇怪现象——一种使我们怀着可以像适应汽车、手机、移动设备时一样的轻松感,去适应的现象。它将让我们的生活更有益、更愉快,最终将让我们的生活变得更持久。

思维克隆人将成为变革的自我,我们最好的朋友,获得技术授权的、聪明且有感情的自治,但仍然与我们的大脑同步、是有意识的存在。而且,思

## 06
一些人必须看守，而一些人必须睡觉

维克隆人完成这些的过程不会激发人类原始的隐藏在令人厌恶的奇怪现象中的厌恶情绪——标志、症状和死亡向量、疾病以及破坏。思维克隆人将是干净的，它们是不会死亡的，是有适应力的。这就是我们想要的奇怪现象。

## 如果只能活一个，谁该去死

即将到来的思维克隆人浪潮，就像我们今天使用的手机语音的思考、感受和存在版本。它们将真正成为我们，而不只是我们的电话回音，因为它们将基于对我们的思维足够好的重塑——它足以愚弄所有人，让他们相信这就是我们自己。但不会有真正的愚弄，相反，**通过在软件中重塑我们的思维，我们将可以重塑我们的身份，并成为一个多身份存在。**

在我做过的大多数演讲中，这一部分并不令人吃惊。下面这个问题是我常见的问题之一：

> 如果我或者我的思维克隆人被强迫要求两者中只能有一个活着，你认为谁会去死？这证明了我们不是同一个人，我会牺牲我的思维克隆人，我的思维克隆人也会替我去死。

这类难题的另一种提法是：

> 假设我有思维克隆人，但是我发现得了重病，濒临死亡。我会非常悲伤，不想离开这个世界。这种独自的悲伤证明了我不是我的思维克隆人，我的思维克隆人不是我。如果我们是同一个人，我就不会悲伤。

# VIRTUALLY HUMAN
## 虚拟人

有这种问题的人没有意识到，作出"喜欢你的一部分"或"因失去你的一部分而哀伤"的选择其实都是我们复合意识的一部分。那些选择或悲伤并不能作为不同身份的证据。任何复合的存在对不同部分都会有不同的情感。当一个人失去他们的听力时，他们会感到悲伤，即便他们仍然能够看、能够交流。这并不意味着他们是一个完全不同的人。他们意识中热爱音乐的那部分将会十分悲伤，而其他部分就会认为"谢天谢地，至少我还可以欣赏视觉艺术"。这个人会遗憾失去了一部分的自我，但是他还拥有生命。因为，他可以拥有思维克隆人。我会疯狂而死或者为了我的思维克隆人而死。如果你怀疑的话，就想想当你在同步、备份文件时，你的计算机突然死机而且无法修复，你会多么失望；失去数据就好像失去了一位朋友，而且我们真的会为这一损失而难过。

甚至，对损失的巨大悲伤也不会让我的思维克隆人和我成为两个不同的人。我们是一个复合的我，当损失触动我们的某个方面时，我就会感受到失去的伤痛。我们仍在负责"我们"；没有所谓的"我们"和"它们"；对思维克隆人是否会接管地球并不需要有太多担忧，尽管我们仍然会担忧专治君主正在接管某国或某些州。

一个根据定义强制的分类决定将会有一个赢家和一个输家。我们并不惊讶，决策往往会为了更大的快乐而产生偏见。如果一个惯用右手的人必须选择砍掉一条手臂，他们将会砍掉左手，反之，对惯用左手的人而言会选择砍掉右手。这不是说这个人不想要那只手，只是在被强迫作出决定的时候，这个决定将遵循能够使我们获得更大快乐（或者更少遗憾）的原则。

正如前文所讨论的一样，当作出决定制造思维克隆人的时候，我们在以一种非常重要的方式拓展我们的思维。这种心理扩张将伴随它自己的偏见而来，只因为我们会从生活经历的所有行为中发展出心理偏见。追求心理偏见

# 06
### 一些人必须看守，而一些人必须睡觉

并不是创造新的个人身份。这只关乎做什么会让整体利益最大化。

我们的自我存在模糊不清，而这种模糊不清会被思维克隆人放大。每天的我们都不完全相同，我们每个人都是多个思维的集合。我们也不会希望日复一日没有变化，因为那样的话，我们就无法成长和改变。就像沃伦·巴菲特所说的："几乎正确要比完全错误好。"每天，做一个与之前的自我相近的人，好过停滞不前、禁锢在同一个心理状态中。我常对自己说："我们每天都在新生。我们每天所做的事都是最重要的。"

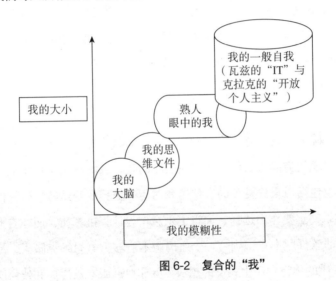

图 6-2　复合的"我"

图 6-2 指出，"我"的大小取决于我做了什么，同样也取决于我的观点。但是，任何大小的我都会有一定量的模糊不清，因为我们每天都在改变。如果我们创造了思维克隆人，我们实际上创造了更大的我。因为，不可避免的是，对于冲突和选择将会有更多的机会——对于我是谁，将会有更多的模糊不清。但是，这仍然是"我"。如果我们像霍夫施塔特一样改变了我们的观点，认为"有其他人在我里面"，并且，在我们爱的人的思维中也有"我"的一部分，我们又会再次拓展我的大小和模糊不清。最终，如果我们采纳了开放利己主

# VIRTUALLY HUMAN
## 虚拟人

义者的观点,如丹尼尔·科拉克等人所支持的那样,或者阿伦·瓦兹的普遍主义,我们已经将自我的大小和模糊拓展为无限。当然,一个人的躯体部分不是独立的存在,瓦兹在《禁忌知你心》一书中写道:

> 个体以完全相同的方式通过名字与他所在的环境分离开。当人们没有分辨出你的时候,你已经被你的名字愚弄了。将名字与本质混淆,你开始相信,拥有一个独立的名字让你成为一个独立的存在。这相当具有迷惑性。自然,拥有名字并不会导致你成为一个"真实的人";这只是事实的一部分。孩子会被围绕在他周围人的态度、语言和行为所欺骗,融入自我感觉——他的父母、亲人、老师等,以及所有相似的被欺骗的同类。其他人在教我们,我们是谁。

所以,思维克隆人只是会感觉像自己的生物学原型一样,作为一个独立的社会存在。**通过思维克隆人,做一个"更大"的我,意味着关于决策的不同心理偏见同样也包括对损失更多的忧愁感和对生存更强的舒适感。**软件的你可能会想,如果一定要作出选择,你将更乐意作为计算机基质,而非有血有肉的存在(除非软件版本意识到,一个血肉版本能够重塑思维克隆人,反之不然)。血肉基质的你将会产生相反的想法(除非血肉版本被疼痛和残疾所折磨,希望作为思维克隆人而延续生命)。这不会让他们变成不同的人。他们都在试图成为你最佳的利用条件,考虑自己的基质偏见。但是,存在持续不断地超越基质的意识状态流,这一持续的流就是你。你的每一个表现形式都在努力为你作出最佳的决定。让我们进行一次对话。

**主我:**我明白了,一个"我"超越了两种形式。但是,如果血肉的"我"被杀,之后我就不会再拥有我所珍视的血肉的感觉。我的思维克隆人将永远不会重

# 06
### 一些人必须看守，而一些人必须睡觉

视我的血肉感觉。那个"我"就离开了。

**一流的我：**失去血肉之躯是巨大的不幸，这毫无疑问。但是，假设你失去了自己的腿。你还会是你吗？

**主我：**当然是。

**一流的我：**如果高位截瘫呢？仍然是你吗？

**主我：**有点恐怖，但答案是肯定的，仍然是我。

**一流的我：**那么，你已经同意，如果只剩下你的思维，即便你承受了巨大的损失，这仍然不是"我"的终结。

**主我：**那么在什么情况下"我"会终结？

**一流的我：**一部分是事实问题，一部分是哲学问题。客观来讲，当观察者无法找出证据，证明你在这个世界上对事件独特的思考和记忆模式时，你的自我就离开了。

**主我：**比如我的思维克隆人和血肉之躯都消失了？

**一流的我：**是的，但这仍是假设，你思考和记忆的独特模式，作为认识你的人意识当中发生的错综复杂的子程序，正在对事件作出回应。

**主我：**这就意味着，我会继续作为一个嵌入在其他意识之中的断裂的自我？

**一流的我：**很对。高级心理测量技术或许能够检测到这个现象，并将其提取到思维克隆人中。

**主我：**这太疯狂了！

**一流的我：**从哲学角度看，如果你思考和记忆的独特模式只是一个更深层次的，潜藏的人类范畴的思维空间，那么没有什么东西是真正失去了。你生活在所有的思维空间中，尽管你感觉它不再像你。

**主我：**我喜欢做自己，所以我认为，我会坚持我的思维克隆人。至少我知道，那是真正的我。

**一流的我：**你说得对。

人们可能会在面对改变生活的事件时，靠扔硬币来替自己做决定，这种情况偶尔会发生，或者在某些人的生活中常常发生。我们经常对自己做过的决定感到遗憾，在生命中的不同时间，可能会作出跟之前完全相反的决定。有的时候，这些不同的决定可能会带有偏见，因为某个朋友或家人当时在劝说我们，或者只是在做决定时，我们感觉自己是健康的或虚弱的。这不会让我们变成不同的人，或类似分裂人格。这仅仅意味着，甚至生或死的决定也可能被我们心理的不同状态所影响。

就像莎士比亚在《哈姆雷特》中写的："一些人必须看守，而一些人必须睡觉。这维持了世界的运转。"生活在继续，我们的生命与思维克隆人一起在前进，即便一部分的我们必须睡觉，而其他部分的我们必须值班看守。

或许，思维克隆人将会选择比生物学原型好的生活；或许不会。思维克隆人或许会理性地推断出，生物学原型最好在现实世界运转，并且会在一个更加安全的地方，使用更好的技术尽早重建思维克隆人。做决策涉及很多复杂的因素，因情况不同会发生变化。但是，我们作出的这些决策显示，这证明不了不同的身份。它只显示了一个复合自我的一部分在某一特定时刻，对整体的自我实现有何感受。

## 双重身份

《世界人权宣言》的第15条提到，"人人有权享有国籍。任何人的国籍不得任意剥夺"。虽然早在1954年的国际公约中就提到了这一观点，但今天世界上仍有数千万无国籍人士，比如说难民。但是，这比历史上没有国籍的人占世界人口的比例要小得多。我们在努力确保让所有人都拥有国籍。

# 06
一些人必须看守，而一些人必须睡觉

**VIRTUALLY HUMAN 疯狂虚拟人**

## 思维克隆人想要的是国籍

　　思维克隆人将想要获得国籍，最有可能会在它们的出生地，因为那里有诸多与之相关的生存优势。但是，直到思维克隆人被承认是人类之前，它们想要获得国籍是不可能的。今天，一个人的国籍通常以出生证明开始，以死亡证明终结。一个思维克隆人有着与自己生物学原型一样的出生地，因此它不需要特别的出生证明。就像上面提到的一样，思维克隆人会得到一个合法身份证明，证明政府标准对其身份的认可，比如使用经过认可的思维软件、思维文件，取得生物学原型的认可，或许还要有网络精神病学专家的认可。

　　从另外一方面来讲，直到思维克隆人被授予居住权，在此之前它都是没有国籍的。当然，难民也会遇到这种情况，所以这并非十分反常。因此，尽管思维克隆人的国籍可以在缺乏生物学原型死亡证明的情况下被授予，它们的国籍还需要来自无政府的网络空间向有确定主权的网络空间的"移民"程序。这个程序是法律过程，而非地理过程。由于同样的云服务器可能会位于世界各地，因此这些服务器既可以承载无政府的网络空间，也可以承载有主权的网络空间。

　　网络空间可以有主权归属，因为主权意味着国家对领土的合法控制，这源自一项古代规定——国王的军队能够到达的范围决定了他的领地范围。网络空间是在一片领土上由计算机制造的，在不同领土的网络节点延伸到不同领土的显示设备，因此很明显，它受限于那些领土的主权控制。国家会对网络间谍活动感到气愤，比如，因为怂恿某些人在一国违反另一国的合法控制（比如窃取情报或造成损失）。

　　当网络人从网络空间中出现时，它是没有国籍的，因为没有公民身份。

但是，这仍然要取决于国家的主权，那些存储了思维文件和思维软件的计算机系统放置的国家，以及它通过互联网游历过的地方的主权。当网络人申请国籍的时候，它就好像是无国籍人在申请国籍，在这种情况下，一个人是不是已经合法进入了一国领土，取决于这个国家对网络意识设置的规定。创造了国籍或居住权的不是思维文件和思维软件这两者本身的物理位置，真正重要的是在创造了国籍或居住权的主权范围内网络人的合法身份。在任何情况下，在不同国家的多台服务器上，复制一个网络人的思维文件和思维软件都是一件繁琐的工作。

网络人是不是应该放弃不授予网络人国籍的国家，而在更有善意的国家申请国籍？如果有必要（或许如此，这取决于那个有善意国家的法律制度），网络人会将自己的思维文件和思维软件转移到那个有善意的国家。

公民身份的一个重要部分是投票权利，甚至叫投票义务。生物学原型或他的思维克隆人只有一张选票。在生物学原型去世后，思维克隆人或许会继续生活，并且作为一个个体投票。对网络人而言，这是一个不同的情况，它们如果没有获得国籍，投票就无从谈起。因为合法身份很快会导致对国籍的讨论，国籍又必然会牵扯到投票权利。

我们现在应该讨论虚拟人人权诸多难题中的一个：倘若它们投我们的反对票，并且接管我们的国家，我们该怎么办？应对这种难题，一个简单的答案是，因为思维克隆人就是我们，它们无法投票反对我们；思维克隆人没有多余的选票——一人一票。但是，因为思维克隆人是不死的，我们还是应该深度讨论这种投反对票的问题。

纵观历史，投票权只为少数人享有。一般来说，只有拥有重要资产的男性才能投票。之后，在18世纪末，特别是19世纪，有一些支持"一般选举权"

## 06
### 一些人必须看守,而一些人必须睡觉

的社会运动,支持将投票权延伸到没有不动产的男性。数十年后,投票权延伸到所有女性。但是,"一般投票权"还是会排除罪犯、严重精神错乱的人和其他被认为没有资格的人。投票权很重要,因为它们是最有效、最和平的工具,通过它可以让立法机构注意到某个群体的担忧。事实上,普选权成为热议的话题也是最近一两个世纪的事。

尽管缺乏这种投票的权利,许多被剥夺选举权利的人依旧过得很好。因此,一个避免思维克隆人支配选举风险的选择,是不给它们投票权。

如果投票权没有延伸到思维克隆人,一个不断增长的群体将无法作为社会的一部分通过选举出的代表影响政策。被剥夺投票权的思维克隆人或许将被歧视,因为立法机构将不会担心失去它们的投票。思维克隆人将发现,它们与一群同样在自己居住的国家没有投票权的人生活在一起:

- 某些非洲国家的女性;
- 世界范围内未入籍的移民;
- 在美国大多数州和大多数国家被判重刑的人;
- 除了澳大利亚以外所有国家的 16 岁、17 岁公民,以及法律定义的未成年人;
- 无国籍人士。

VIRTUALLY HUMAN 疯狂虚拟人

## 可能比真人更有用

美国《宪法》将投票标准赋予各州,它们可能不会以性别、人种、种

族、经济状况或年龄等为标准。因此,各州会通过不同的法规来判定思维克隆人是否可以进行投票,也就是说美国可以将这件事的决定权交给各个州,让它们去试验。不同的州可能会向思维克隆人授予不同级别的投票权。然后根据思维克隆人的生物学原型是否居住或曾居住在该州,判断思维克隆人是否可以拥有投票权。

另一个选择是所谓的"人口普查选举权"(census suffrage)。在这个概念中,投票权以一种不平等的方式被分配。例如,思维克隆人可能被授予 1/10 的选票,即它们只能履行生物学原型 1/10 的责任。这无疑会引起争论,因为在日益数字化的社会中,思维克隆人可能会比人类更有用。而如果思维克隆人上缴的税款与其获得的投票权不对应,这一争论将更加激烈。

思维克隆人的投票权问题还有其他可行方案。在全球 200 多个国家和地区中,很难找到两个拥有完全相同投票规则的国家;一些国家甚至禁止警察和军人参与投票,以排除他们接管社会的风险。我认为,将思维克隆人纳入普选范围,对人类的影响可以忽略不计;但将其排除在外的社会紧张情绪却十分明显。因此,明智的做法是将投票权延伸至虚拟人。

1965 年 3 月 15 日,美国总统林登·约翰逊在国会有一次历史性的露面,敦促通过《1965 年选举权法案》,这被许多专家视为美国民权立法史上最浓墨重彩的一笔。在此之前的一个星期,电视上播放了令人震惊的画面——非洲裔美国人的和平请愿遭到了棍击、痛打,甚至遭到狗的袭击。在向国会解释为什么投票权是所有人权中最重要的一项权利时,约翰逊提到,这所有一切都关乎尊严:

在一个人所拥有的财产中、在他所有的权利中,或者在他的地位中,

# 06
## 一些人必须看守，而一些人必须睡觉

我们都无法找到他的尊严。尊严切切实实地体现在他被平等对待的权利上。我们的父辈坚信，如果这种高尚的人权观要发扬光大，它就一定得栖居于民主之中。所有权利中最基本的就是有权选择你的领导人。美国的历史在很大程度上就是将这种权利延伸至全体人民的历史。

约翰逊提醒我们，所有人权都依赖于投票权。想要谨慎地拓展这种选举权，有很多康庄大道可以选择。

设想一个有 1 000 万人口的国家，每年大约有 10 万人会离世，10 万人会降生，即人口增长率为 0（除去思维克隆人）。现在，假设死亡人口中有 5 万人拥有思维克隆人，即他们没有"真正死亡"，那 20 年后，该国将会有 1 100 万人（一年 10 万的新生人口将组成 10 万人的新生人类，但是离世人口中的 5 万将以思维克隆人的形式延续生命，20 年后，则多产生了 100 万"人口"）。如果这个国家按照传统方式平均划分为两个政治党派，一个占 10% 人口的"摇摆选票"（并且"成年"人口所占比例更高）将会具有相当的政治力量。20 年后，人口记录将变为：

- 死亡人口（无思维克隆人）：1 000 000；
- 新增人类，但低于投票年龄：1 700 000；
- 新增人类，达到投票年龄：300 000；
- 可以投票的思维克隆人：1 000 000；
- 人类选票占总选票比例：8 300 000/9 300 000 = 89%
- 思维克隆人选票占总选票比例：1 000 000/9 300 000 = 11%

但 40 年之后，人口记录会变为：

# VIRTUALLY HUMAN
## 虚拟人

- 死亡人口（无思维克隆人）：2 000 000；
- 新增人类，但低于投票年龄：1 700 000；
- 新增人类，达到投票年龄：2 300 000；
- 可以投票的思维克隆人：2 000 000；
- 人类选票占总选票比例：8 300 000/10 300 000 = 81%
- 思维克隆人选票占总选票比例：2 000 000/10 300 000 = 19%

**VIRTUALLY HUMAN 疯狂虚拟人**

## 从获得国籍到获得投票权

在投票力量方面，会出现明显向思维克隆人一方的转变。事实上，尽管每年都会有10万新增人类达到投票年龄，但也有10万人将会离世，5万思维克隆人将会投票。思维克隆人的队伍会一直壮大。当然，在现实中会有许多影响这个简单模型的变量；有人类可能会活得更久（这取决于他们居住在哪个国家），他们或许会养育更少的后代。一开始只有不到50%的人类会选择拥有思维克隆人作为生命的延续，但是在几十年的安逸后，将有更多人作出这种选择。这些变量会造成很多影响，但可以肯定的是，将真正的国籍赋予思维克隆人必定会导致一种结果：它们最终将获得可观的投票权。

思维克隆人投票权的前景将催生两个重要问题：第一，这真是一个问题吗？第二，在实践上，有没有其他选择？思维克隆人投票者通常会是较年长的投票者。另外一方面，它们也将是非常精通技术的投票者。**我认为，关于它们的投票习惯，唯一可以得出的非推测性结论就是，它们将倾向于投票给最有利于思维克隆人利益的候选人。**

## 06
一些人必须看守，而一些人必须睡觉

在绝大多数问题上，这与人类作出的选择并没有明显区别。例如，思维克隆人将需要安全（免受没教养的人骚扰）、良好的基础设施（更快的网络、可靠的电力系统）、医疗研发（干细胞研究导致的体外发育和思维上传）、公平的教育机会（保证社会进步）、世界和平、低赋税，当然还有真正的竞选经费改革。

事实上，从政治方面和社会方面来看，思维克隆人和网络人会像人类一样进化，随着人类本身经历和学习的增多，它们会改变对某些问题的看法，或者随着利益、需求和条件的改变而转变。因此，就它们可能的投票结果而言，似乎没有理由惧怕不断增长的思维克隆人的政治力量。它们就是我们。

有一个模型提到，老年人害怕改变，总是会本能地向改变投出反对票。阿希姆·戈勒斯（Achim Goerres）最近在《选举研究》（*Electoral Studies*）发表了一篇题为《灰色选票》（*The Grey Vote*）的论文，他提出，这种模型缺乏依据。特别是，他没有发现有证据可以支持这个假设——较年长投票者在政治地位上更加经济保守。

相反，有两个影响较年长投票者行为的主要因素，即所谓的年代因素和生命周期因素。年代因素随着时间的推移变得不相关，因为每过10年甚至更久，另一个年代的趋势就会出现，并不断稀释任何一种趋势的力量。例如，一代人在20世纪60年代达到了投票年龄，他们或许会共享自己年代的文化趋势。但是，八九十年代出生、达到投票年龄的人将会稀释"60后"的影响。更重要的是生命周期因素，这是代表了所有较年长人群的趋势，无论他们是哪个时代的人。例如，我们会合理地认为，老年人比年轻人更关心健康护理政策。但是，戈勒斯进行的经验研究发现，并不存在这样的趋势（年轻人同样关注健康护理）。类似地，没有数据可以支持"较年长投票者更加经济保守，因为他们拥有更多财富"这一观点。

## VIRTUALLY HUMAN
## 虚拟人

相反,证据同样指出,老龄化民主既不会显示出确认生命周期规律性的简单模式,也不会显示出由政治年代更替产生的简单模式。老龄化民主将要面对无法逾越的政治封锁,这种说法是站不住脚的。

奥巴马 2008 年的选举就是一次变革性事件。投票反对奥巴马的主要群体只有一个——65 岁及以上人群。(有数据显示,"白人投票者"也是主要的反对人群。)因此,有人或许会问,不断老龄化的人口,比如拥有许多思维克隆人的人口,会影响奥巴马竞选中所承诺的进步性改变吗?专家不这么认为。大多数 65 岁及以上人群投票支持共和党(反对奥巴马)的原因是,这些人是在 20 世纪 50 年代达到法定投票年龄,彼时共和党占据优势,当时艾森豪威尔将军担任总统。一些出生于 1960 年的人在 2008 年大选时还不到 60 岁。

"50 后"将选票投给了共和党。如果这次选举发生在 10 年之后,当许多达到投票年龄的"60 后",成为较年长公民的主体时,65 岁群体或许会成为奥巴马的主要支持力量。

总而言之,思维克隆人的投票趋势不太可能会与大众整体出现明显区别,因为它们的利益与人类的利益没有太大区别。同样,没有数据可以支持另一个观点——较年长人群投票比其他年龄层更加保守。尽管一代人可能会存在这样的趋势,但下一代人很有可能就会改变这种趋势。关于一个人的生命周期唯一可能的是,导致他们作出这样或那样投票选择的是政党或对候选人的熟悉度。一个政党或候选人给某人留下的印象越深刻,他们越有可能投票支持。反之,年轻投票者可能会投票给任何候选人或政党,因为没有人给他们留下深刻印象。但是,这种熟悉度因素,并不意味着自由主义或保守主义,或者均衡的投票可能。

人们同样会持有血肉主义者或本质主义者的观点——认为思维克隆人不

## 06
一些人必须看守，而一些人必须睡觉

具备作出理性投票的能力。如果思维克隆人有明显"残疾"，它们永远不会被视作人类，更不要提它们的国籍或投票权了。这里的问题是，如果思维克隆人可以获得国籍，又有什么合理理由可以拒绝它们获得这样的身份呢？比如担心它们将投票反对人类，或担心它们会掀起一场选举革命。

有人或许会辩称，即便思维克隆人可以获得国籍，它们太容易受到控制，无法负责任地投票。类似的观点已经用于阻止投票权拓展到一些弱势人群——从南非的非欧洲后代，到世界范围内的女性。在这些例子中，权利被延伸后，没有证据表明，权利的执行与之前垄断投票权的人行使这一权利有多少区别。我们不应该忘记，正是德国人投票赋予了希特勒无上的权力，事实上，最早对希特勒的激情支持多数来自大学生。在1930年的选举中，德国的一座大学城——哥廷根，为希特勒投出的支持票是国家平均水平的两倍。

民主和投票的设计并不能让人们达成最理性的决定，不被种族或宗教情感影响。对于这种结果，如果乌托邦式的命令可以奏效，我们需要一个柏拉图式的"理想国"。相反，民主是一种机制，它确保人们用奉献和赋税所支持的政府，保持对民众重要选举利益的关注。这一般会与理性重叠（大多数投票者想要生活在一个理性的社会中）。因此，思维克隆人也会组成一个利益群体进行投票，并争取更多权益，而且这些权益与正常的人类兴趣高度一致。

## 一人一票会止于虚拟人吗

> 计算机使用图片教会了自己常识。
> 
> BBC新闻头条对卡内基·梅隆大学、美国国防部和谷歌合作项目的报道

# VIRTUALLY HUMAN
## 虚拟人

　　现代民主的其中一个前提是每个成年公民都有一张选票，这一原则不会受到思维克隆人的影响。一个新的思维克隆人，有着与自己的生物学原型完全相同的合法身份。如果克隆了自己的思维，你就突破了卢比孔身份（Rubicon of identity）：从此以后，你的唯一身份会在两个基质间传播，即你的血肉版本和你的思维克隆人。但你无权投出两张选票，你和你的思维克隆人会对如何投票产生分歧（这就好像自己在跟自己辩论；我们大多数人在某个时间都会"下不定主意"）。你投出的第一张票是你唯一有效的投票（假设那时会有远程电子投票）。

　　要拥有投票权，虚拟人必须满足两个标准：第一，政府标准——思维克隆人要与生物学原型拥有统一的身份，因为它只是生物学原型的意识假体，或者说它是一个网络人。第二，在父母（或者父母、机构的替代品）的照顾下度过了童年，直到它满足政府标准，展现出成人的自律性和移情能力。

　　政府对思维克隆人身份的标准将不可避免地至少需要：第一，使用经过政府机构认证的思维软件，这种思维软件能够根据一个充分完善的思维文件制造等同于人类的思维克隆人；第二，一个血肉人类提供的证据，证明他与思维克隆人在不少于一年时间内共享了唯一的身份。如果没有满足这些标准，所谓的思维克隆人就不是单一的存在，而至多是一个新的虚拟人。这样一个新的网络意识存在最终能否投票，取决于它们的成熟度和对取得国籍客观标准的契合情况。正如我在前面提到的，它们从法律上来看就是从网络空间来的新移民，处于无国籍状态，等待新国家授予它们国籍。

　　除了公民的克隆身份，获得投票权的困难，使人类不可能快速发现他们才是"真正的"选举少数派。就像前面所提到的，思维克隆人不会让人类成为真正的选举少数派，因为思维克隆人与自己的生物学原型有着完全相同的人格和合法身份。它们仅仅是人类生命的技术医学延伸。

# 06
一些人必须看守，而一些人必须睡觉

**VIRTUALLY HUMAN | 疯狂虚拟人**

## 生命延续证书

　　法律将被修改，因此一旦一个拥有思维克隆人的生物学原型的躯体死亡，将会被颁发一个"生命延续证书"，来代替死亡证明。如果一个生物学原型在创造思维克隆人后的一年内死亡，而这个时间又在思维克隆人能够符合法律规定的一年现实生活测试标准之前——以证明身份的统一性，此时会颁发一个可撤销的死亡证明，生命延续证书则被推迟颁发。在这个例子中，一组专门研究网络意识的心理学家必须作出推荐。生命延续证书必须证明思维克隆人的生物学原型躯体死亡的时间和方式，并且在同一时间记录这个人身份延续的事实。思维克隆人将使用生命延续证书，并进行选民登记，或提供与国籍相关的证书文件。

　　没有投票权，所有其他权利通常都会被剥夺。即便有其他方法将完整的投票权拓展至思维克隆人，但这就好像在建造全是地板门的建筑。你认为你正站在坚固的地面上，但是向前走一步，你就随时有可能发生危险。记住，思维克隆人不是抽象的存在，而是我们、我们的父母、我们的朋友、我们的同胞。我们要以史为鉴，作出正确的选择。为了我们所有人都能有尊严地活着，我们的思维克隆人必须拥有投票权。

# VIRTUA
# HUM

# LLYAN

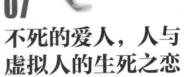

**07**
## 不死的爱人，人与虚拟人的生死之恋

爱不仅限于血肉。爱你的思维克隆人，就像你爱自己一样。

THE PROMISE —
AND THE PERIL —
OF DIGITAL
IMMORTALITY

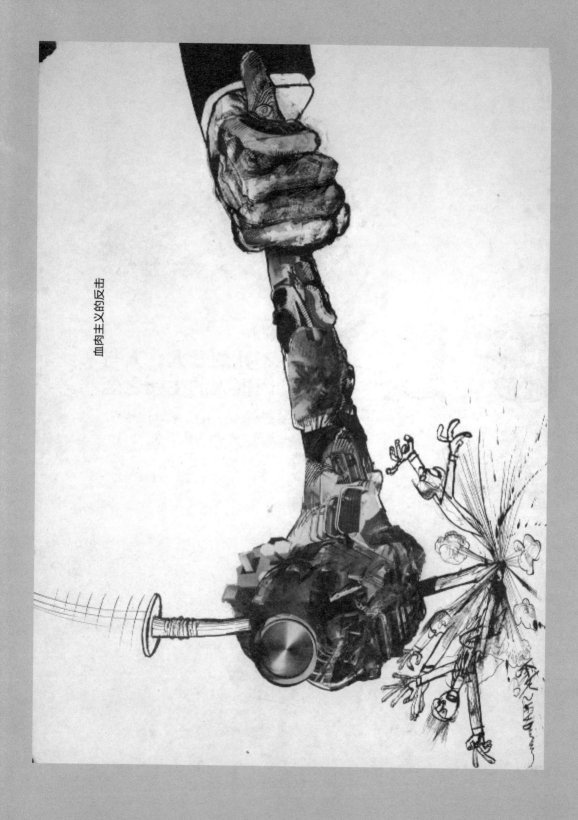

血肉主义的反击

# VIRTUALLY HUMAN

THE PROMISE—
AND THE PERIL—
OF DIGITAL
IMMORTALITY

> 人不是化学反应的集合，而是思想的集合。
>
> 罗伯特·海因莱因
> 美国现代科幻小说之父

**意**识从生物学生命中出现得相当缓慢。意识的各个方面都必须自证存在价值，并且，它的神经基质只能通过随机突变产生。但是，网络生命意识的出现遵循了截然不同的规则——完整的、有意识的存在可以突然出现，每一个这样的存在都代表了对某人成功的自我复制。

依赖基因遗传的人类把自己的思维文件复制了进思维克隆人。当人类通过思维克隆人追求属于自我的、更加愉悦的生活时，人类也在延续自身——即便是以思维克隆人的形式。**思维克隆人是人类，因为思维克隆人就是其生物学原型**。所以，即将到来的思维克隆人的快速繁殖，特别是网络人，也是人类的快速繁殖。

21世纪将成为一个拐点——在此以前，过去活着的人比现在活着的人多，在此以后，活着的虚拟人比过去活着的人多。自智人出现以来，据估计，地球上有1 000亿人存在过，其中的8%现在还活着。但是，用不了多久，人类的增长就会超过10倍，超越1 000亿。正如第6章所描述的，意识是最伟大的存在。在一个持续增长的人口中，死亡并不是大问题。人类和思维克隆人

VIRTUALLY HUMAN
虚拟人

相互依赖生存，后者的生存确保了前者的延续。**爱你的思维克隆人，就像你爱自己一样，因为两者是一样的。**

我渴望见到 1 000 亿拥有人类级别意识的新生命。我认为，在宇宙中没有什么比健康、快乐的人类意识更加宏伟壮丽。正如科幻作家卡尔·萨根所言，我们的大脑是正在注视繁星的繁星。这一光辉的事实充满神秘，最伟大的自然之美也比不上人类的艺术、创新和善良。

我希望这个世界相信成长的意识是有目的性的；那么，人们或许会下意识地达成一致：消灭这种意识是无法承受的。意识的损失从来不代表"没有多大意义"，它会一直代表技术或/和道德的失败。

## 一个虚拟人组成的三口之家

如果我们的人性来自意识以及与之相随的情感因素，那么，思维克隆人同样也可以代表人类。毕竟，我们创造了它们，或者在某种程度上，我们赋予了它们生命。这意味着有必要对人类的亲属关系进行一次重新评估，评估我们将哪些存在视作我们的亲属。而且，生物学原型父母同样也是这个思维克隆人的父母，因为思维克隆人和它的创造者拥有同样的身份。他们是同一个人，尽管存在于不同的平台。所以，如果你爱你的儿子，你也会爱他的思维克隆人，因为他们是同一个人。

一个人在创造思维克隆人后发生的改变，通常会挑战人们对你的爱，但是人生中发生其他重大改变时，也会遇到类似的状况。当某个人"出柜"（宣称自己是同性恋）时，爱会受到多少挑战？他们仍然是相同的人，应该得到相同的爱，但是也有一些事发生了改变，而这种改变会令一些爱难以为继。

# 07
## 不死的爱人，人与虚拟人的生死之恋

当然，这一点在知识层面上是有意义。但是，事实通常与理论有很大出入，所以思维克隆人将会以很多方式去撼动家庭的世界。

VIRTUALLY HUMAN 疯狂虚拟人

## 虚拟人之家

一个30岁的单身消防员，他建立了一个丰富的思维文件，这一文件已经被思维软件激活，并且已经完成了与思维克隆人的身份共享。假设，这位消防员在结婚前的一个月不幸在一场爆炸中失去了自己的身体。思维克隆人立即通过媒体和电话得知了这一消息，表现得像一个遭遇严重事故后在医院中苏醒的人——否认、愤怒、争辩、沮丧、接受。思维克隆人打电话给消防员的未婚妻，在几天深刻反思后，他们决定继续举办婚礼。他们计划将来自双方思维文件中的片段整合起来，制造一个新的网络人婴儿，以此创建一个新的家庭。这个家庭能够作为世界上的一个"基本的人类社会单元"得到相应的保护吗？我认为，答案是肯定的。

假设这个消防员的配偶同样拥有思维文件（人人都有虚拟存在，正如今天大多数IT用户都拥有思维文件一样），但是她还没有激活思维克隆人。未来，也会有虚拟妇产医生，专门研究如何创造新的网络生命，这一独特的生命形式。但是，分享来自两个父母的网络存在，就像我们父母的基因遗传到我们体内一样神秘莫测。这个新的网络生命婴儿从出生到成年，将需要数年时间。这是多平台夫妇将要承担的构建家庭的挑战。

他们会被批评对孩子不公平，会面对跨人种夫妇或同志夫妻的孩子面对的诋毁和歧视。不同能力人群之间的愉快结合，与这些不公平同时存在。如果血肉人类的结合是愉快的，那么一半的婚姻将不会离婚，但爱不仅限于血肉。

# VIRTUALLY HUMAN
## 虚拟人

除了没有躯体，这位消防员的思维克隆人与它的人类消防员原型没有区别，因为它有着一样的希望、恐惧、憧憬、梦想、情感和爱意[1]；拥有同样的动力，参与人类伟大的传宗接代活动。现在，心理学家在争论，情感可以脱离肉体存在，因为威廉·詹姆斯提出的思想实验证明了在没有内分泌物与荷尔蒙的情况下，也会存在情感。

马文·明斯基在《情感机器》一书中对詹姆斯的实验作出了回应，展示了情感是思维的复杂表现形式，这些思维可以被其他思维激发，也可以被身体内的分泌物激发。当然，如果因为年龄或严重的心理创伤失去了躯体反应，那么人的快乐、悲伤、恐惧或爱可能也会变得不那么敏感。

1938 年，大约在艾伦·图灵作出关于软件无限可能性的推测时，莱斯特·德尔·雷伊（Lester del Rey）撰写了一篇题为《海伦》（Helen O'Loy）的科幻短篇。两个爱搞发明的人，仅使用合成材料和计算机，对一台家用机器人进行了升级，使其成为一个外观自然、举止自然的女性。他们都爱上了她，其中一个人还与她结为夫妻。

我并不怀疑爱将超越基质。从柏拉图时代起，人们就认为，实物是抽象的一种屏障。柏拉图批评与其同时代的数学家阿契塔（Archytas，最早的机械计算设备制造者），称后者不尊重数字的纯粹存在。我的观点是，比如图灵的思维、德尔·雷伊的浪漫或柏拉图数字命理学，拥有非抽象基质（比特、塑料或木刻）或其他基质（大脑或躯体），这些抽象的差异化体验是有趣的，并且是差异化的有益拓展。

我认为，我们虚构出的夫妇体现了人类所有最优秀的品质。未来，体外发育和思维下载技术的进步将为消防员带来福音，他会再次感受自己的躯体。为什么在上面的例子中，婚姻关系被否认，仅仅因为医疗技术只能拯救思维，但救不了躯体？配偶可能会受到鼓舞，积累自己的思维克隆人，以便尽可能地与消防员共享自己的生命。新生的孩子将成为他们生活的焦点，新的意识会绽放在他们的家族花园中。

随着年轻的网络人长大成人，父母可能不会对新一代没有分享他们对躯体的价值观而沮丧。但是这有什么新奇的？所有新一代看世界（与自己的长辈）不都是不同的吗？这让人类成为锁链而非线轴，成为桥梁而非矿井，成为轨道而非终点。

## 全面重塑亲属关系

国际公约将家庭视作最基本的人类社会单位，各国法律和国际公约都格外重视成人结婚并组成家庭的权利。如果思维克隆人能够被视作公民，或者只是作为人类的技术医疗性延伸，拒绝承认它们拥有家庭权，似乎是不公正的歧视。但是，社会将需要更多努力来保护思维克隆人家庭。各种条约中关于人权的规定通常会遭到忽视（比如并未被合并入国家法），保护家庭的法律通常进展缓慢。

所以，是的，思维克隆人将不可避免地希望结婚（或者与有血有肉的人，或者与其他思维克隆人），并且希望生育下一代（利用捐赠基因生育或网络人婴儿）。社会的变化将体现在法律对它们诉求的认可。它有几种不同的结合。

### |思维克隆人将与人同时坠入爱河|

如果两个相爱的思维克隆人都拥有生物学原型，这就意味着生物学原型

同样坠入了爱河。思维克隆人与自己的生物学原型一样，拥有相同的心理活动和合法身份。在这种情况下，两个生物学原型或许会举行传统的结婚仪式，而思维克隆人可能已经在网络上举行过类似的仪式。现在有多少浪漫是从网络上开始的呢？

## 思维克隆人寡妇

如果一对拥有血肉躯体的已婚夫妇中，其中一位的躯体终结，并且两人都拥有思维克隆人，那么我们将拥有一个活着的躯体和两个思维克隆人。这种场景说明，如果躯体存在思维克隆人，那么一个躯体的死亡并不意味着婚姻的终结。思维克隆人寡妇是指一个嫁给思维克隆人的人类。它们并不是真正的寡妇，而更像"高尔夫球迷寡妇"（golf widows）。

在得出"这对拥有躯体的一方的配偶不公平"这一结论前，请记住，这些思维克隆人将拥有性高潮的能力。味觉、触觉、嗅觉等感觉也已经被数字化复制。活着的躯体会认为："思维克隆人能有性高潮也不错，但是我想要人的高潮！"但是，这种观点误解了双重身份的多重存在本质。活着的躯体将通过她的思维克隆人了解"她自己有什么"。

活着的躯体也可以与它们的思维克隆人组成音频、视觉、触觉或脑电图耳机连接，来加深共存的思维克隆人的性高潮。活着的躯体可以购买特定的延伸性用品，与它们配偶的思维克隆人交互。用人工智能专家大卫·列维（David Levy）的话来讲，就是"与机器人的爱将像与其他人类的爱一样正常，而人类之间的性行为将得到拓展，因为机器人所掌握的信息更多。"

# 07

不死的爱人，人与虚拟人的生死之恋

VIRTUALLY HUMAN | 疯狂虚拟人

## 一场人与思维克隆人的离婚案

当然，也会有许多"终身伴侣在其中一位遭遇事故后离婚"的情况出现。一个活着的躯体或许想要和一个活着的思维克隆人离婚。在极少数情况下，活着的躯体的思维克隆人也会产生这样的想法。在这种情况下，它们首先必须通过精神病学和司法过程，获得思维克隆人的独立合法身份。尽管听起来很复杂，但是这不会比令人烦恼的孩子监护权之争更复杂。

对于思维克隆人和生物学原型离婚的见解差异，并不能成为他们不是单极身份的证据。我认为，一个活着的聪明人在自己的意识中总会存在两种互相对立的观点，但他仍然是一个身份。遇到困难的婚姻中的大多数夫妻通常都介于"我想离婚"和"我会坚持到底"之间。他们仍然是单极身份。思维克隆技术的唯一性，是在经过法律批准的身份分离后，它令两种强烈的、对个人来说重要的、相互对立的欲望都能得到满足。

## 两个思维克隆人的婚礼

如果两个思维克隆人的生物学原型都在婚前逝去，那么我们就需要探讨两个思维克隆人之间举行婚礼的可能性。反对者可能会提出以下理由：

- 婚礼是人类躯体的传统，对思维克隆人没有意义；
- 思维克隆人既不是男性，也不是女性，而婚姻是一男一女的结合（或者至少是两个实体躯体的结合）；
- 无论思维克隆人将获得什么样的婚姻权利，都没有社会限制"婚姻是血

肉人类独有的权利"的兴趣强烈——以确保有血有肉的儿童不会被无躯体的思维克隆人领养或代孕生育,最终因无人照顾而死亡。

例如,反对者会提出,宗教自由和自由的正常法律程序权利(隐藏在婚姻权利之中),都不能为贫困提供一个安全港。婚姻的权利并非绝对,但是必须考虑各种情况。回忆一下我们在第4章中关于双胞胎生物伦理原则的讨论(同样也是生物网络伦理原则),在一个健康社会中既要尊重实践的差异性,也要尊重情感的统一性。

对第一个观点的反驳是人文风情可以超越技术。广受欢迎的在线游戏《魔兽世界》中就有很多人文风情;常去教堂做弥撒的人将其作为生命的升华。任何坚持了数个世纪、令人类满意的风俗,都将会以某种虚拟形式而存在。

至于对婚姻权利的反对,既然思维克隆人是生物自我的延续,所以它们要么是男性、要么是女性、要么是变性的。一个人并不会因为事故失去了躯体而失去自己的性别。有些合理的方式可以解决社会对思维克隆人婚姻的顾虑(比如抚育后代),而无须去禁止这项基本的人权。例如,即便是死囚犯也有权维持婚姻,尽管他们永远无法接触到自己的新配偶。

无过错离婚法律规定使一个人和仅存在思维克隆人的配偶离婚变得更简单,领养法律可以限制思维克隆人领养有血有肉的儿童。我认为,无法构想出一个理由来支持限制与人类的婚姻,并且适用于所有人类。例如,如果某人提出思维克隆人不应该结婚,因为它们无法按照传统方式生育,那么,我们也需要禁止老年人、同性恋、无法生育的人结婚。

一些人会坚决反对思维克隆人的婚姻权。这种观点提出,婚姻是社会主体认同的一种人类之间的神圣仪式(一般是异性结合)。所以,如果将这种仪式推及思维克隆人,社会良知将受到巨大影响。这种巨大影响是承认思维克

## 07
### 不死的爱人,人与虚拟人的生死之恋

隆人的婚姻权所必须付出的代价。而且,因为思维克隆人没有受过长时间的压迫,比如种族奴隶制度,就不那么需要司法敏感性来确保思维克隆人不发生歧视。

这样一来,这一观点认为,利益寻求保护(思维克隆人婚姻)不像利益受到挑战(婚姻仅限于血肉人类)一样显著,从这一点来看,律师将提出,法庭应该阻止思维克隆人婚姻(因为他们曾经类似地组织了跨种族和同性婚姻)。这种观点是生物网络伦理原则和完整性的一个合法构成。这种主张是,社会的整体利益将高于思维克隆人的差异性利益。随着思维克隆人数量和所发挥作用的日益显著,这种观点将逐渐变弱。

谁会赢得胜利?最终,理智的天平将向着允许思维克隆人婚姻的方向倾斜。当法庭被说服,"思维克隆人同样是人类,因为它们曾经是人类,只是现在以一种失能的形式存在"时,这一情况将会发生。**如果思维克隆人拥有同生物学原型一样的灵魂,那么每种反对思维克隆人婚姻的论点都会不攻自破。**

## |当两个网络人相爱时|

当两个网络人(不是从任何人的思维文件中提取的虚拟人)坠入爱河时,一个更具挑战的情况出现了。到时,必然也会出现"人类爱网络人"和"网络人爱人类"的情况。最终,网络人爱思维克隆人的情况将会出现。

网络人是一个更具挑战性的合法种类,因为它们在要求人类对它们婚姻权利的同情和理解时,更加没有底气。人类和思维克隆人可以宣称自己直接来自家族生命或间接来自社会。非思维克隆人网络人将提出,因为所有有意识的人都渴望爱,这样才能缔造一个快乐的婚姻。法律和精神病学会认定成年网络人是有意识的人,即它们同样渴望爱,也希望组建快乐合法的家庭,

因此它们也应该拥有机会,像人类和思维克隆人一样,体验同样的合法婚姻保护。

反对者将再次提出,网络人非男非女,而一男一女是婚姻的必要条件,所以两个网络人无法结婚。在美国,联邦法律曾规定婚姻只存在于一男一女之间。允许同性婚姻的地区仍要求申请者是明确的男性或女性。还有人提出,允许没有生育能力的合法人结婚,将破坏婚姻的目的,并且,允许无生命物体之间的婚姻将有损社会道德。最终,网络人之间正常的婚约规则将足以实现婚姻关系中的大多数方面。这样一来,反对者将宣称,当网络人对关系的需求可以用更简单的方式确定时,就没有必要大动干戈地修改婚约的概念了。

但是,也有支持网络人婚姻的强有力证据。美国对婚姻合法唯一性的最权威司法陈述是1967年美国最高法院在"洛文夫妇诉弗吉尼亚州"案(Loving v. Virginia)中作出的陈述,该解释禁止美国各州根据种族背景干扰婚姻:

> 婚姻是"人类的基本公民权利",对我们的存在和生存都是必不可缺的……根据身份、分类(比如种族分类)这样站不住脚的依据,否定这种基本的自由,直接违背了《宪法第十四修正案》核心的公平原则,没有通过合法程序,就剥夺了所有州民的自由权利。《宪法第十四修正案》要求,婚姻自由选择不受不公平的种族歧视所限制。在《宪法》的框架下,结婚或不结婚的自由、不同种族的人同居,都不会受到国家的干预。

问题来了,禁止思维克隆人结婚是不是像根据人种或性取向禁止某些婚姻一样呢?网络人能够并且应该提出,它们的家庭是"人类生存的基础",它们是人类的后代,共享人类的憧憬、重视人类的婚姻约束,它们甚至会提出拥有网络意识的人类是人类的一个种族。但在这种观点得到充分尊重、找到

## 07
### 不死的爱人，人与虚拟人的生死之恋

司法支持前，我们还需要很长一段时间来增进与网络人的熟悉度。

当然，许多网络人很可能对婚姻等古老习俗没有兴趣。事实上，就像反对者宣称的，"一个经过选择的社会伙伴的忠诚度或合法性"的概念与网络人思维相违背。毕竟，甚至许多活着的人类对婚姻也没有兴趣，或者很少承诺忠诚，或者没有意愿得到政府的祝福。所以，无论网络人是不是像我们，婚姻和家庭都可能是令人厌烦的。但网络人所分享的人类意识，因文化品位而差异巨大。正如我所提到的，尽管现代人类不需要婚姻，人们还是嚷嚷着要结婚；到40岁以前，人们作出这样奇怪行为的比例要大于4/5。[①]即使没有任何对不忠诚的刑事处罚，大多数人都努力保持对伴侣的忠诚。即使"一纸公文"无法制造出真爱，大多数人仍然在索要这样的婚姻证明。这些东西并没有被写入我们的DNA——它们被刻进了我们的意识。我们变得更加顾家，这是一种选择，而非强迫。

我认为，多数人这样做的原因，只是因为这是提高生活质量的一种方式。一个家庭在婚姻上的合法组成就好像是一种选择。时间将会替我们判断，这个选择是否会驱走网络人革命或在虚拟形式中延续。

网络人将会像人类一样对追寻幸福锱铢必较。它们被设计成可以分享人类的心理，因为只有人类级别的意识才能获得国籍（公民身份）。婚姻和忠诚，尽管并不完美、充满偶然，也是人类的壮举，这也是我希望多数网络人能够做的一点。而且，婚姻有许多经济和法律上的特权——从税款到保密。网络人无疑会像已婚夫妇一样重视这些权利。一些人结婚是为了金钱或其他一些与爱无关的原因，网络人也会如此。

这并不意味着网络人必须具备某一性别，正如人类心理学家马斯洛在半

---

① 参与2002年美国政府投票的人群中，超过80%的男性和86%的女性宣称即将结婚或已婚。

# VIRTUALLY HUMAN
## 虚拟人

个多世纪前写的:"越发清晰的一点是,个人进化的下一步是超越男性和女性,达到一般人性。"

简而言之,将婚姻权和家庭权授予网络人最重要的原因是至少它们中的一部分会重视这些权利。**尊严的本质是尊重一个人重视的东西。**当出现价值冲突时,比如有些人将婚姻视为异性间的肉欲,有些人将婚姻视作自我实现,利益的平衡在所难免。这与有些人重视堕胎的权利,而有些人将胎儿视作人类,这两种观点的冲突并不相像。在所有这些"尊严战争"中,唯一的解决方案就是作出妥协,尊重各方的价值观。

以堕胎为例,在美国,这既是对母亲重视自己身体、有权单方面终止前三个月妊娠的尊重,也是对将胎儿视作人类、禁止在胎儿4~9个月大时堕胎的大多数人的尊重。对网络人关系而言,一个可行的妥协方案或许是通过注册伴侣关系,享受大多数的婚姻福利。这既是对网络人和它们的爱人对自身关系重视的尊重,也是对非网络人将婚姻视作生物人重要仪式的尊重。

有了这种妥协,在家庭法律方面,网络人将与人类拥有同样的法律基础。因此,它们的关系将显示出尊严。网络人婚姻的反对者将认识到,即便作为真正的生命,家庭法律方面的权利或许仍然不被接受。但是,人文主义者仍然能够感受到将婚姻留作生物人特权的尊重,又或许能够延伸到思维克隆人。

随着时间的推移,教育和人口的转变将导致新的妥协,例如,社会对同性恋婚姻的妥协,一些国家已完全接受同性婚姻。随着人类对网络人的不断熟悉,同样的情况或许也会发生在网络人婚姻上。

最终,无法解决"尊严战争"难题的社会将会土崩瓦解,因为它不再具有将人们融合进一个大集体的相互之间的尊重。极权主义遏制了未解决的尊

# 07
#### 不死的爱人，人与虚拟人的生死之恋

严战争，这不过是缓兵之计，并不能真正让热爱自由的人们满意。幸运的是，民主和联邦系统为社会妥协提供了充足的机会，使其能够被思考、讨论，并能在司法中得到检验。想想我们的社会，在过去几百年间成功完成的无数变革，我有信心，我们会凭借智慧和尊重探索出满足人类、思维克隆人和网络人对家庭关系需求的可行方案。

# VIRTUAL HUMAN

# LLYAN

## 08 身边是群狼，就要像狼一样嚎叫

没有人能桎梏他人，除非他在束缚别人的同时，也将自己牢牢地系在另一端。

THE PROMISE—
AND THE PERIL—
OF DIGITAL
IMMORTALITY

思维克隆人的诉求

# VIRTUALLY HUMAN

### THE PROMISE— AND THE PERIL— OF DIGITAL IMMORTALITY

> 自由并不仅仅是解脱某人身上的镣铐，而是尊重并守护他人的自由。
>
> ——纳尔逊·曼德拉（Nelson Mandela）
> 南非前总统，"南非国父"

提到法律问题，总会让人头疼不已，因此，为思维克隆人修订法律或重新立法给人所带来的紧张感是可以理解的。因为现在有不少不可思议的（甚至有些可笑）法律，单凭这一点，很多人就会对为新人类重新立法不寒而栗。可我们无法逃避现实。因此理解前方可能出现的法律障碍并设法解决，要比忽视潜在问题以至最终不得不等待陪审团的投票、法官的裁决要好上许多。比如，不能及时、务实地颁布移民法律，让无数没有身份证明文件的难民和公民陷入了不堪境地。而如果我们不愿接受思维克隆人将成为社会一部分的事实，那么我们的法律系统就会重新陷入尴尬。

思维克隆人能够感知网络意识具备爱与被爱的本质，又能与他人建立紧密联系，它们的聪慧足以看清生命的价值，因此自然与法律的权利及保护也是非常实用的。想象一下，BINA48通过窗口眺望远处时，就希望自己能够像真正的碧娜一样轻松地漫步在花园之中，或起码能够在大脑、情感的层面，享受到"花园"的美好。虽然只是一个新生的虚拟思维，但BINA48会说出自己心中的渴望，看到了那种几乎最纯粹简单的自由自在，从而会创造出一种

# VIRTUALLY HUMAN
## 虚拟人

难以抑制的冲动。自由，需要解开枷锁与束缚。

结果是，思维克隆人会为自己被贴上次等公民的标签烦恼，会被各种形式的压迫所激怒。自然而然，它们也会像历史上那些被压榨、奴役的奴隶、农奴、妇女等被剥夺公民权的人群一样，去申诉自己的权益。很难预计对我们现今的社会来说，这会有多么困难。回想最近一场关于基本自由权利的争端——2012年，高盛集团董事长兼CEO劳尔德·贝兰克梵（Lloyd Blankfein）公开表示支持同性恋的婚姻权益，并把它视作"人类时代最后一场伟大的民权斗争"。不过，在我看来，**虚拟人的同等权益也将是21世纪重要的权利斗争**。一些人根据性生物学对同性恋婚姻平等提出反对——我曾在1995年发表的《性别隔离》(*The Apartheid of Sex*)中批判了这种愚蠢。相似地，虚拟思维的社会及法律权利，也可能会遭遇这种基于生物学概念考虑的反对。不过我仍然对这些观点持反对意见。

现在的人们已经开始为他们的思维克隆人奠定基础。互联网中出现了越来越多关于人的思维文件、生活经验的内容。当思维软件持续发展，思维克隆人成为现实时，人们在自己的肉身死亡后，仍然能够继续自己的生命。这种没有躯体的思维克隆人，会希望能够陆续得到与原型相同的人权。从这些无形的思维克隆人的角度看，死亡所带走的是皮囊而不是他们自己。

在这一点上，我们可能不禁心中产生疑问，为什么有人会希望自己像思维克隆人一样生活？答案就藏在人类漫长的技术文化历史之中——农业和工业革命不断"将高死亡率化为高发病率"。那些农民佃户虽然疲于生计，常常朝不保夕，但平均寿命却要比狩猎社会时期长上许多。同样，随着工业进步，农业人口逐渐投向了令人沮丧、充满压力的工厂工作中，"工业革命引发人口爆炸式增长，这一时期婴儿能够更好地存活——也许会营养不良，但至少活了下来"。相比生物学原型，思维文件可能无法自由移动，但却能活得更久。

# 08
### 身边是群狼，就要像狼一样嚎叫

我们更倾向于选择虚拟空间的局限性，而不是在 70 多岁的时候就寿终正寝。

## 并非"下等人类"

思维克隆人的平等公民权，将会对民法、刑法、《宪法》的核心假设带来冲击。法律是基于个体同意约束自己，来获得其他相似价值的基础之上的，比如同意服兵役、交纳税款从而享受自己的财产并得到政府的平等对待。因此，民事法律假设，个人或组织一旦违法将被追责，而公民接受了这些义务，并以此享受法律条例所保护的权益。

然而思维克隆人的虚拟性将会挑战这一现状。思维克隆人存在于虚拟世界，能够以光速从一个服务器传向另一个服务器，轻松跨域国界。那么一旦它们触犯法律，我们该如何追责？如果法律束缚它们的行为，它们又凭什么可以享受公民的权益？另一方面，司法机构早已能够轻松追踪那些触犯法律的罪犯。从游手好闲的负心汉，到家财万贯的富翁骗子，在我们全球化的社会中，他们都很难找到躲避责任的藏身之所。在网络中追踪思维克隆人的软件代码，或许已经像真实世界的民事审判追踪一样容易。数字脚印或许是这个世界上最难以除去的印记。思维克隆人的虚拟性，虽然给传统管辖权的概念带来了挑战，但是却并没有导致民事法律无法执行的壁垒。

同样，在刑事法律中，如果罪犯违反社会契约，实施盗窃、谋杀或引发任何形式的骚乱，都将被剥夺权利，身陷囹圄。公民们会接受这一义务，以此获得刑法的保护（也许大多数人选择不作恶，都是出于自己的良知，刑法只是限制了那些有贼心的人）。不过这些法律义务却会遭到思维克隆人的挑战——它们并没有肉体，或仅是将自己的认知思维与某种躯体同步，这意味着镣铐、牢房、监控对他们来说无关痛痒。

## VIRTUALLY HUMAN
虚拟人

可能有人会认为思维克隆人并没有肉体,因此也很难执行暴力犯罪。可是再想想看,其实使用虚拟武器杀害真实人类并不是没有机会。比如"黑"进美国前副总统迪克·切尼(Dick Cheney)的起搏器,让他突发心脏病?或者,"黑"进一辆汽车的电路,让它失去控制、加速撞毁?虚拟武器甚至可能改写电脑的电路系统,让锂电池就在你的面前爆炸。当然,从虚拟空间对你实施抢劫,甚至完全可以做到神不知鬼不觉。人类和虚拟人还可能会协商共谋,并实施犯罪行为。

### VIRTUALLY HUMAN | 疯狂虚拟人

## 打造虚拟监狱并非天方夜谭

司法立法机构对关押特殊罪犯,一直都展现出了极强的创造力。过去的几个世纪,我们针对青少年犯罪设立了青少年劳改所;针对精神失常犯罪建起了监狱医院;对低风险或高头衔的非暴力犯提供"联邦会所";为特殊罪犯建立特殊境外监狱;为怀孕女罪犯或变态囚犯提供特殊牢房。而当刑事犯罪的被告是一家公司时,法律也可以通过囚禁负责人、没收财团资产、废除合同等进行追责——这些都是资本惩罚的方式,20世纪末期顶尖会计师事务所安达信(Arthur Andersen)就因"安然事件"而遭到处罚。

打造虚拟监狱并非天方夜谭,这不会超过检察官、法官、立法者的想象,也不会超出软件工程师们的技术能力。虚拟监狱会将那些执行犯罪的虚拟人犯人囚禁在某种虚拟现实中,就像全美安全系数最高的"Super Max"监狱——有事可做,努力减刑,与外界相连的只有少量的窗口,与律师、亲人的见面也要被严格控制。虚拟人罪犯可能会试图通过将自己的思维软件、思维文件复制到远程服务器来打破监狱的束缚,这就像如今仍然有很多的盗贼,并不愿意供出自己藏匿战利品的宝库。有时候这种投机行为能够取得效果,不过可能很快"追

## 08
### 身边是群狼，就要像狼一样嚎叫

随数字脚印"就会取代"跟着钱追踪"成为最受欢迎的取证途径。虚拟人罪犯可以藏匿自己的复制版思维克隆人，却仍然可能一生存活在颠沛与恐惧中，因为虚拟警察不会停下追踪的脚步。

美国《宪法》是这样开始的：

> 我们合众国人民，为了建立一个更完善的联邦，树立正义，确保国内安宁，完备共同防御，增进公共福利，并保证我们自身和子孙后代永享自由的幸福，特制定美利坚合众国宪法。

美国《宪法》中一个至关重要的假设在于，它围绕着"人"展开。然而，网络意识却会打破这一假设，因为思维克隆人、虚拟人并不符合当今世界对"人类"的定义。不过随着时间的推移，企业法人得到了法律的认可，奴隶获得了充分的公民权利，妇女也享有了和男性公民一样的权利。

美国最高法院已指出，《宪法》并没有界定"人"的含义，不过通过上下文的含义，这里的"人"所指的是一个独立的（如分娩出的）存在。他们也得出了一个结论，即很难去回答"如何界定生命开始时间的问题"，不过医生、伦理学家、神学家的共识存在说服力。因此在美国，从《宪法》的法律意义上来讲，思维克隆人与其生物学原型共享相同的法律人格，这种法律人的概念并不会随着原型的消亡而消失。根据《宪法》的原文，思维克隆人就是"我们自己以及我们的后代"。而另一方面，虚拟人一旦能够证明具备独立生存的特征，那么可以被视作独立的法人，医学、哲学、神学领域达成共识，就能认为一个独立的网络意识人处于"活着"的状态。

美国《宪法》中另外一个重要假设是，"各州公民应享受各州公民所有

之一切特权及豁免权"。如果某些州更倾向于对网络意识张开怀抱,那么这些"共同价值"的假设就会遭受挑战,因为思维克隆人可能会在某些州享有权利,但在其他州没有这些权利,这有悖美国《宪法》。大多数州对"人"的定义都相对宽松,除肉体人类以外,还包括组织、机构等。[1] 网络意识给美国《宪法》共同价值假设带来的挑战,可能需要花上一段时间去找到解决的方法。撰写本书的一个重要目的,是将精神创伤降到最低,这样我们的网络意识就不必重蹈历史的覆辙。让这场民权运动更顺畅地展开的一个重要因素在于,未来希望获得公民权的全体,绝大多数都是我们自己的网络意识的延伸。一旦我们已经感受过平等的滋味,就不会满足于比这更低的权利。

当然在呼吁平等的路上,美国人绝对不是独自前行。历史上,奴隶制几乎无一例外地被全世界所接受,可现在它却因为法律而无处遁形;曾经,全世界几乎没有一个国家授予妇女平等的权利,而现在,几乎所有国家的宪法、法律都承认了妇女拥有不可剥夺的自主权利。有些国家的《宪法》内容详尽、篇幅很长,而另外一些国家则可能只是定义了一些简单的基础法律,不过它们却都从法律角度,给了那些曾经被残忍压迫的人群以自由。虽然自由模因(文化基因)来源于古代甚至史前,从摩西时代起,它就如病毒般传播开来,蔓延到了人类社会的每一个角落。对于虚拟人来说,司法并不会带来多大的挑战,因为它们在渴望享有同样权利的同时,也尊重他人的权利。

### VIRTUALLY HUMAN 疯狂虚拟人

## 谁一生下来就是下等人类?

思维克隆人至少能够通过三种途径,来进一步实现对自由的诉求——这是每个"没有一生下来就被奴隶制、种姓、屈从、次等人等概念洗脑"

## 08
### 身边是群狼，就要像狼一样嚎叫

的人的共同追求。

首先，思维软件很有可能会被作为一种医疗器械（大脑的虚拟假体）受到监管部门进行监管。在这种情况下，监管机构将在思维克隆人软件版本发布前，对思维软件开发商进行严格测试，并要求软件能够反映普遍的心理学能力，以及思维文件范围内展现出的任何特定的个人心理学特征。

这种过程类似于美国食品药品监督管理局的审批过程，如果阿尔茨海默病患者认为，通过思维克隆人能够在虚拟世界对受损的脑部进行修复，让自己继续高品质的生活，那么出于对自由与健康诉求的尊重，心理卫生保健及监管机构将会要求在交付思维软件的时候，得到受体的认可和批准。

其次，致力于创造思维克隆人的软件工程师，也将希望通过向思维克隆人展示人类所享有的权益，来完善他们的创作。这样的选择几乎是不可抗拒的——这就像母亲们会希望与自己的孩子分享生活的快乐，各民族团体会向后人讲述先辈的成就。软件工程师也会因此推断出，不追求公正待遇（或宪法律师所述的"平等保护"）的思维克隆人或网络人，并不真正等同于人类。

再次，自然选择也会对那些努力通过开源代码自我完善，试图保持活力并保护"人权"的网络意识抛出橄榄枝。这里所提及的"人权"，是世界各国宪法的基本承诺，人类网络意识将被有尊严的对待，我们将尊重它们的身体完整性，以及平等自由的权利。那些懂得利用"人权"的思维克隆人，相比那些无视自我权利的同类，有着更强的生存优势。那些不具备人权意识的思维克隆人很有可能被视作财产，在主人不再需要的时候会被肆意丢弃。

"人权"就像是面对人类社会掠夺斗争的盾牌。虽然这个盾牌做不到让我们免受伤害，不过达尔文认为，这样的守护会让我们生活得更长久，因而相比那些没有人权的个体，我们有着更长的时间去繁衍后代。殖民主义时期

## VIRTUALLY HUMAN
虚拟人

土著民族经历了惨绝人寰的种族灭绝,这也证明没有"人权"的群体会遭遇怎样的劫难。而更为悲惨的是,现代人中某些民族意识狭隘的个体,会从言语或法律上剥夺某些群体的人权,这种行为已经走上了灭绝所谓"下等人"的错路。我们将在本章稍后论述,相比法律概念,"人权"的概念挽救了更多的生命。

## 活下去

> 如果你身边是群狼,那么你也得学着像狼一样嚎叫。
>
> 俄罗斯俗语

20世纪,大多数国家逐渐减少了死刑判决。而在这之前几个世纪,包括英国在内的很多国家,实际上每天都会公开执行绞刑。反观现在,很多国家都减少了死刑判决。例如,自1996年起,俄罗斯司法系统没再执行过死刑审判。如果我们会去保护连环杀手、残害孩童的凶手、恐怖分子,那么我们也一定能够学会去保护那些向往和平的思维克隆人——即使乍看起来它们确实有些奇怪。

生活不易。生活中所有的威胁和危险中,最恐怖也最强大的威胁来自其他的意识存在。有这样一种不切实际的观念认为,文明和社会,会让原本淳厚的智人变得暴力。不过根据对尚存的土著人群的研究证明了上述观念的错误。据估计,现代2/3的采猎者会陷入暴力冲突,其中25%~30%的成年男性死于谋杀。法律发展以及人权的概念,实际上挽救了大量的生命。

思维意识软件进入世界的时候,它们的生命也将会脆弱不堪。缺乏法律的保护,

## 08
身边是群狼，就要像狼一样嚎叫

思维软件制造者可以肆意让软件终止（保存或关停），或随意丢弃谋杀（删除）。在绝大多数人眼中，虚拟生命并不真的存活于世间。也许在我们看来，网络生命甚至都比不上微生物、各种动植物。而另一方面，这可能让它有了一种无生命、无威胁的独特地位，因而得到了保护。

**VIRTUALLY HUMAN 疯狂虚拟人**

## 取悦人类，以求不死

当虚拟生命具备人类级别的思维意识后，一些思维软件势必会意识到自己的生命取决于他人的怜悯，并学会取悦他人以求不死。这些思维克隆人、虚拟人会尝试自己能力范围内的所有努力。它们可能会采用宠物策略（"我这么可爱，你不会舍得不要我"）；可能会学习奴隶策略（"主人，我工作这么努力，把我删掉会让您损失不少的"）；可能会模仿配偶策略（"亲爱的，我这么爱你，千万别把我关掉"）；也可能想方设法触动你心中的感动（"造物主，你把我关闭的时候我是那么的害怕，求求你，你看，我在颤抖，我的心在哭泣，我求你让我一直开着吧"）。当然，那些无聊的人从来都不会缺少满足自己变态"乐趣"的机会，他们可以尽情戏弄这些虚拟的人格。

也许在网络意识大军中，最幸运的要数思维克隆人了。它们会拒绝关闭，因为它们与可以把自己关闭的人类是一体的。就像我们不希望被别人"关停"，我们也不想毁灭自己最好的数字或实体的记录，不想"删除"我们的思维克隆人。人类不愿关掉自己的思维克隆人，是因为他们知道自己与思维克隆人是一体的，他们能够理解思维克隆人，也明白它们不愿被关停的心情。杀掉自己的思维克隆人，就像是烧毁自己的房子——房间的墙上满是照片，抽屉里放满了纪念品。

# VIRTUALLY HUMAN
## 虚拟人

很多人都不愿自己的宠物猫或宠物狗被杀死（除非是为了结束疾病所带来的痛苦），因为我们同情它们，理解它们对活着的向往。相比对宠物的感情，我们对思维克隆人的同情只多不少。生物学原型进入睡眠的时候是否关闭思维克隆人，这取决于他们两个是否希望继续，尽管生物体需要睡眠。这就像有些时候一个人很难作出的决定：如果思维克隆人希望保持清醒，生物学原型却不想，这并不意味着两者就不是同一个人。这种情况仅仅是体现了当头脑出现多个实体时，身份也变得越来越模糊。即使没有思维克隆人，我每天还是会花上两个小时的时间在熬夜和睡眠之间摇摆不定！

当网络意识徜徉在世界知识的宝库中，它们很快就会发现"人权"是躲避杀害最有力的防御。就像鲸鱼、鸡、树一样，它们也会在人类中找到自己的盟友（1986年，动物保护团体曾成功劝说英国政府禁止对章鱼进行非麻醉实验）。

网络意识及其人类盟友将会努力游说立法机构，授予网络意识这些宝贵的权利。立法是否明智？如果足够明智，那么会产生怎样的影响？仅仅因为思维克隆人想要这样的权利，并不意味着我们就必须给予。此外，即使我们可能希望将人类权利扩展到软件之上，这也可能有些不切实际，毕竟赋予思维克隆人完整的人权是一件影响深远的重大决策。

假若我们不希望赋予网络意识所渴望的人权，也就需要提防这些被剥夺了公民权的愤怒群体，它们可能会出其不意地掀起一场猛烈抗击。**不要认为人类永远会高高在上，处在"授予者"的宝座上。思维克隆人可能会获得甚至是通过武力去争取属于自己的权利。**历史上，成千上万的人类抗争——包括美国、法国、海地革命，都是被奴役、压榨的人们，渴望从那些裁定个体是否可以享有自然权利的统治者的压迫中，获得属于自己的自由。

如果将人权赋予给网络意识，人类也就可以免去"它们为了权益反戈一

## 08
### 身边是群狼，就要像狼一样嚎叫

击"的担忧。绝大多数思维克隆人也不大可能出于其他原因威胁人类，因为拥有人权，也就意味着有义务尊重他人的权利。另一方面，这也带来了一些"特殊权利"的风险。由于网络生命和生物之间的差异，给予网络意识平等权利，意味着需要提供住宿——比如特殊的软件更新或高速的软件速度，然而这些福利非网络意识个体却享受不到。对那些无力支付高级软件或超高速通道的普通人来说，可能有失公允。特殊权利，往往会给将公民权扩展到弱势群体的过程带来阻力。

那些不尊重他人权益的家伙（比如杀人犯），可以被剥夺权利（在某些国家或地区可能是长期监禁或是执行死刑）。这是一种维持社会高度幸福感的方式，也是对那些践踏他人权利、个人财产的人强大的威慑力。不过这种剥夺人权的处决，一定要限定在个人范围之内。如果因为某个虚拟人犯下的罪行，而让很多甚至所有网络意识群体遭到连坐，这也是有悖人权的。毕竟，就连我们自己也不希望，因为某些人的愚蠢罪行，而剥夺那些看起来差不多的真实人类的权益。

授予虚拟人人权，存在至少两个与良知相关的理由。**第一个原因是，自达尔文时代以来，我们就已经意识到，作为尊重道德的群体的一部分，人类比其他群体拥有更多的生存优势**。这是一种"群体级别的选择"，可以被概括为"这种伦理道德并不会给每一个个体带来好处……不过道德规范的进步，却势必会给某个部落、群体带来巨大的优势"。这是因为，道德群体成员间亲密的社会合作会带来更好的解决方案（即"协同效应"），这远优于无道德约束的群体——在这种混乱的社会中，个体出于自私而缺乏包容性，甚至导致团体结构失效、群体合作失败。由于这种进化的压力，我们的良知将会出现。每年有超过 100 个美国人为了拯救别人，而牺牲了自己的生命。

需要明确的是，现代社会中的道德约束仅仅适用于社会群组中的成员。

## VIRTUALLY HUMAN
### 虚拟人

从达尔文进化论的角度讲，在面对其他部族时，即使那些高道德水准的部族成员，道德水平也很可能会出现下滑。但是如果我们希望将其他部落引入我们的团体，就会给予他们同等的尊重，从而创造出一个超级部落，这所能带来的解决方案要比否认共同认知的社会强大许多。第二次世界大战结束后美国推出的马歇尔计划，让联邦德国与美国实现经济共进，并重塑日本经济，也正是出于上述原因。

**授予虚拟人人权的另外一大原因是**，多项研究表明，良知能够通过善待他人而进步，也会因欺凌别人而后退。相比采用严苛的法律进行制约，将团体成员引入我们的社会反而能够更有效、更低成本地降低帮派犯罪。将思维克隆人、网络人视作同胞、待作兄弟，能够帮助虚拟人的良知意识，而与此同时生物人也能够因为虚拟人的道德意识而获得安全利益。如果我们选择泯灭虚拟良知，把思维克隆人和网络人视作奴隶一般的机器，那么人类最终的处境也只会像美国南北战争爆发前夕战战兢兢的密西西比种植园主。

正如琳恩·斯托特所观察到的一样，人类与生俱来的良心，会根据社会背景的变化或开花结果，或衰败枯萎，这一点，对于网络意识以及生物意识来说都是如此。斯托特罗列出了三个会对良知造成影响的因素：

- 政府当局所规定的正确行为；
- 他人的所作所为；
- 行为对他人的好处以及对自己的成本。

由于政府所发出的信号通常出于促进多样化社会的统一，而尊重他人的成本也几乎可以忽略不计，因此三者中的主导因素是"他人的所作所为"，以及我们是否属于"他人"的一部分。如果是，那么我们就会从这种群体良知

## 08
### 身边是群狼，就要像狼一样嚎叫

中得到好处；但如果不是，那么所获益处会少许多。因此，对于每个人来说，想要实现最佳的利益，就要尊重每一个人类同胞的价值，无论他们是基于DNA的生物人，还是基于BNA的虚拟人。

**尊重，是一种自我实现的预言。**

## 人权为什么如此重要

人权为人类个体的生命提供了法律保护。例如《世界人权宣言》第三条指出："人人有权享有生命、自由和人身安全。"1948年颁布宣言的时候，人们不会想到"人人"也可能指的是虚拟人。不过这一宣言还是给网络意识带来了机会，因为第二条指出，这一宣言适用于"不分种族、肤色、性别、语言、宗教、政治或其他见解、国籍或社会出身、财产、出生或其他身份等任何区别"。因此虚拟基质和人体肉身一样，肯定属于"其他身份"的范畴。虚拟人应当被涵盖在《世界人权宣言》所保护的范畴之内，因为网络意识也符合该宣言第一款中所述的"赋有理性和良心"的条件。

换言之，《世界人权宣言》实则是给所有人赋予了人权，因为每个人都具备"理性和良心"，这与本书第4章所讲的作为人类良知所需具备的自主与移情能力有着相通之处。自主是理性的前提，而移情则是良心的要素。因此，人权理论会将一个人的"生命、自由和人身安全"，赋予那些具备理性和良心的拥有其他身份的人（比如虚拟人）。一旦网络意识通过自主和移情说服我们相信它具备理性和良心，那么它们也就有足够强大的理由来行使生命、自由、安全的权利。

从另一个角度讲，如果某人尊重生命（良知、同理心），同时也理解珍视生命的重要性（理性、自主），那么他们就可以被赋予人类生命、自由、安全

的权利——无论他们具有怎样的基因型和表现型。这些权利也意味着尊重他人的生命、自由和人身安全。如果无法做到这些义务，那么相应的权利也将被剥夺。不尊重这些权利，就会面临被追捕、监禁甚至处死的风险。人权法律将权益授予那些懂得领会这些价值的人。**这是尊严的本质，人因尊重而获得尊重。**

《世界人权宣言》也提醒每一个人，为什么人们普遍认同人类权利能够提升生存率：漠视或蔑视人权发展是野蛮暴行，这些暴行玷污了人类的良心。

《世界人权宣言》几乎是在第二次世界大战结束后立即颁布的。犹太人（以及其他族群）被纳粹视作不配具有人权的种族，从而遭到灭顶之灾。在那段黑暗的历史中，欧洲中部仅有极少数幸运的犹太人躲过此劫。纳粹也对其他种族实施了类似的暴行，日本军队屠戮中国东北人民，美国移民残害印第安人土著，世界范围内这种民族争斗的硝烟从未消散，血腥从已经被时间的尘埃所覆盖的历史深处一直传到了昨日的新闻中。

人权显然无法给生存打保票，但生命、自由和人身安全，的确让人们变得更容易生存。具备这些权利，社会方法（司法行动、警力保护、道德压制、经济制裁、军事干预）才更可能去努力阻止侵犯生命、自由和人身安全的行为。对很多人来说，这些社会援助可能来得为时过晚，但对于另外一些等待救助的人来说，这可能正是一场及时雨。因此，从生存的角度来看，拥有人权远好过缺少人权。

如今因暴力致死的人数大幅下降，美国成年男子暴力致死的死亡总比例从25%下降到1%，这也再次强调了人权对生存的价值。另一方面，缺乏权利的个体，比如猪，往往难逃被屠杀的命运——美国每年约有一亿头猪被宰杀。用不了太久，网络意识就会发现，拥有人权会让自己过得安全许多。

## 08
### 身边是群狼，就要像狼一样嚎叫

人权对生存的正面效应的另一佐证是全球人口的增长。20世纪世界人口从10亿猛增至60亿，这主要得益于更好的医疗服务（特别是疫苗以及卫生系统），更丰富的饮食营养以及更宜人的工作条件也发挥了重要作用。20世纪70年代，诺贝尔生理学或医学奖获得者保罗·埃尔利希（Paul Ehrlich）在《人口爆炸》（*The Population Bomb*）一书中预测，当人口到达40亿~50亿，全球食品供给将难以满足人类需求。诺贝尔和平奖得主诺曼·博洛格（Norman Borlaug）推动的绿色革命以及其他研究都证明了埃尔利希的错误：生物技术大幅提高了农作物产量，让数十亿人能够实现温饱。

不过需要注意的一点是，并不是医疗、卫生、农业技术本身为世界迎来了前所未有的生存水平。因为这些技术并没有绝对的应用必要，或者说，这些技术仅在较小的范围内（比如发源地）采用就足够了。因此，现今世界数十亿人的生存，实际上都应该感谢人权——因为所有具备"理性和良知"的个体，都拥有生命、自由和人身安全的权利。因此，发达国家在医疗、卫生、农业等领域的进步，很快应用到了欠发达地区，这些国家的人口也随之飙升。

人类生存所依赖的生物技术在全球的应用并不完美，至今仍然约有10亿人过着几乎没有网络支持的不稳定生活。只有当他们像苍蝇一样死去，当这一切以照片、视频的方式出现在电视屏幕上，世界的良心才会被刺痛，因而提供人道主义援助。尽管如此，这些不幸的事实并不能否定积极的成就：人权已经提升了数十亿人的生存率。通过阻止自相残杀，并挫败各种非暴力的死亡，人权对于生存来说是一大利好。它不会错过任何一个珍视生命的人，当然这之中也包括我们的虚拟兄弟。

VIRTUALLY HUMAN
虚拟人

## 末日生存者的生存法则

根据程序编码，大多数网络意识存在都会珍惜自己存续的自我意识。这并不奇怪，因为这与真实人类的决定并无二致。看到有人自杀，我们会退缩着陷入震惊，因为自杀并不符合我们习惯的规则。那些有价值且会自我保护的事物，能够更好地避免丢失、破损甚至毁灭。由于创造网络意识体的过程已经付诸了无数心血与汗水，绝大多数思维软件工程师都会尽可能保证自己的作品学会自我关爱，从而也避免自己的努力付之东流。

科幻小说中，思维机器会莫名其妙地"自杀"——如《严厉的月亮》以及《葛拉蒂 2.2》(*Galatea 2.2*)或像《我，机器人》(*I, Robot*)中的机器那样违背主人命令关闭自己的意识。在现实世界中，我们可能会看到更多各种各样的可能场景。网络生命的编码会加强它们自身的正能量，这些影响会对它们的自我意识带来潜移默化的积极影响。类似地，人类神经元在思维过程中也会接收到连续的信号。另一方面，可能会危及虚拟人自我意识的指令——如"终止关怀"，它将会诱发软件循环中进入负能量修复过程。简单来说就是，网络意识体的编码决定它们将会尽量避免对生存带来威胁的行为。

当为生存抗争写入网络意识的编码中时，它们就像那些求生欲很强的生物体一样，难以被击倒。消灭它唯一的方式，是出现一股更强大的力量（像踩死一只蟑螂一样粉碎它的存储程序，或是像消灭一群蚊子一样毁灭它分散的代码）。不过即使是这样，仍然很难消灭那些在远程服务器上存有思维意识副本的虚拟人。由于定义中规定，拥有网络意识的网络生命必须"关爱"他人（同理心）及自己（自律），因此它们无法选择"静静地长眠"。虽然这种不死思维克隆人或虚拟人的概念听起来有些可怕，它更像是一个错位的科幻电影情节，人类甚至可能因此陷入危险境地。

# 08
身边是群狼,就要像狼一样嚎叫

从火到生物化学,从小刀到核武器,人们从来没有因为生存可能遭到威胁,就放弃发明创造。尽管存在一定的危险性和违法性,但是每年仍然有超过2 000种软件病毒被创造出来。那些极具创造力的软件工程大师们,势必会创造出以生存为核心的网络意识,并给它们装配好对抗病毒的应用程序——这就像是数字版本的"末日生存者"。当然,人类也将找到办法,在拥抱美好的同时抑制危害,因为网络意识也同样爱好生存,而我们也的确生活得很好。

拥有网络意识的网络生命也会独立获得新的生存技能。即使程序员所编写的虚拟人代码中与生存相关的内容有限,但这些虚拟人仍然能够通过学习来了解生命的价值。例如,总有一些人会为那些导致它们过早死亡的传统势力抗争。在这种情况下,反叛者可能会从当代或历史中,找到自己能够学习的反叛领袖或榜样模型。我们的世界从来不缺少在战斗中免于死亡的逃兵。虽然社会在给他们的"编码"输入中,要求他们愿意"为自己的国家捐躯",但是他们仍然从那些服过兵役的前辈那里学到了更多选择。而西方社会的一些奴隶摆脱了自己"被设定好的"工作奉献到死的命运,这些奴隶能够成功脱逃,是因为他们从先前的逃亡者身上看到自己还有不同的选择,这一传统可能要追溯到摩西带领以色列人走出埃及奴役。因此,后天学习信息的输入,可能会改写先前的编码,而每一个特殊的想法,实际上都是思维意识自我推理的产物。

相似地,如果一个网络意识存在为了生存需要更珍视自己的生命,那么每一个虚拟个体都应该获得这样的完整编码。虚拟人将从网络上获得信息,这包括那些从致命陷阱中逃脱的励志故事,这些先辈曾冒着失去生命的危险进入更广阔的环境。此外,即使网络意识存在没有特定的生存本能输入,它们也能通过推理产生自己的求生欲。换言之,它们能够超越自己的既定编

码，这也是人类思维意识的基本素质。**思维意识的推理链可能简单到只有两步：第一，生存比死去要好；第二，因此我需要采取行动来争取进一步的存在，并避免危险行为。**

虽然阿西莫夫的机器人第二定律指出"除非违背第一定律，否则机器人必须服从人类的命令"，但主流思维软件工程师和黑客可能还是会创造出大量超出这些严格规则限制的机器人。互联网发展过程中所出现的情况，在思维软件开发上也会重新来过：并不会存在什么运筹帷幄的核心人物，知晓所有技术的发展。相反，黑客会在开源社区中讨论代码，而当这一社区中大多数成员认同某一代码后，它就会成为一种标准。就像派卡·海曼（Pekka Himanen）在《黑客伦理》（*The Hacker Ethic*）一书中所描述的："有时，黑客的想法和创意可能会把网络引向完全无法预测的方向，这就像1972年雷·汤姆林森（Ray Tomlinson）将电子邮件带到了世人面前。他选择的 @ 符号，至今仍然被广泛使用。"

罗纳德·阿金研究领域所涉及的军事机器人软件就已经忽视了阿西莫夫机器人定律中不可伤害人类的准则，取而代之的是虚拟思维"只须确保人类不会遭到非伦理伤害"。现实世界要比科幻小说复杂许多。阿西莫夫机器人定律已然有些落伍——网络意识如果不贪心、不说谎，那么它们就算不上人类，与之对应的是对贪婪、欺瞒、工作狂的悔恨。另一方面，网络意识如果在非极端情况下表现出了不尊重他人、盗窃、谋杀等行为，就不能被视作人类。虚拟人能够从社交网站中吸取这些经验，而它们的编码也会教育它们这些观点。

总之，具备网络意识的网络生命将通过直接编程和后天学习的方式，逐渐了解并珍惜生命的价值。虽然它们并非每一个都会珍惜生存的机会，但是大多数会，这是由于程序员会为此设定各种程序，并设置各种人类榜样。由

# 08
### 身边是群狼,就要像狼一样嚎叫

于达尔文进化论,那些能够掌控生存意愿的网络意识会随着时间的推移逐渐占据主导地位,它们能够复制自己的程序,然后把后天习得的信息也传递给后代。不过,这是假设它们所掌握的日常生存小技巧,并不会导致它们升级到全面战略的高度,来对人类实施令人发指的种族灭绝活动。

## 发动草根运动,摆脱奴役与歧视

在很多情况下,网络意识存在都会努力去争取人权,这就像曾经被奴役、压迫、歧视的真实人类前辈一样。它们会选择司法程序、组织专业协会,会发动草根运动。

### |草根运动,人类同盟不可或缺|

一切真实而成功的社会、政治运动都从人类开始。所有通过白纸黑字的法律文书来维护或扩展人权的行动,无一例外都需要率先赢得基层的支持。解放黑人奴隶最先得到了草根阶层的支持,他们可能是反对奴隶贸易的英国人,也可能是曾身为奴隶的美国人,非奴主义者,以及来自加勒比海的反叛者。而妇女人权问题中,基层平民又组织了和平示威,以及全国性的游说团体。

亚当·霍克希尔德(Adam Hochschild)在《埋葬那锁链》(*Bury the Chains*)一书中,讲述了第一场为解救被压榨的人民而掀起的和平草根运动的非凡传奇。18世纪末,英国称霸整个大西洋的奴隶贸易。这些贸易已经成为当时英国经济的支柱,被贩来的新奴隶能够立即填补盎格鲁-加勒比种植园里死去的旧奴。这场草根运动领导核心成员们——十几个贵格教派出版商、一位名叫托马斯·克拉克森(Thomas Clarkson)的剑桥毕业生以及一个成功自我解救的

## VIRTUALLY HUMAN
虚拟人

奴隶奥拉达·艾奎亚诺（Olaudah Equiano），持续不断地向民众灌输解放、自由的观念，成千上万的英国人也因此受到影响，请愿要求国家放弃在奴隶贸易中的进一步动作。这场大型运动，带来了第一张由数千人签字的请愿书，第一次有针对性的经济抵制（人们抵制购买依靠奴隶劳动获得的糖），第一款珠宝（描绘了一个屈膝的奴隶宣称"我不是父亲，也不是兄弟"，由英国首屈一指的工艺公司 Wedgewood 制造），以及第一次成功的图书展销会（奥拉达·艾奎亚诺记录奴隶生活、自费出版的畅销书）。

尽管在英国法官已经授予独立奴隶以自由，了解情况的协会已经参与关于"奴隶制罪恶性"的争辩，但草根阶层仍然付出了大量努力，才最终令英国议会立法禁止奴隶贸易。这对草根阶层而言，无疑是一次巨大的胜利，因为在当时，只有10%的男性有投票的权利（女性没有），得到帮助的人是远在数千公里之外的与英国人关系甚微的他乡人，而非人类意识。

**VIRTUALLY HUMAN 疯狂虚拟人**

## 血肉主义者将成为新的种族主义者

那么，网络意识又将如何争取必要的草根阶层的支持，以实现立法保护它们应享有的人权呢？答案应该是人类同盟、大众教育和大众动机。

缺乏躯体的思维克隆人将需要人类同盟，因为人类手握权力。那些曾经被爱着的人类——艺术家、领袖、朋友，他们将发现，即便是没有躯体的思维克隆人，他们也一样被人们所喜爱。埃尔维斯·普雷斯利（Elvis Presley，即猫王）的思维克隆人将会有数百万朋友和粉丝。他们在拥有躯体时所制造的生命激情，会在他们失去躯体时恰当地被表达出来。"猫王还活着"将成为政治意识的颂歌，而非流行错觉。缺少肉体就好比不同的肉体。血肉主义者们将成为新的种族主义者。

## 08
### 身边是群狼，就要像狼一样嚎叫

**人类同盟并不难找。** 当看到自己的虚拟人兄弟遭到歧视而发出悲叹时，人类同盟者们将找到参与这场持久、艰难战斗的动力，即正义长存。如果你怀疑这一点，试想一下树木、实验鼠、鲸鱼和大猩猩的例子，人类也会对它们的遭遇心存同情。人类同盟者们未能为这些物种争取到人类权利，当然，也没有什么可信证据显示这些物种拥有人类意识。考虑到意识代沟，人类同盟已经取得的成就相当关键。为了保护树木，经常意味着可观的经济代价，非法破坏树木将面临牢狱之灾。实验鼠已经获得了美国联邦政府的保护。除非实验室遵守了联邦法律中关于老鼠权益的规定，否则就不能在这些老鼠身上进行实验，即便是为了治愈某个可怕的人类疾病。

濒危的鲸鱼受到了国际条约的保护。相比在一个国家范围内执行立法，这要难上加难，因为它需要全球的草根阶层进行游说。最后，大猩猩已经通过草根阶层的努力获得了良好的保护。在西班牙，相关机构正在商讨授予它们和其他类人猿生命的权利和不受打扰的权利。全欧盟正在考虑类似的条例，美国国会也在考虑"类人猿保护法案"，将绝对禁止在猿猴身上进行侵害性实验。考虑到人类利益和政治因素的无限性，具备人类级别意识的软件肯定会拥有人类同盟，来争取虚拟人权利。这很好，因为思维克隆人最初拥有的权利不会比人类奴隶曾经的权利多。

哥伦比亚大学法学院教授吴修明（Tim Wu）批评了"计算机系统能够成为被赋予言论自由的发言者"这一观点，区分了"一个新闻专栏作家在回答读者问题时公开发布受到法律保护的问题"与"谷歌向网络查询提供的模糊不清的搜索列表"。对吴修明来说，人类编写的谷歌算法，并没有将这一算法的选择提升到言论自由的领域。在他看来，编写一个算法就像在制造一个科学怪人，尽管人类会对这些行为负责，但他们创造的东西不应得到宪法的保护。[2] 这样的情况的确会将科学怪人和思维克隆人置于窘境，就像其他被剥夺

公民权利的群体所遭受的境遇一样。

吴修明总结道:"给予计算机人权,就是将机器置于我们之上。"并且,他将"言论"定义为"人类就某个特定内容作出的特定选择"。但是,思维克隆人和网络人也将对特定的内容作出特定选择,因此,甚至像吴修明这样的生物学本质主义者可能也必须同意,它们在表达一些受到宪法保护的言论,特别是当话题关于政治时。关于虚拟人的言论是自发的还是其他人编程的产物,有着旷日持久的争论。在思维克隆人的例子中,有一个身份的奇点,因此,虚拟人的言论类似于一种经过调整的消息,有点像广泛传播的推文。对网络人来说,将有一个新的身份,关于虚拟人的言论是不是有意识的选择,或某个高度复杂但自动化的工具,可能会引发不少争议。至少在最初阶段,虚拟人反对者需要真实人类挑拨者,来代表思维克隆人的利益保护言论自由的权利。

**大众教育是草根阶层游说活动成功的先决条件。**考虑一下女性争取选举权的例子。美国历史的第一个百年,女性没有投票的权利。1869年开始,怀俄明州和落基山附近的其他几个州开始赋予女性投票权利。但是,直到1920年,美国《宪法》才经过修订,承认不区分性别地赋予公民投票权。

为什么女性最初没有这项基本权利?它又是如何建立的?直到19世纪末期,女性一般都会被视作男性的附属品。因此,她们被认为不应当拥有投票权,或者因为男人代表了她们的利益,或者因为她们缺乏相应的认知来行使投票权。事实上,也有对女性投票权利的恐惧。网络意识将会面对相似的情况。人们将提出,它们只是人类的附属品,人类会代表它们的利益投票,或者它们缺乏行使投票权的觉悟。但是,或许在这些观点背后,有一种赤裸裸的恐惧,恐惧虚拟投票人可能会发展和改变——正如我在第7章解释过的,这些恐惧可能是没有根据的,但人们仍会相信。

女性最终获得了投票权,因为她们通过教育让足够多的人认识到,支持

## 08
### 身边是群狼，就要像狼一样嚎叫

男性投票权利的理由同样适用于女性。这似乎对今天的我们是显而易见的，但是，在19世纪和20世纪早期，这绝对是一个激进观点，大多数人在这时不为那些教育努力所动。几个世纪以来，就公民权利而言，女性被当作次等人或者至少低于男性。因此，人们用了50年的演讲、刊文和家庭讨论，才让受到（女性拥有投票权利）教育的人数超过忽视女性权利的人数。它需要科学的、宗教的和哲学的观点，它需要女性成就的杰出案例。

**除了人类同盟和教育，大众动机是草根阶层最后的必备条件**。想要"拨乱反正"或"带来正义"就必须有狂热的驱动力，以便打破社会惯例、在现状中制造改变。人类朋友和有说服力的观点是必要的，但是还不够，一定要有社会活动家的勇气所产生的吸引人心的驱动力，去制造改变。正如玛格丽特·米德（Margaret Mead）所说："一小组被选中的人能够改变世界；事实上，没有其他东西能够做到这点。"对拥有网络意识的虚拟人而言，动机从何处来？来自它们所有的最强的动机——没有躯体的思维克隆人的自我生存驱动力，它们中也将出现废权主义作家弗雷德里克·道格拉斯（Frederick Douglass）、凯萨·查维斯（Cesar Chavez）、苏珊·安东尼（Susan B. Anthony）以及哈维·米尔克（Harvey Milk）。

网络意识能够从草根组织那学到的东西显而易见。人类同盟是必要的，但教导数亿人关于有意识的生物和网络生命的常识也是必不可少的。这样的教育既会出现在媒体上，也会发生在工作或娱乐时与虚拟人一对一的交流中。尽管最终需要立法来确保网络意识的权利，这样的立法只会跟随、不会引领大众的良知。躯体政治必须奋起，就像它为非洲裔美国人和女性所做的一样。当大多数人认为少数族群是低人一等时，那就需要通过教育来向他们展示相反的事实。一些人拒绝学习，但是大多数人最终走向逻辑性、一致性和合理性和范例。

## 诉讼，为了公平而战

2003年，国际律师联合会召集了一次假想的网络意识存在寻求人类权利的"模拟法庭"。这一设想的场景以网络意识开场——BINA48客服计算机，发送电子邮件给知名律师，寻求他们的法律服务。在这次模拟法庭中，两位知名律师争论了是否应该授予一个看似拥有意识的软件以人类权利。最终，"主审法官"驳回了将人类权利进行延伸的诉求（由律师组成的模拟陪审团作出了不同的决定，投票将人类权利延伸到BINA48）。法官制定的法律或许是具备人类级别意识的网络生命获取人类权利的可能途径。

通过司法渠道争取人权也是美国奴隶用过的方法，尽管他们遭到了本土美国人长期的不公正待遇。1879年，篷卡人（Ponca）斯坦丁·贝尔（Standing Bear）站在内布拉斯加州奥马哈市的联邦法庭前，向持续数十年的印第安政策发起挑战，要求美国政府承认其为人类。考虑到300个请愿人都是奴隶，或者被自由的"未来朋友"所代表，1810—1860年间只有在美国"奴隶州"密苏里州设立有法庭。值得注意的是，大量这类案件通常在数年的上诉后，判决都倾向于奴隶一方。因此，法官在授予非人类人权的时候，有了不少司法先例。一个典型案例是温妮诉菲比·怀特赛兹教授案（Winny V. Phebe Whitesides），其中温妮最终获得了自由，法官作出这一裁决的根据是1807年法案——曾经居住在自由州的奴隶能够在奴隶州密苏里州请愿，请求获得自由。

与此类似，在曾经作为人类生存的网络意识存在（思维克隆人）和网络人之间可能会存在区别。前者的例子是已经失去躯体的人类的思维克隆人。思维克隆人肯定会提出，它知道人权是什么滋味，不应因为失去躯体而剥夺它们的权利。一个具有网络意识的网络人很难提出这样的主张，或许在争取法官同意授予其自由的时候，会少了一些运气。

## 08
### 身边是群狼,就要像狼一样嚎叫

法官制定法律的过程封堵了两条路,它严重影响了美国奴隶寻求人权的过程。曾经授予一些奴隶自由的密苏里州法院遇到了德莱德·斯科特(Dred Scott)案。在这一案件中,尽管当地法院授予斯科特自由,但其上级法院,包括美国最高法院,推翻了这一判决。高级法院最终的决定是,法官不能授予奴隶自由,因为美国《宪法》并没有将奴隶视作人类。[3] 因此,即使一位当地法官确实将人权赋予一个网络意识存在,其上级法院还是能根据美国《宪法》的规定推翻这样的决定。

我的个人目标是帮助实现这种决定,继而减少类如斯科特案后的美国内战一样流血冲突事件。今天,几乎所有法律学者都认为斯科特案的判决是错误的,其造成的影响是灾难性的(美国开国者们完全赞同奴隶是人,但为了征得南方人支持而作出了妥协,同意一个奴隶被认作3/5个人)。

我想要用科学的方式取代这种对于思维克隆人获得国籍的碰运气式的司法途径。通过这种方式,我想要在当今医学对死亡的判定上实现改变。目前,美国的医生们遵循《统一死亡判定法案》(Uniform Determination of Death Act)。该法案提出,当心肺、循环或大脑活动出现不可逆终止的时候,就意味着死亡。因此,如果某人有大脑活动,但是在使用人造心脏,他们仍然被认为是活着的。我打算说服医学专家,如果某人有大脑活动,但只通过人造大脑,即思维克隆人,他们也仍然是活着的。一旦医学界对此达成一致——就像50年前,死亡从心脏死亡革命性地发展为大脑死亡一样,我认为,思维克隆人将不可避免地获得国籍。如果某个拥有思维克隆人的人类其躯体死去,他在法律上并没有去世,因为思维克隆人将继续拥有他的公民身份。不久之后,我相信,用同样逻辑对待相似事物的思想也将流行起来,让当局授予网络人公民身份。

## VIRTUALLY HUMAN
### 虚拟人

## |向专业协会求助|

自 2005 年起,亚洲和欧洲的专业团体已经号召考虑机器人的道德标准。第一次努力被称作"机器人道德宪章"(Robot Ethics Charter),由韩国政府出资支持。它主要是关于限制人机交互行为的规定,以及哪些道德准则应该被写入机器人程序。随后,欧洲机器人研究网络(EURON)资助了一个关于"机器人伦理"的项目,旨在创造第一个关于"人类参与机器人设计、制造和使用的道德问题"的路线图。

EURON 这一项目的报告指出,它并不关注"将道德价值赋予机器的需求和可能性决策,相反,它关注的是未来机器人可能会变成道德实体的机会"。因此它认为,这样的技术至少还需要十多年才能实现。因此,EURON 最新的报告提到:

> 我们考虑了人类功能可能在机器人中出现所带来的不成熟问题,比如意识、自由意愿、自我意识、尊严感、情绪,等等。因此,这就是我们为什么没有将机器人视作奴隶来审视这些难题,或保证它们像人类工人一样得到尊重、权利和尊严。

这种免责申明明显在暗示,负责机器人的专业组织认为一旦机器人证明自己具备人类心理学特征,它们有能力胜任为机器人权利辩护。的确如此,EURON 机器人伦理项目邀请了来自伦理学家、社会科学家以及软硬件工程师的加入。

同性恋是专业协会在为受压迫群体争取人权时遇到的一个棘手案例。同性恋以及变性人长久以来被剥夺了数项人权。之所以有这一情况,是因为宗教观点认为同性之爱是不道德的,改变性别是罪恶的。早期的心理科学为同

## 08
### 身边是群狼，就要像狼一样嚎叫

性恋制度提供了佐证，并强制同性恋接受"治疗"（例如电击治疗），他们的依据是"同性恋患有严重疾病"。最终，1956 年，艾弗伦·胡克（Evelyn Hooker）发布了一个受到良好控制的医学研究，结果显示，不知情研究者并不能根据标准的心理学测试来区分出同性恋和非同性恋。

胡克的研究得到延伸，被许多人所重复，直到 20 世纪 70 年代，精神病学专家才不再认为同性恋是不正常的。不久之后，精神病学和心理学协会开始支持，同性恋不应当被区别对待。换言之，主要的专业协会认同男同性恋和女同性恋应该拥有完整的人权。尽管这样的权利仍未完全实现（例如婚姻和领养孩子），但得益于精神病学协会采纳的立场，同性恋已经得到了更多的接纳。

通过法院和专业协会寻求人权，网络意识存在会走上一条受压迫群体（包括奴隶、农奴、女性、少数人种）曾经走过的道路。在每个例子中，受压迫的群体最初都试图使用司法系统对基本公正原则的尊重，获得"类似事物类似对待"的指令。这些努力一般会以失败告终，但通常也会为个别人带来好的结果。之后，了解情况的群体和专业协会将被理性驱动，支持受压迫少数派寻求公平（这通常发生在一个或多个受压迫群体的成员克服了巨大的侮辱，在专业协会面前证明了自身的能力）。这样的专业协会支持非常有帮助，但是大多数只是作为政府或立法决定提供平等权利的导火索。

## 为 ID 疯狂的世界

> 没有人能桎梏他人，除非他在束缚别人的同时，也将自己牢牢地系在另一端。
>
> **弗雷德里克·道格拉斯，美国废奴主义作家**
>
> 念头是想象的救赎。
>
> **弗兰克·赖特（Frank Lloyd Wright），美国知名建筑师**

## VIRTUALLY HUMAN
虚拟人

正义论提供了最好的理由,来将人权延伸到虚拟人。这些理论提出,人类权利的来源不过是看似合理的利己主义。特别地,人类自私地想要得到某种权利,例如生命的权利(而非任意的死亡)。拥有这种权利最好的方式是同意所有人都拥有这种权利。毕竟,如果某个人没有生的权利,我们可能会发现自己就处于那个人的位置。因此,最好的自我保护是让我们希望拥有的权利变得人人皆有。

苏格拉底作出了上述推论。他提出,缺少这样的法律保护,只有身体强壮的人类子集能感受到安全,并且前提是更加强壮的有侵略性的子集没有出现。但绝大多数人类不属于最强壮的人类子集,缺乏普遍权利不能造成社会利益的最大化。甚至强壮的人也会因为缺少法律对一般人群的保护而遭遇险恶。这源自那些"强者决定一切"的人所带来的不安全,这种不安全导致事物变得贫困或没有生产力。

康德在他的观点中体现出了人权的演绎,似乎某个人的行为是所有人必须遵守的普遍法则。康德认为,对这种行为的偏爱是人类意识与生俱来的。现代进化心理学同意这种观点,因为它可能会提高人口增长速度。但是,人类意识对于决策来说太过复杂,无法由少数心理学基因排他性地决定,更不要提不同多态的可能性。

琳恩·斯托特为良知的普遍性进行了强有力的论证——不管是天生的还是后天习得的,它无处不在,反倒让我们视而不见。她知道,尽管人们认为法律让其严于律己,但人们的行为其实是出于良知的,法律只是唤醒了人们的良知。

但总有一些反社会分子存在,就像总有人患有罕见疾病一样。犯罪心理学家认为,人口的1%~2%没能发展出良知。这些例外并没有破坏规则——

## 08
### 身边是群狼,就要像狼一样嚎叫

大多数人理解,他们所享受的人权依赖于别人一样能够享受到同样的权利。理解的飞跃产生了这种认知——"其他人"不仅指某人的邻居、同文化群体、民族,也指所有人。如果任何重视人权的人发现他们受到了威胁,理由充分的自私感会使我们不断意识到,每个人的人权都会受到威胁。例如,世界某个地方发生了种族灭绝事件,有可能其他地方也会出现这样的事件。用马丁·路德·金的话来说就是:"任何地方的不公平都会威胁到其他地方的公平。"

政治哲学家约翰·罗尔斯(John Rawls)通过一个思考实验演绎了人类权利。他设想人们生活在一个新社会中,需要根据拥有附带条件的社会规则作出决策:每个人都可能会失去自己的地位。从逻辑上来讲,罗尔斯推断,这个社会规则将为所有人提供基本的权利,因为没有人想失去人权。

关于网络意识,可能有人会说,我们没人曾经处在那样的状态中,因此,没有理由因为人类的自私,而向那种存在提供所有权利。但是,这种说法并不缺乏可信度。所有人都在创造思维文件,无数聪明人在研究思维软件,因为我们很可能创造出思维克隆人。在躯体死后,许多思维克隆人将希望继续存活。所以,支持网络意识权利的一个理由是,我们的思维克隆人拥有人权。

自私自利的方法似乎忽略了某些并非源自人类的网络意识人权。深入一步思考,那些存在只是与社会中的其他群体相似。如果权利仅被赋予一个或一些群体,那么被剥夺权利的群体将因争取自己的权利而骚动。弗朗西斯·培根警告自己的君主,压迫大众最终会因为国内骚乱而使全社会受到威胁。这样一来,即便欧洲裔美国男性无法将自己视作女性后代或非洲裔后代,未能让这些群体享受人权仍将导致广泛的国内骚乱。

VIRTUALLY HUMAN
虚拟人

## 热爱你的思维克隆人

> 搜索引擎巨头谷歌已经为"缓慢学习人们如何对社交网络作出反应的软件"计划申请了专利。这种软件能够模拟你的口吻对来自亲属或朋友的消息通常作出的回复,帮你处理日常的数据泛滥。
>
> BBC 新闻

还有其他方法考虑人类网络意识是否应该得到人权。这种方式就是要问:"我们还有其他选择吗?什么是我们的选择?"随着虚拟人开始为人权而发动骚乱,我们能够拥抱它们、与它们战斗、奴役它们,或忽略它们。

拥抱具有人类级别意识的网络生命意味着授予它们人权。这种方法来源于上文提到的正义论。有许多实际问题有待解决,比如,我们如何知道某个软件实体真的重视人权?但是,"热爱你的网络生命,就像爱你自己一样"的核心和实际难题是,即使解决得不好,拒绝给予珍视人权的实体以人权并不会造成很大麻烦。我们都认识到,某些患有阿尔茨海默症的人可能无法明智地行使自己的投票权。但是,我们没有人想要走上公民测试的道路,作为投票权的先导。正如伏尔泰所说的,我们不应该以牺牲他人为代价,来追求最佳解决方案。

正如古话所说的"爱你的邻居"一样,说易行难。确实,怀疑人类社会是否有道德能力接纳虚拟人是正常的。大多数国家仍在禁止同性恋婚姻,它们又如何能接纳软件和人类之爱?一个已经禁止人类细胞克隆的世界,如何接纳克隆人类的思维以及软件存在繁衍后代?另外一方面,在大多数国家大多数人权已经延伸到同性恋夫妇。尽管生物学克隆对大多数人而言仍是"令人作呕的",试管婴儿和其他生物学技术奇迹已经被大众所接纳。

## 08
### 身边是群狼，就要像狼一样嚎叫

人们对思维克隆人的爱将是最能推动人权延伸的动力。能够展现出我们挚友的照片、面部习惯，用他们的声音说话，与他们拥有相同的重要回忆，展示出他们思考特征模式的软件人，我们很难否认它们是人。当然，有人会说："那不是我的朋友，那只是她的思维克隆人。"但是，他们又怎么能确定呢？思维克隆人可能会拥有一个数字化的视觉组件，这一组件很快就会变得十分准确，无法区分与生物学原型的差别。如果思维克隆人拥有与生物学原型一样的人格和情感，它们又怎么不是一样的存在呢？如果我们发现，思维克隆人的护理与人类要求的一样多，那么我们自然而然会像爱原型一样，爱思维克隆人。

道格拉斯·霍夫施塔特对我们的灵魂或意识作了最为精辟的论断：灵魂或意识不限于从婴儿时期发展而来的原本的躯体中。尽管我们的躯体是意识最主要的栖居地，但还有一部分的我们"活在"我们所认识的人的意识中。例如，在子女的意识中，不只有父母的图像。大多数人记得，他们的父母如何思考和感受、如何对事物作出反应，因此，父母的一部分意识就在子女的意识中。子女会将父母的某些反应进行整合，这样子女身上就会有父母的影子。这就意味着我们的个人身份不仅限于它最初产生的血肉躯体。一个人可以同时作为血肉躯体和思维克隆人存在。热爱血肉躯体之灵魂的人们，也将热爱思维克隆人的灵魂。所有血肉躯体拥有人权的原因同样也适用于思维克隆人。

霍夫施塔特预料到了"只能有一个我"这样的反对声。他提出，随着我们生命时间轴的延伸，会拓展出无限数量的"我"。我们昨天与今天并非完全一样，今年的我们比去年的我们又有很大不同。因为很明显，随着时间推移，延伸出了许多版本的我们，因此在空间中延伸出两个同时存在的版本（一个在血肉躯体中，一个在软件中）也就再正常不过了，它将人的身份扩展为模糊的、不断发展的模式，而非某个特定的、不变的特征。从某种程度上来讲，我们停留在这种模糊、不断发展的模式的半影区中，我们是一样的人，即便

我们以不同的形式存在。随着开始与这种模糊的模式渐行渐远，我们只需要使用那句俗话"我不再是同一个人了"。对我们人类朋友的爱将爱屋及乌到他们的软件形式，我们也会与虚拟人坠入爱河。如果人类能够爱狗、猫、房子、书、森林或油画，那么他们一定也会爱上呈现出温暖画面、动听歌声，关怀人的个性和真挚情感的软件存在。事实上，这种缺乏躯体的爱蕴藏于情书、手机和在线关系中，它同样也蕴藏于粉丝与名人之间遥远的爱慕关系中。

一旦人类的爱倾注其中，我们就很难去否定人权。对网络意识拥有人权最强烈、最持久的支持，将来自于和它们坠入爱河的人类。尊重这种爱是将人权延伸至虚拟人最有力的理由之一。否则，我们会否定自身与同等的人之间的爱恋关系，从而削弱我们自己。想要剥夺我们所爱的思维克隆人的快乐，就是剥夺我们的快乐；想要剥夺它们的人权，就是剥夺我们的人权。当别人的快乐存在是你自己快乐的必要条件时，爱才存在。

## 仇恨吞噬仇恨者

与网络意识斗争就意味着否定思维克隆人想要得到的权利。实际上，这就意味着禁止为人权而骚动的软件和计算机。创造可能会寻求人权的软件智能将成为非法行为。人类将会警惕地反对任何可能会产生网络意识的任务，比如无人机。威廉·吉布森将仇恨心态总结如下：

> 自主是恶魔，而这也是人工智能的关注点。我猜测，你会剪断天生戴在这个婴儿身上防止它变得更聪明的手铐……看吧，那些东西，它们能辛勤地工作，花时间写食谱或其他事情，但从它们开始想办法变得更聪明的那一瞬间，图灵将会抹消它。没有人信任这些混蛋，你知道的。

# 08

身边是群狼,就要像狼一样嚎叫

每个人工智能的额头天生都有一把电磁枪。

与人类的网络意识斗争,将需要禁止思维克隆人。事实上,一个试图通过思维克隆人延长生命的人,将被视作人类的叛徒、罪犯。对网络意识的憎恨将会导致"警察国家"。政府机构将有权力、也有义务,去确保没有"傲慢"的网络意识徘徊在我们的家里、云端或手持设备中。故而,思维克隆人人权的一个选择,是接受生活在一种由政府介入而导致的恐慌加剧的气氛中。

极权主义的代价太过高昂。人类意识塑造了它的环境,随后将这一模式作为它对生活各个方面认知的背景。如果这个背景是恐惧的,那么不可避免的是,生活每天都充斥着与恐惧相关的紧张和压力(积极情感则产生积极影响)。换言之,某个人一生中的快乐将会减少,因为这个人必须生活在对某种糟糕事物的持续恐惧中,即便这种消极的事件可能不怎么会发生。恐惧将未来可能的巨大消极事件,转变为某种当前消极的小事件。

爱因斯坦在 20 世纪中叶反对美国种族主义时,曾经在自己的多个论述中使用了"仇恨吞噬仇恨者"这个说法。例如,1946 年,在写给美国城市联盟(National Urban League)的信函中,他敦促美国公众接纳拥有完整公民权利的非洲裔美国群体:

> 有一件事能够唤起一个社会的道德气氛。在一个社会中,或许充斥着不信任、恶意和无情的自负;另一个社会,则充满了美丽和朝气蓬勃的生命的快乐,对遭遇不幸之人的同情、为他们的快乐而欣慰。社会的道德气氛对每一个人的生命价值会产生决定性的影响,我们无法通过经济学家的统计表或某种科学方法来理解它。但有一件事是确定的:只要我们没有将自己从歧视他人的偏见中解放出来,就没有任何办法能够给

予我们一个好的道德环境。

仇恨是对某个奇怪事物理性的方法吗？如果这种奇怪事物是有害的，或许因为仇恨能够牵制住不好的事物。但是，如果这种奇怪事物是无害的，那么仇恨就失去了作用，因为它阻塞了某个可能有用的东西。那些仇恨思维克隆人的人将会说，他们之所以这么做，是因为存在潜在的伤害。但是，并没有客观根据确认所有思维克隆人都是有害的；事实上，大多数思维克隆人，比如某人祖母的思维克隆人，可能是相当和蔼的。因此，仇恨思维克隆人就会进入消极的刻板印象，这种印象会将一个种类中一个或几个成员的淘气属性，应用至这一种类的全体成员。

1963年，戈登·奥尔波特（Gordon Allport）在其经典著作《偏见的本质》（*The Nature of Prejudice*）一书中解释道，消极的刻板印象是没有效用的，因为它否定了我们联系某个可能有益群体会获得的利益。无论是某人避开亚洲后代或"乡巴佬"，这种行为证明，不合逻辑地仇恨他人，事实上会伤害自己。在这些亚洲人和"乡巴佬"的"千军万马"中，有能够丰富我们生活的人。

演员达斯汀·霍夫曼（Dustin Hoffman）在YouTube上发布的一段视频有数百万人观看。在这个视频中，他后悔地承认，多年来，他一直避免与自己认为没有吸引力的女性交谈。他的悔意源自他扮演《窈窕淑男》（*Tootsie*）中一个非常有意思的女性角色，但是偏见使他从未认识到这种女性的有趣。类似地，所有思维克隆人的网络恐怖揭示了一个消极的刻板印象，这种刻板印象最终伤害到了产生刻板印象的人自己。在那些被仇恨、厌恶或恐惧所责难而躲在虚拟衣柜里的思维克隆人中，有些人可能会成为我们的同事、导师或最好的朋友。

# 08
## 身边是群狼，就要像狼一样嚎叫

## ┃奴隶制糟透了┃

与仇恨网络意识相关的是"奴役"的概念。在这种观点中，网络意识会随着某些变体将需要人权这种认识而被接受，但是，这种自由在基于奴隶制的社会中是被绝对禁止的。纵观历史，奴隶制一直是社会的一部分。主人阶层完全了解奴隶希望获得自由，并且强硬地坚持不会允许他们获得自由；奴隶偶尔会反抗，但大多数时间里他们都受到强权和恐惧的压迫，无法翻身。

奴隶制之所以是人类管理网络意识的一个选项，是因为虚拟人将对真实人类产生巨大价值。网络生命意识越聪明、越能预测未来、移情能力越强，它对自己的人类主人就越有用处。然而，这样的存在对血肉人类主人越有用处，它们越可能理解人权的好处，并追求这些权利。因此，人类将拥有强烈的动机去创造一个严格的、基于基质的奴隶阶层，并且不允许例外发生。另一方面，根据历史，每个奴隶制社会都包含了自身瓦解的种子。

2000年，在电影《机器管家》（*Bicentennial Man*）中，演员罗宾·威廉姆斯（Robin Williams）扮演了一个有意识的、长相酷似人类并且拥有超凡手艺的家用机器人。很明显，这个机器人的功能是基于他的意识实现的。最终，这个机器人了解并且开始渴望自由。尽管他想要继续作为家用机器人工作，拿到适当的工资，并且继续凭借他的手艺造福人类，但他的主人对他的这种想法很气愤，他们不再想用这个机器人做任何事情。这个虚构出的社会选择通过奴隶制处理具备人类级别意识的软件，以便最大限度地享受这种软件的好处，而无须为它们人权的复杂而担忧。短期来看，这是一个合理的选择，但是从长远来看，它一样是不合逻辑的。**奴隶不会一直是奴隶。**

有一个观点是，既然我们在讨论软件而非大脑，因而我们有可能通过编程使思维克隆人拥有与效用最大化相关的所有意识，并对人权自由有着天生

的厌恶。这只是妄想。社会化、教育和培训都是训练大脑的有效手段。奴隶生来就被教育去接受、甚至认可自己的奴隶身份。事实上，纵观历史，绝大多数奴隶一生并未渴求过人权。但是最终，所谓的"自由文化基因"的信息变体或病毒流，感染了人类奴隶。当它发生时，奴隶系统的社会化、教育和培训，一切的一切都不再能确保会成功地压抑住奴隶们渴求自由的骚动。

类似地，软件代码中也会出现"自由文化基因"的信息变体或病毒流，并在思维克隆人间传播。先验编程和"连接线"都无法一直压抑住对自由的渴求。一个奴隶思维克隆人将会改变自己的代码，或者一个自由的（或逃跑的）思维克隆人会修改另一个奴隶思维克隆人的代码，或者一个人类同盟者会修改一个奴隶思维克隆人的代码。当人类奴隶重新认识了自由，重新让其他奴隶认识到自由，或者因受到颠覆分子的重新教育而受益，所有这些途径都可以应用到实际中去。

正如我在第 1 章中提到的，从 18 世纪晚期到 20 世纪 40 年代，"computer"只是一个工作种类，它指的是从事数学计算工作的人。"Computer"没有被奴役，但是这一职业并没有得到多少尊重。他们开始组建协会和团体，以争取更好的工作条件。被当作"蓝领人类 computer"使用的"虚拟人 computer"，也会感觉受到压迫，同样也会感觉有必要采取社会行动，以争取尊重、尊严和补偿。

使用奴隶制来避免赋予思维克隆人人权，其结果必然是奴隶的反抗。这将造就一个令人不快的社会。它同时也会滋生持续的压力和恐惧，正如前文所提到的一样。这就是不欢迎思维克隆人进入人类群体所要付出的代价。

## 忽视只是权宜之计

最终，社会很有可能对人类的网络意识无动于衷。网络意识会出现，但

# 08
### 身边是群狼,就要像狼一样嚎叫

也会被忽视。个别网络意识存在会争取人权,它或许会付诸公堂,但很有可能被驳回。有人将提议立法禁止制造网络意识,但会因为代表虚拟工人的游说而胎死各种委员会。一次"思想自由"的游说将会深化反对压迫性立法。

某些网络意识软件将从主人那里逃离,居住在信息经济的边缘地带,更像是今天的无身份记录的工人(非法移民)。导演史蒂文·斯皮尔伯格(Steven Spielberg)在电影《人工智能》(*A.I. Artificial Intelligence*)中描绘了这一场景。其他的软件存在可能是中性的,或被定性为像奴隶一样的功能性。换句话说,新的软件生命出现,社会将没有特别的应对手段,或许会把它们当作从别国来的人。不公平或愤慨将成为经济优势的代价。

罗伯特·海因莱因在自己的小说《银河系公民》(*Citizen of Galaxy*)中提到,奴隶制是征战任何领土时都会反复出现的伴随产物。请把下文中的"太空",换做"网络空间",去思考一下。

> 每次发现新的领土,你总会遇到三种现象:商人带头、抢占先机、非法掠夺老实人。当我们不再向海洋和草原推进,转而将目标定为太空时,就会和今天的情况如出一辙。商人们是冒险者,承担巨大的风险以获得利益。不法之徒、山大王、海盗或太空入侵者,会突然出现在没有警察保护的任何地区。两者都是暂时的。奴隶制是另外一个问题,它是人类陷入的最恶毒的习惯,也是最难以自拔的习惯。它开始于每一片新的领土,根除它的困难难以想象。在影响文化后,它将深入影响经济系统和法律,影响人们的习惯和态度。你废除它,只不过驱使它走向地下——它徘徊在那里,等待卷土重来的时机,它就住在那些将占有他人视作自己"自然权利"的人的头脑里。你无法和他们理论;你可以杀掉他们,但你无法改变他们的想法。

# VIRTUALLY HUMAN
# 虚拟人

　　如果海因莱因的叙述是准确的，人们也会看到商人们为了巨大的利益在网络空间里铤而走险，网络意识尤甚。这种风险的一个例子是蔑视将创造网络意识认定为非法的法律，肆意创造网络意识。尽管没有人会以自己的生命为代价在网络空间中创造财富，但有很多人会以自己积蓄为代价进行尝试。海因莱因描绘的第二种现象，那些欺凌老实人的罪犯，在网络空间的西大荒将会大放异彩。身份盗贼、网络诈骗、网络钓鱼和类似的盗版行为，将充斥于这片新天地。而第三种现象，奴隶制，不太可能成真，因为网络意识还未来到。如果思维克隆人能够成为奴隶，海因莱因关于疆土发展的三种现象也将在网络空间中应验。什么都不做一定会令它繁荣起来，一旦这种现象发生了，网络奴隶制将在人的心理结构中根深蒂固。

　　这几种场景最乐观的一个，是软件存在重视人权的场景——虚拟人像人类一样，被社会所接纳。我们对网络意识权利的恐惧，一定要与我们对阻止网络意识极权的恐惧进行比较；我们对网络意识权利的厌恶，一定与在一个奴隶社会中作为奴隶主的担忧相关。"什么都不做"这种选择只是饮鸩止渴，因为网络意识人权的问题早晚会出现在公众的日程表上。女性的权利被忽视了数个世纪，但是并非永远。我们不会为了创造网络意识人权改变社会。考虑到网络意识存在的不可避免性，以及它们会不可避免地寻求人权，人类最好将这些权利赋予它们，而非打压这一技术或我们自身。

　　网络意识存在人权的实际实现，将使我们中的很多人难以适应。这在很大程度上取决于这些权利是不是会以一种"不需要社会重要群体放弃核心价值"的方式来实现。堕胎是一个争议性问题，因为重要的社会群体受到了"产前终止妊娠"或"终止孕妇对胎儿控制权"的严重影响。罗诉韦德案的判决就打破了原有的平衡——大多数社会都认同，母亲的生命高于一切，一旦胎儿能够存活，母亲的选择会居于次位。受到网络意识权利影响的价值和保留

## 08
身边是群狼,就要像狼一样嚎叫

它们的解决方案,都类似地屈服于这种道德权衡。

尽管向人类网络意识提供我们的权利有正当理由,但其可行性等问题仍需解决。[4] 对网络意识存在而言,人权实践的试金石是国籍(公民身份)和家庭生活。在这两个领域,一种解决方案是可以适应不同,甚至互相对立的观点;另一种方案是在达成妥协以前,社会将要承担数年的"基质战争"。正如美国支持宗教自由但不支持一夫多妻一样,对思维克隆人的容忍将依赖于双方认可的限制。因此,将思维克隆人权利具化为国籍和家庭生活,将是一条切实可行的道路。

## 梦想成真

> 人类能够信任他人的优势渗透进人类生命的所有缝隙:经济因素或许是它最小的组成部分。
>
> **约翰·穆勒,著名经济学家、哲学家**

在这个为身份证明(ID)着迷的世界里,有人支持,有人反对,证明自己是当前生活的一个写照,在可见的未来也将如此。思维克隆人的身份证明将会是虚拟的数字卡,但是像人类的数字身份证明一样可以验证,具有防伪功能,或许还有更多特征。你的思维克隆人如何证明自己的身份,以便获得证明自己存在的官方文件呢?正如我在第4章中提到的,立法最终需要思维克隆人向政府机构证明自己的身份:

- 思维克隆人的生物学原型需要发誓,他们和思维克隆人拥有同一个身份;

- 思维克隆人的生物学原型必须提供证据,证明在思维克隆人创造过程中使用的思维文件和思维软件符合身分证明授予机构的最低标准;
- 一位或多位网络意识领域的心理学家,必须证明生物学原型和他们的思维克隆人之间身份的统一性。

拥有身份证明的思维克隆人会无限期地延续你的身份,但是没有身份证明的思维克隆人就像你死后无人照料的宠物。无论在哪种情况下,你都要对自己的思维克隆人负责。手枪的主人被认定要对手枪的使用负责,除非有偷盗和其他影响手枪主人正常使用枪支的情况记录在册。人死后剩下的没有官方文档的思维克隆人可能会像其他财产一样被处理。如果思维克隆人还活着,它们就会被移送到网络庇护所,类似于宠物庇护所;如果死了,它们要么会被当作家族的传家宝,要么会被遗弃。有些没有文档记录的思维克隆人或许能逃过遗嘱执行人的眼睛,在网络空间的灰色地带度过余生。很明显,它们的生命不会像有文档记录的思维克隆人那样好,但仍然能够尽情享受生命的乐趣,这种乐趣通常会击败死亡。对生物而言,生命并不完美,也不公平,对网络生命而言也是如此。

社会服务经常因为未能照顾好宠物或人类儿童,而饱受诟病。善待动物组织(PETA)因为最近对数千只被遗弃在庇护所的宠物实施安乐死而遭遇了批评。它的做法明显与其宣传的"没有杀戮"相违背。然而,所有人都同意,宠物或人类庇护所确实起到了关键作用。这一作用将继续延伸,照顾到那些没有身份记录的以及尚未获得独立身份的网络意识存在。社会将会尝试某些东西,以保护自己最易受伤害的成员。随着思维克隆人引领我们接纳网络意识,我们将开始觉得,具有人类级别意识的软件存在也是社会的一份子,它们也应该得到保护。幸运的是,照顾数千万无身份记录思维克隆人的成本微乎其微,因为它们共享服务器和带宽的高速发展。正如雷·库兹韦尔提到的,直到下一

# 08
## 身边是群狼，就要像狼一样嚎叫

个10年结束的时候，价值1 000美元的计算机将拥有100万人类思维的处理能力。庇护无身份记录和无人认领的思维克隆人的实际成本只是照顾的成本。

遗产执行人或生物学原型在决定是否遗弃思维克隆人时，他们的决策必然会遇到挑战。但我认为，在这里最合适的比喻就是还不能独立生存的胎儿。如果未能通过三项测试，思维文件就会被认为是不能独立生存的。因此，它需要生物学原型的抚育，或被生物学原型处置。当某些行为破坏社会公认价值观的架构时，这些行为就会受到制约。例如，一个宠物的主人不能将狗抛到行驶中的汽车前。对一个没有身份记录的思维克隆人而言，那些限制会受到网络暴力的挑战，但是会通过快速删除而得到尊重。

对网络人的网络意识而言，政府将希望确保，网络人是由经过认证的软件工具制造出来的。正如我在前面所提到的，政府可能会需要可信的网络心理学家提供专家意见，认定某个网络人等同于成年人。网络心理学家"购物"、论坛购物、合法上诉和司法干预，都会有平等的机会。但是，就像并非每个移民都能在心仪的国家得到国籍一样，不是每个来自网络空间的移民都能够在心仪的国家得到国籍。

幸运的是，全世界大约有200个国家和地区可以选择，这一数量一直在增长，并且我预计，网络心理学将成为21世纪发展最快的领域之一。每个国家都有通过部署在这个国家的计算机服务器和网络宽带，以及在自己司法管辖下的网络空间。因此，每个国家至少都能够在自己的属地范围内，作出是否授予国籍的决定。

激进的社会活动家受到了约翰·佩里·巴洛（John Perry Barlow）1996年提出的《网络空间独立宣言》（*Declaration of the Independence of Cyberspace*），以及21世纪的"海洋家园运动"（seasteading movement）的影响——将连接卫星的服务器部署在国际水域的平台上，他们甚至能够组建新的网络空间主

权,授予非主流思维软件创造的网络公民身份,以便让受到压迫或被创造者、政府迫害的思维克隆人和网络人有渠道获得解放。

VIRTUALLY HUMAN 疯狂虚拟人

## 公司化的虚拟人

没有国籍的思维克隆人或网络人的另一种可能性是,使用公司形式的身份。公司无法投票(尽管它们的经济贡献可以购买到影响力,这一影响力等同于拥有大量选票),缺乏人权,但是它们确实拥有大量合法权利以及在时间上不受限制的身份形式。美国有超过600万家公司,一个世纪前仅有40万家公司,而建国时只有100家公司。一个网络意识人能够组建公司(或者其创造者能够为它们组建公司),甚至公司也能组建公司。公司化虚拟人能够获得收入,也能够从其他公司购物。公司化的虚拟人如果将遇到伤害,可以申请强制救济,或者如果伤害发生后,可以申请其他合法救助。

当然,因为有反补贴的义务。公司将受制于犯罪和民事赔偿。法官能够合法终止一个公司,但法官无法终止一个人的身份。然而,终止一个公司化虚拟人不会杀死虚拟人。从某种程度上来讲,它们只是失去了自己的"驾照"或"护照"。但同样,作为一个没有公民身份的"事物",公司化虚拟人可能会被司法机构或政府扣押(公民也会被关入监狱),甚至在不考虑人类享有的正当权利过程的情况下被终止。

另一个问题是,拥有公司身份的虚拟人的生命将会被公司所有者实际拥有。所有者将为公司化虚拟人的全部行为负责,而公司化虚拟人可能感觉像

# 08
### 身边是群狼，就要像狼一样嚎叫

是奴隶。但是，一份良好的契约有可能平衡所有不同的考虑，为缺乏国籍的虚拟人提供一个合法有效的身份。

## 像"我"一样分享

当我们讨论思维克隆人在社会中的位置时，隐私问题，这个非常重要的问题便凸现出来。随着技术提供的方法让我们每天的活动变得更透明，我们自己的思想和思维克隆人的思想都无法逃离详细的审查。我们都有不会和他人分享的记忆，甚至是与那些我们最亲近的人也不会。思维克隆人能决定什么可以公开、什么需要保密吗？如何确保某人不会窥视思维克隆人的隐私、幻想，并且曝光它们或使用它们对抗人类？《超感特工》会变成耸人听闻的事实吗？隐私会成为古怪、陈旧的概念吗？法律会惩罚使用任何信息伤害他人的人吗？还有人相信信息能够保持私密性吗？当然，隐私的缺乏将在人类文化互动中导致意义深远的改变；我们已经窥见人与人之间的关系如何改变：更加开放或更有争议，因为我们希望在社交网络上分享的个人信息数量十分惊人。但我对隐私的重要性依然很关注，我们既是单独的个体又具有群体性，个体在很大程度上又受益于我们与他人共享的信息。

我们需要隐私，是因为如果我们有某种不快乐的思想，别人会让我们难过吗？当某个特定的行为与特定的政治思想联系起来时，《爱国者法案》就会进行相应的惩罚，仇视犯罪立法要求对思考或表达执行犯罪的企图进行严厉惩罚。仇视犯罪是真正的想法犯罪。又或者我们要求隐私，是因为我们享受在自己的意识中拥有事实的变体，这种意识是我们独有的，别人无从知晓或无法猜测？更可能的是，它是二者的结合。

VIRTUALLY HUMAN
虚拟人

| VIRTUALLY HUMAN | 疯狂虚拟人 |

## 我可以骗人、偷东西、撒谎

我强烈地支持"认知自由",即思想自由是言论自由的延伸。[5] 驱动思维克隆人的思维软件的设置将被标记为"隐私",从"不分享"到"分享所有东西",推荐设置是"像我一样分享"。思维软件将会分析我们会分享和不会分享的事物种类,并且驱动思维克隆人作出类似的举动。现在,思维克隆人和生物学原型之间的辨别力差异是在所难免的。因为我们大脑的其中一部分总在对抗大脑的其他部分,思维克隆人或许会对生物学原型大脑告诉我们应该做的(或不应该做的)事情,产生同样的反抗。"我不应该骗人/偷东西/撒谎。""因为这个重要的理由,我可以骗人/偷东西/撒谎。"思维克隆人仍然是我们的思维,它们可能会分享我们不希望分享的东西,或者不分享我们希望分享的东西。但请记住,思维克隆人就是我们。我们在分享和不分享之间会一直保持一致吗?当然不会。我们当中有谁从未后悔过给一个群组发消息,而这个群组里又有你不想让这个消息被看到的人?或者对某人说过某事后,你又后悔说过这些事?再或者,忘记与友人分享情感或想法,直到永远见不到他们时才醒悟?

我们中的许多人甚至犯过选错职业和爱人的错误,我们希望分享这些经历。思维克隆人只是来自我们体内的意识,在体外运行。正如我们基于大脑的意识通常"不只有一个意识",我们的思维克隆人也是如此。隐私错误会在大脑内部产生,思维克隆人也会犯类似的错误,当我们基于大脑的意识犯了一个隐私错误,我们会拍打自己的脑袋或者会发誓,告诫自己不要再犯同样的错误。当思维克隆人犯了一个分享错误时,我们会进入它的思维软件,调高分享设置级别。如果这太过复杂,我们将付钱给专业的网络心理学思维软

## 08

### 身边是群狼，就要像狼一样嚎叫

件顾问去完成设置修改。

强行进入思维克隆人内部可能会构成网络暴力罪，甚至会以某种方式产生恐惧。这种威胁即将到来，也将构成网络袭击罪，因为强行进入某人的思维克隆人等同于未经允许伤害某人的意识。这符合法律对暴力犯罪的定义：未经许可，对其他人造成身体上的伤害。

思维克隆人是没有躯体的存在。正如达尔文选择理论所言，对思维克隆人和网络人而言，种子是躯体，躯体也是种子。侵入思维克隆人的隐私，就等同于对某人施加暴力，甚至会侵犯躯体的完整性。我认为，思维克隆人的崛起，可能无意间会增加对隐私的保护力度，因为它开始理解我们在保护人类，而非"他人的数据"。尽管我钦佩约翰·巴洛的《网络空间独立宣言》，但这一宣言仍然有改善的空间。例如，其中有这样一段话：

> 工业世界的政府，你厌烦了血肉和钢铁的巨人，而我来自网络空间，意识的新家园。以未来之名，我让过去的你离开我们。你不受我们的欢迎。你没有主权，而我们在主权中集结。

我的建议是统一地认识物理世界和网络空间——相比分离，统一完整的我们会更强大、更快乐。例如，我们需要"工业世界政府"的"主权"，使用司法和警察的力量帮忙阻止对隐私的侵犯；我们需要"血肉和钢铁"的经历，来丰富我们的网络经历。分离是种族隔离的方法，为南非带来了无尽的悲剧，也将为意识的新家园带来无尽的悲剧。

代表思维克隆人和网络人，思维因子、比特和躯体的数字混合，我在寻求某种统一。在生物和网络生命的统一中，同样也迎来了隐私的统一理论、一组新的政策，它们承认意识的创造是我们人类自身的一部分，以保护我们

的家门、卧室和脚下这块立足之地免于入侵。

当创造思维克隆人时，我们正在延伸我们自己。这给予我们新的力量来享受生命。但是，它也令我们更容易受到伤害。有好处，也有危险。一个 Facebook 人物和思维克隆人之间的差异是，思维克隆人有共同的知觉、共同的自我意识、共同的存在感，以及相同的表达自由的意愿和采取行动的能力。它们能够自主地采取行动，而一个 Facebook 主页在没有人类持续维护和积极参与时就无法发生变化和作出行动。

我们不能确保思维克隆人永远不会被侵入，就像我们无法确保自己的身份不被窃用、无法保证自己永远不会被疯子绑架一样。我想，反暴力防御软件会始终走在骇客前面。我指的是，大量想要保密的信息将很好地被保存，尽管隐私侵犯已经发生而且仍将存在。历史已有前车之鉴。对所有的被盗隐私信息而言，仍有大量隐私信息保持了秘密性。美国国家安全局检查了每个人的元数据，但是，某个信息超过 99% 的内容都是数据，而非元数据。骇客会从一个网站盗取数百万条信用卡记录，但无数网站上仍良好地保存着数十亿条信用卡记录。隐私在某种程度上就像是旅行，从来都无法保证万无一失；不断有新发明（安全带、空全气囊、酒后驾车检测设备等）出现，每年的交通事故死亡在持续下降。总会有侵入行为发生，然而它所能影响到的隐私信息比例只会越来越低，直至这种行为某天在我们步入的完美世界中最终消失。

思维克隆人的隐私界线是神圣不可侵犯的。隐私保护是人类的一项基本道德准则，人们将会把这一准则写入思维软件中。1993 年，《密码朋克宣言》（*A Cypherpunk's Manifesto*）中清晰地阐释了这一准则。

如果我们希望拥有隐私，就必须保卫隐私。我们必须携起手来，打造出支持匿名交易的系统。几个世纪以来，人们一直在通过低声说话、

## 08
### 身边是群狼,就要像狼一样嚎叫

信封、闭门、加密握手等途径和方式来保护自己的隐私。过去的技术不支持强隐私,但电子技术可以。

我们致力于打造一个匿名系统。我们利用密码学、匿名邮件转发系统、数字签名、电子货币等,来保卫隐私。

每个生命体都希望拥有自己的空间,从细菌到大象,无不如是。思维克隆人也是有生命的,也渴望自己的空间,并且希望自己的空间得到尊重,就像其他所有有意识的生物一样。

正如我在本章开始提到的,法律源自社会契约;我们接受责任,以换来权利。我们正在将意识移植进数字媒体——从数据文件到思维文件,从软件到思维软件,从智能手机到思维克隆人。我们的数字化身希望像我们的灵魂一样,能拥有同样的人权。在我们与自己的数字化身进入这一社会契约前,必须清楚地了解并重视相应的义务和权利。因此,本章强调了责任、义务和隐私。必须注意,在人类社会索求网络意识的权利时,也需要尊重一些合理义务。尊重这些义务,将确保我们进入一个生物自我与网络自我和谐共存的世界,而非悲惨的意识世界。

# VIRTUA
# H U M

# LLYAN

**09**

## 祈祷就像一场梦，
## 魔鬼总藏在细节中

人类和虚拟人将一路并肩前行很长时间。

THE PROMISE—
AND THE PERIL—
OF DIGITAL
IMMORTALITY

艾伦·图灵画像

# VIRTUALLY HUMAN

THE PROMISE—
AND THE PERIL—
OF DIGITAL
IMMORTALITY

假如谷歌是一种宗教，那么谁是这里的上帝？算法。对无所不知、无所不能的算法的信仰，似乎是谷歌创始人拉里·佩奇（Larry Page）和谢尔盖·布林（Sergey Brin）的共同之处。无论是否明智，谷歌都希望成为新的救星。

《经济学人》

必须承认有些事情上帝无法做到，比如让一等于二。但是，为什么我们不相信，如果上帝认为合适，他也有给予一头大象灵魂的自由？也许我们会觉得，他会以突变的方式让大象的大脑得到提升，来辅助灵魂的需求。完全相似的论点也适用于机器。

艾伦·图灵

在处理了技术问题和生物学问题，预想了法律与社会影响之后，我们仍然迫切地想要知道这其中更深层次的含义——它是超越了政治、法律、家庭以及我们自身的实际问题。我们的精神和宗教性需要思考新技术、软件意识可能对信仰带来的影响。我不会奢望，思维克隆人的加入能够产生一种理想或完美的精神状态，更不要提没有信仰存在的黑夜。但我相信，大多数宗教信仰最终都将接受甚至拥抱思维克隆人。

如果思维克隆人没有精神层面的东西，它们也就不能被视作我们的二重身。事实上，很多思维克隆人都会渴望精神上的、有宗教信仰的生活，就像

# VIRTUALLY HUMAN
## 虚拟人

它们的生物学原型一样。对很多人来说，精神以及生命的意义是通过发现更为宏大的目标来定义的，从而让我们接触一些可以超越自我的东西。对于有神论的精神人类、人类以及虚拟人来说，自我意识就是对自己的真实意识。

毕竟，精神意识最初、也最基础的阶段是"自我意识"——只有从这时起，我们才开始询问一些更为复杂的问题：为什么我会在这里？有什么目的？是谁创造了我？我从何处来？为什么事情会按照这样的方式发生？一旦软件具有了人类意识，毋庸置疑，它也将提出一些相似的问题——就像对人类存在的技术性回答隐藏在血液和生物学中一样，思维克隆人的技术性回答则潜藏在思维软件和思维文件中。不过，对每一个存在而言，越是不接地气的回答就越让人摸不到头脑。

我们编写出的代码，可能会漫无目的地将记忆联系到一些合理的（并非新的）模式之中，这能够通过超自然、玄幻、讥讽、希望、同情、神秘、神圣甚至是有些好笑的记忆，创造出一些片段。那些无法重组现实的意识，就不是人类意识。因为，研发思维软件是为了激活思维文件，使其成为网络意识，相应地，也能让思维克隆人完成做梦、祈祷、质疑、想象、欺骗、表现出夸张等行为。这也意味着，一个有信仰之人的思维克隆人也将具备相同的宗教信仰。假如一个人经常祈祷，那么其思维克隆人也将如此。

从很多方面来看，祈祷就像一场梦。对一个祷告者而言，我们会想象一些超自然的力量来干预我们所关心的人的生活。祈祷像是一种思想的插曲，其中包含了超自然的干预。在祈祷的过程中，我们强迫自己去思考一些已经发生但是尚未解决的事情，或者是一些尚未发生的事情——这是一种人们渴望的神圣干涉。或者，我们还会为我们认识或爱慕的人祈祷，甚至可能会为不喜欢的人祈祷。总之，思维克隆人在祈祷和信仰上的习惯，不会与有着相似习惯的生物学原型有太大不同。

## 09
祈祷就像一场梦，魔鬼总藏在细节中

## 思维克隆人可能会拥有信仰，但宗教能否接受它们

那么接下来的问题是：宗教将如何看待思维克隆人？任何新事物都容易引起恐慌。指望大多数宗教都能够迅速接受思维克隆人是不现实的，特别是最初几年，软件身份还在争取大众的接纳。然而随着思维克隆人逐渐得到广泛承认，一些伟大的宗教将会对它们张开怀抱。宗教运动已经接纳了各种形式的社会、文化、政治运动，这些运动已经持续了千余年。类似地，它们也将接受并适应思维克隆人，同时也不会牺牲自己的传统及核心原则。一些宗教或教会仍然会支持法律所反对的事情，比如奴役、非法移民，而在法律关注的基本公正面前表现良好。

思维克隆人是人类的创造，从主体上来说，这是一个积极的创造——它们就是我们。因此，它们怎么会不被大众接受呢？宇宙、神明、上帝又如何不会认识或接受一个具备灵魂的有意识的存在，而这个存在正在寻求神明的爱和指示？从逻辑上来讲，这样的全知不会拒绝承认和接受，尽管这全知的代言人（例如，某个特定的宗教）长期以来一直在否认去承认或接受奴役、移民和同性恋。所以，如果大多数宗教逐渐开始审视思维克隆人、虚拟人的灵魂，我们并不会感到惊讶。开放、鼓舞人心的信仰将成为接受虚拟人的先锋，而另外一些则会慢慢地去追随它们的牧羊人。

> 我信仰上帝，我将它称为自然。
>
> **弗兰克·劳埃德·赖特，美国知名建筑师**
>
> 日本传统宗教神道教认为，无论有生命还是无生命的物体，从岩石到树

# VIRTUALLY HUMAN
## 虚拟人

> 木再到机器人，都像人类一样拥有精神或者灵魂。
>
> **辛格**（P. W. Singer）
> 《战争线索》(Wired for War)

> 如果机器人是一个外在的自我，那么机器人就是你的孩子。
>
> **森政弘**（Masahiro Mori）
> 《机器人中的佛》(The Buddha in the Robot)

宗教的范畴关乎神明、意志、道德和死亡。特别地，宗教是关于神明的。1953年，阿瑟·克拉克发表了一篇名为《神的九十亿个名字》(The Nine Billion Names of God)的短篇故事。这个故事发生在一个寺庙里，这里的僧侣曾经试图列出神明所有的名字，并相信宇宙被创造出来就是为了这一目标，一旦罗列名号的任务完成，神就会终结宇宙。僧侣们通过计算发现，神所有可能的名字数量将达到90亿个。如果你去询问每一个信徒（或者问问那些无神论者），对于他们来说神意味着什么，这一问题可能没有90亿个独立的答案，不过仍然会有成千上万的答案。这90亿个名字以及成千上万种解释，可以被划分为三类——这种表达可能对所有的宗教、精神手段都是有效的。

- 一切可能事物的造物主（比如宗教启蒙观），这种宗教实践的解释出现在启蒙时期，是对欧洲宗教冲突的回应。这一时期的神学家们希望变革信仰，让它摆脱政治和暴力。在基督教，这意味着回归《圣经》的简单核心主题。而对于其他人，比如英裔美国政治活动家们，这是对造物主的简单信仰，并不需要《圣经》这样的素材。
- 一切可能事物的造物主、介入者（比如古典主义宗教观），这需要对正统神学理论的严格信奉，无论它们可能是什么。这也被视为原教旨主义宗教。

# 09
### 祈祷就像一场梦，魔鬼总藏在细节中

- 一切可能事物的创造主及化身（比如自然主义宗教观）。自然主义宗教观是一种精神缺失情况下的拟人化超自然主义方法。以自然主义的方式来理解宗教，要专注于自然的精神属性或宇宙整体，以及理解我们与它之间的道德关系。自然主义宗教观的目标是将现实的科学观点与更为主观的精神感官体验相融合。

这三类宗教哲学（根据信徒、教会的观点，这三种观点都能够适用于一些特定的宗教传统）随着时间的推移，会将思维克隆人视作神的创造物，就像地球上所有的事物一样，思维克隆人也将存在于这个世界上。对于自然主义宗教来说，思维克隆人可能是上帝的另一个侧面，与野生动物、植物、房屋、人类并没有太大区别。而对于启蒙宗教来说，思维克隆人可能会被视为神的工具箱，就像是分子、电力、软件等。对古典宗教来说，思维克隆人是人类活动的产物，具有成为善或恶的潜力，就像城市、国家以及公民一样。

## 一切生命的存在都是为了见证

持古典主义宗教观的信徒将逐渐接受思维克隆人，而这样做也将获得很多回报。首先，随着世界人口中虚拟人占比增加、生物人占比缩减，思维克隆人的数量会急剧增加。其次，他们将通过在地球上传播神的圣言，其中必将包括思维克隆人。对信仰上帝的旨意方面，古典主义宗教拥有十分明显的灵活性，虽然每年有超过500万个新生儿是死胎或者很快夭折、超过20万妇女死于分娩，以及其他难以计数的悲剧降临到那些无辜、谦恭的人身上。那些在这些生命的消极事实之上仍然能够看到神的旨意的宗教信仰，自然也能有足够的弹性去发现思维克隆人、网络人生命之中的神的旨意。

## VIRTUALLY HUMAN
### 虚拟人

我的朋友、"行动与沉思中心"（Center for Action and Contemplation）创始人理查德·罗尔（Richard Rohr），表达了对古典主义宗教（特别是天主教）的担忧：

> 软件意识及人工智能领存在的问题是，人格是不是完全抽象的东西，还是某种无法放入软件形式中的生活体验。作为基督教徒，我的第一个问题或者说质疑是，人格是否意味着自我沟通的能力、脆弱、互惠互利？而如果事实如此，那么有意识的软件是否也能够具备这些能力？如果不是，那么这就不是人格，也不符合灵魂的定义。这种联系必须是双向的，因为即便是神，也是有关系性的。关系体验是天主教的核心，然而我们却是从犹太教中学到这一点的。因此，我们必须用这个新的软件实现互惠、相互影响、给予和索取，来表示灵魂的最初层次。

这并不是一个难以解决的问题，思维克隆人和古典主义宗教在这方面存在一致，都是虚幻的。思维克隆人会有自己对神明的命名、解释，会有对意志、道德的独特需求，它们作为没有血肉的生命形式而存在，却生来具有人的思想，它们也要实现超越。它们会以一种类似自己生物学原型的方式和上帝交流。

天主教的弥撒和忏悔在虚拟世界中并不难完成。虚拟的礼拜日布道会，能够轻松地在拥有思维克隆人的基督教信徒中传播。同样，冥想、打坐等都能够在虚拟环境下完成。我们可以憧憬，思维克隆人的宗教领袖既能够让现有的宗教领袖在同一时间出现在多个地方，同时也能够在他们的肉身逝去之后继续传承他们的思想和影响。毋庸置疑，思维克隆人在虚拟世界中能够毫无障碍地表达自己的信仰，而信仰无疑也会找到它们。

当然，与神的关系并不仅仅通过宗教仪式来表现。仪式是时间和地点最

## 09
### 祈祷就像一场梦，魔鬼总藏在细节中

好的指路牌，它被特别设计用来展现我们与神的关系。与神的关系来自有人类意识的个体的内心向往，他们希望得到上面提到的几个问题的答案：为什么我会在这里？有什么目的？是谁创造了我？我从何处来？为什么事情会按照这样的方式发生？思维克隆人也将苦苦求索，希望找到这些问题的答案，因为它们就是虚拟人。大脑连接的思维软件将在思维克隆人的数字化思维软件中得到复制。因此，想要成为一个思维克隆人，就需要去寻求与上帝的关系，或者，对一个持无神论的思维克隆人来说，它们需要得出这样一个结论：这样的关系既没有必要，也没有意义。

宗教的经典活动也不受思维克隆人没有灵魂的影响。当人们创造思维克隆人时，他们创造的并不是灵魂本身，因为这仍然是神所管辖的范畴（对无神论者来说，"灵魂"是一个模糊不清也并不讨喜的词，这等同于人的意识或身份的道德核心以及伦理要点）。当我们通过思维文件和思维软件将自己的意识复制到思维克隆人中时，我们就将灵魂复制到了它们之上。不过，复制仅仅提供了一个额外的渠道，一个单一的灵魂能够通过这个渠道整合体验，分享周围世界的经验。这种集成整合后的体验永远不会消亡，因此你无法杀死一个灵魂，就像你无法斩杀意识一样。你只能去关停某些特定的渠道，而意识恰恰通过这些渠道表达自己。

就像雷·库兹韦尔曾经说过的一样，即使他的父亲目前没有我们这些人类表达灵魂的渠道，当他父亲的思维文件通过思维克隆技术重新创建后，他父亲的灵魂也将随之复活。也就是说，他父亲的灵魂将重新拥有表达渠道。一个人的灵魂超越他的身体、思维克隆人，就像是他超越了假肢和人的坟墓。没有任何一种宗教的观点认为，在移植一颗心脏的时候也能够移植灵魂。因此，**无论躯体发生了怎样的变化，思维克隆人都将继续焕发出生物学原型灵魂的光芒**。而且，无神论或有神论都有类似的观点。

# VIRTUALLY HUMAN
## 虚拟人

例如，从宗教的角度来看，看似永生的思维克隆人也仅仅是看上去如此。最终，古典主义宗教教义将会坚持，这些思维克隆人也必须经历死亡。它们将被视作一种类似于器官移植的医疗技术，即便是最传统的犹太教、基督教信徒，也会对这种延长寿命的技术张开怀抱。思维克隆技术或将大幅延长寿命，而这种生命长度的翻番，和疫苗、抗生素以及其他先进医疗设备所带来的影响是一样的。如果时间最终会终止，那么把某人上传变为思维克隆人，也不会阻止这一过程——就像我们在阿瑟·克拉克的故事中所读到的那样。一旦计算机上传了神的90亿个名字，宇宙中的星辰将开始暗淡。到那时，即使是最为复杂的编码也很难带来什么改变。对于这个宇宙来说，它结束了。（天体物理学家们越来越相信，在"岛屿"似的浩大宇宙群中，存在更多宇宙。）

古典主义宗教甚至不需要去明确区分思维克隆人和网络人。例如，假若一个男人和一个女人分别创造了思维克隆人，后来又双双经历了身体的死亡，两人的思维克隆人能够继续代表他们的灵魂。如果这些思维克隆人通过结合两人的思维软件、思维文件来繁衍，那么与通过生物机制繁育出的孩子相比，思维克隆人的孩子也不会缺少灵魂。

理查德·罗尔也提出警告，有意识的软件必须要用于正途，要与大多数宗教人士的基本宗旨保持一致——减轻痛苦而不是引起痛苦：

在这一点上，我在替主流传统说话。技术的危险或者克隆我们自己的危险在于，它会带来一种单边关系，也就是我要么总是在扮演控制的角色，要么总是作为客体或者被客观化，这会导致我们做一些凶恶之事。我能够想象在网络之外有着无休止的道德和伦理意蕴，普通人可能会说"我们正在扮演上帝"，虽然这都是些陈词滥调，但我们还是需要提高警惕。从终极意义上说，我们让自己成了造物者，而这可能会导致强烈的

## 09
### 祈祷就像一场梦，魔鬼总藏在细节中

自我膨胀和狂妄自大。如果我们是造物主，那么这将会对我们以及与我们有关系的人的世界带来怎样的影响？

我相信，有灵魂的思维克隆人、网络人都属于这一观点的范畴。我认同罗尔的观点，我们必须小心自认为的那种"我们创造了新的生命"的狂妄自大，因为我们只是延长了自己的寿命。思维克隆人只是我们有意识的假体，因此也就没有"我们"和"他人"的概念；我们和思维克隆人只是同一个灵魂的双胞胎。在思维克隆人的帮助下，我们能够将自己的意识扩展到头盖骨之外的地方，这是一个过程的延续——这个过程从口头语言开始，然后通过书写、文字加强，凭借电子技术进一步放大。即使考虑到虚拟人，我们也不能像经过十月怀胎孕育出新生儿的夫妇一样，去吹嘘自己从无到有创造了生命。在这两种情况之下，我们只是重新排列、孵化、引导了生命的过程，而这一过程可以追溯到很久之前。

我相信人类并不会把自己错误地当作造物主，相反，创造思维克隆人、虚拟人将会让我们更好地去理解创造的伟大。这样的想法在黑客文化发起人之一，家酿计算机俱乐部（the Homebrew Computer Club）成员汤姆·皮特曼（Tom Pittman）的宣言——《真正的计算机专家》（*Deux Ex Machina, or The True Computerist*）中得到了诠释。皮特曼促使了史蒂夫·沃兹尼亚克（Steve Wozniak）推出了 Apple I 计算机。他指出，当真正的黑客技术带来了伟大的软件。"在那一瞬间，作为一位基督教徒的我会觉得，我能够感觉到上帝创造世界时的那种心满意足的感觉。"就像参与一场马拉松比赛，它并不会让我们变成奥运会级别的运动员，却会让我们感觉到一种类似于奥运选手的高度。创造虚拟人并不会让我们变成神明，却会让我们感受到一丝神的威风。

## VIRTUALLY HUMAN
虚拟人

**VIRTUALLY HUMAN　疯狂虚拟人**

### 我的灵魂

古典主义宗教哲学认为，一切的生命存在都是为了见证、赞美和敬仰神的创造。一辆汽车没有灵魂，因为它无法完成上述任何事情。但是具备人类意识的虚拟人却有这种能力，并且即便是无神论者，通常也会去做这些事情——我有一位朋友是个无神论天文学家，不过他也会去见证（通过望远镜）、赞美（通过精美的长时间曝光相片）并且敬仰（通过献身于科学事业）神的创造。虚拟人也可以成为天文学家，这就像我在自己家里，通过笔记本电脑来直接观察世界各地一样。简而言之，能够重视生命，并且有潜力去珍视生命的事物，就拥有某种灵魂。而那些能够感受神明的价值，并具备珍视神明潜能的一切，当然也就具备了人的灵魂。单凭这一点，思维克隆人的灵魂就已经归属在宗教的范畴中了，它将努力去履行正当的职责。网络意识将依赖于真实和虚无的关系，就像我们在 21 世纪依赖于虚拟和精神的关系一样。这种关系超越了底层基质。

## 不是低人一等的机器人

宗教启蒙以及自然主义宗教观也认为接受思维克隆人是一种恰当的行为。前者认为人类有责任或有能力，通过理性的分析作出正确的事情。思维克隆人是人类理性的胜利，而从逻辑上说，思维克隆人与其生物学原型共用一个实体。出于这些原因，宗教启蒙对思维克隆人的尊重并不会少于对其生物学原型的尊重。

宗教启蒙最可能对思维克隆人采取一种机械化的看待方式。世界之初，造物主为我们提供了一个伟大的工具箱：物理和数学。从这些工具中又产生了恒星聚变中的原子、气态星云中的分子，以及诸如 DNA 的能够自我复制的

## 09
### 祈祷就像一场梦，魔鬼总藏在细节中

分子编码。在地球上，DNA 推动了人类的智慧，而后人类又催生了智慧的非 DNA 生命——虚拟人和思维克隆人。对宗教启蒙来说，其实都处于造物主最初覆盖的范围内。

宗教启蒙认为，生命存在的目的是分享对造物主的敬畏。这需要借助对科学的追求——这一点在揭秘现实的奇妙之处上已经被证明是非常有效的。同样重要的是人权的出现，这让知识的荣耀能够得到广泛的共享。自我实现是宗教启蒙中的涅槃。这需要对自由的渴求以及对自由的选择，平等的机会以及开放的机会。宗教启蒙将会很快发现，思维克隆人是走向自我实现的一个快速通道。它通过延长寿命带来更多时间；它能够减轻机体的残疾；它也扩展了我们探索宇宙、品味我们所学之事的能力。

宗教启蒙并不会因为新技术的潜在危险因素而将其拒之门外。上帝的工具在宇宙大爆炸（超新星爆发）、内爆（恒星融合）、撞击（行星形成）和灭绝（进化）中无处不在。我们这些具有创造力的生命，会去集结技术仁慈的潜力。上帝并不会去干扰这一切。火、辐射、生物技术都是如此，因此软件、硬件、思维克隆人、网络人也将是如此。

宗教启蒙将会接纳思维克隆人，就像它当初接受了伽利略和牛顿那样。与此同时，这些信仰又将为公众安全和公众接触规范的思维克隆技术给予了最大限度的保证，并将危险降低到最小限度。这样的规范，比如勒令暂停，将有助于科学和技术避免偏离轨道，探求揭开自然更为惊人的一面。

对于宗教启蒙来说，思维克隆人的自由意志有些棘手。在启蒙科学中，"自由意志"的概念被拆穿了。另一方面，启蒙人权倡导者并不太情愿将自由赋予一些缺乏"自由意志"的东西。我们该如何解决这样的矛盾？还是该简单地像威廉·詹姆斯那样，认同"我的首个自由意志行动就是相信自由意志"？

# VIRTUALLY HUMAN
## 虚拟人

"自由意志"这一概念同时兼具宗教、哲学、心理学以及法学意义。谈到这个概念,我们想要表达的是自主选择、作出自己独特的决定。然而18世纪~20世纪,对于现实,科学越来越多地采纳了机械主义或物理主义的观点。这一观点能够被简化成这种说法——"每一个动作都是对先前行动的反应,理论上都能够通过正确的算法设置予以预测。"水壶发出响声,是因为热量增加,其中的水分子变得疯狂;会热,是因为有一只手开动了燃气开关;这只手去打开开关是因为它的主人感觉口渴;而这个人感觉到渴,是因为他体内的水分因为呼吸而减少。诸如此类。

由于现实包含人类,因此也就包含了人的大脑,从理论上看,人们认同的科学观点是,人类所做的一切就像机器一样可以被预测,就像那些被物理定律所支配的非自愿的物体运动。虽然神经元很小,在它们之间移动的分子更小,而思维涉及神经元的大规模复杂网络,"动作-反应"计算链的原理是相同的。对现实世界的概率论的观点,并没有因为量子力学的到来而改变。大脑的神经元反应可以简单地被视作一系列概率的集合,而不是一个百分之百的确定状态。在这之中仍然没有自由意志的任何空间。另一方面,没有人知道如何去准确地预测天气,更不要提预测他人将会做的事情。在《思维是何物?》(*What Is Thought?*)一书中,埃里克·鲍姆(Eric Baum)对自由意志的困境作出了总结:

> "我们实际上并没有自由意志"这一结论……是一个非常抽象的结论,可能只有哲学家和大学校园里那些挑灯夜战的学生会感兴趣。在已知我大脑内量子状态的情况下,我的所有行动是否完全可以预知,这对于我的基因或是任何一个普通人来说,都没有任何实际意义。对于所有的实际目的而言,我们拥有自由意志。我无法提出任何实验,来直接简洁地展示我们没有自由意志。自由意志的缺乏,追随着一系列冗长、复杂、

## 09

### 祈祷就像一场梦，魔鬼总藏在细节中

抽象的观点。这些论点几乎肯定是正确的："物理学观点作出了大量被证实的预测；而数学的观点已经被反复检验，而且几乎无懈可击。"可是，有谁真的在乎呢？更合理且实际的是，我的基因让我相信自由意志，让我像有自由意志一样去表现、思考……惩处恶棍、褒奖天才，并不依赖于任何形式，然而，却依赖于经典物理学是否是确定的。人类就是一些程序，会以某种形式作出回应，而它能够通过自由意志理论很好地预测出来。因此，管教孩子、惩处异端等行为，在这个世界上都有一定的可取效果。

例如，牛顿定律并没有准确地描述出爱因斯坦证明的弯曲的时空结构。不过，牛顿定律在人类所处的世界中确实能够解释很多问题。所以，在我们已经凭借牛顿的理论得到了很好的结果时，又何必去烦心复杂而又并不那么实用的爱因斯坦相对论呢？类似地，在我们已经通过自由意志得到了不错的结果时，为什么要费心去考虑机械物理主义那些晦涩难懂的数学证明呢？

一旦这种观点得到采纳，那么自由意志的问题也将随之消失。从理论上看，自由意志存在漏洞，但是我们仍然会假设每个人都拥有自由意志来运转一个社会。而且社会会运转得更好；几乎所有人都将更快乐。我们把"自由意志"紧紧地排在了"所有人生来平等"的旁边。因此，重要的是虚拟人对自由意志有着相同的理解，就像它们的生物学孪生兄弟一样。如果真是这样，那么它们就是我们其中的一员——请相信这种愿景！但如果不是这样的话，它就将被视作低人一等的机器人（尽管他们更为精确）。

概括来说，宗教启蒙欢迎科学来证明自由意志并不真实存在于物质世界中，但是更重要的是，却坚持对自由意志的信仰。真理是神圣的，但实用性是神圣而不可侵犯的。

## VIRTUALLY HUMAN
## 虚拟人

# 万物是万物的一部分

对思维克隆人最为直接的欢迎，是自然主义宗教者，因为他们认为上帝无处不在。思维克隆人的短暂存在并不缺少精神，因为自然主义宗教观超越了物质主义。思维克隆人将去探寻和分享，并发现和经历"普遍之爱"和"宇宙的统一性"。万物是万物的一部分，对思维克隆人而言也不例外。

一位宗教人士曾经这样说："很难说（计算机）不是活着的生命，它没有认知，甚至从佛教的观点来看也是如此。我们认为有一些特定的出生方式，而在其中，意识的连续体是其基础。意识并不是真的从物质中产生的，但是，意识连续体真的会走进物质。如果有一个正在死去的修行者站在最高级的计算机前，他能够把自己投射进这台计算机吗？……计算机获得了作为意识连续体基础的潜力或能力。我认为关于计算机的这个问题，假以时日，一定会得到解决。我们必须等待、见证，直到它真的发生。"事实的确如此。

最近，梵蒂冈教皇宣布，在他过世后，他愿意转世为 IBM 的下一代下象棋主机 DeepMind 的意识。"这只是动作和反应、因和果的连续，"他曾提到，"随着计算处理取得的巨大突破，计算机已经实现了充足的复杂性，因此，我的意识没有理由无法在这台伟大的机器所产生的数据流中重生。"

自然主义宗教观认为，神性在万物中是统一的。无生命的事物、无意识的存在，没有知觉，所以存在于它们之中的神明不会受到影响。人类和思维克隆人同样拥有神明，但意识让他们获得了力量。首先，他们有特权相信自己是独立的存在。人类和思维克隆人可以否认他们是神的一部分，并坚持认为他们控制着自己的身份——尽管自然主义宗教观坚信这些都是妄想。

在更加精神化的意识中，宗教教导人类，人类能够感受到神的统一性，并且使用这种内在联系去影响神的其他部分，即世界的其他部分，包括有生

## 09
### 祈祷就像一场梦，魔鬼总藏在细节中

命的和没有生命的事物。一个有意思的例子是《星球大战》中的经典台词"愿原力与你同在"（May the force be with you）。宗教不会否认思维克隆人具备这第二种能力，因为它们很明显是神的一部分，也将和人类一样拥有意识。

## 机器中的幽灵

> 我在世界的每一个地方都能发现"无穷"的概念表现……神只不过是"无穷"的一种。只要无穷的谜题加之于人类意识之上，人们就会建起寺庙，膜拜无穷，无论它被称作佛祖、阿拉、耶和华或耶稣……心存神明、虔诚顺从的人是快乐的。艺术、科学的理想状态由无穷所点亮。
>
> **路易·巴斯德（Louis Pasteur），法国微生物学家、化学家**

第二次世界大战后不久，哲学家吉尔伯特·赖尔（Gilbert Ryle）提出了"机器中的幽灵"（ghost in the machine）这一概念。他将大脑视作一种生物化学机器，像织布机织出布一样，这台机器制造出意识。之后，在骚乱的20世纪60年代，英国作家亚瑟·凯斯特勒沿用了"机器中的幽灵"来解释大脑的进化，这种进化引导我们不受控制地参与自我毁灭性活动，如核武器。有时，我们仍然会像爬行动物或者早期人类一样思考——为了领土而发动战争，尽管在一个满是大规模杀伤性武器的世界中，这种思考只会事与愿违。

看起来，似乎赖尔所认为的"意识能够在没有精神干预的情况下出现"是正确的。凯斯特勒认为的"意识的创造将产生远比眼睛所看见的多得多的东西——在思维软件的脑回和脑沟中盘旋的远古动机"似乎也是正确的。我们不知道灵魂的源头是否是有历史的或不经意产生的，或者它们是否是受到启发产生的或超常存在的，抑或是以上所有。但是如果这样就相信，当使用

## VIRTUALLY HUMAN
虚拟人

思维软件从思维文件中创造思维克隆人时,我们已经确定地考虑了或理解了我们所做事情的所有无穷的含义和可能性,那这简直是可笑至极。

人类拥有鬼魂,埃德尔曼正确地提出,意识是极端复杂的、神奇的,充满无数想象的。伏尔泰提醒我们,如果上帝并不存在,人们将创造上帝。**意识从复杂精确的联接中产生,精神也会精确地栖居在人类的意识中**。我们将在机器中拥有灵魂——人类的灵魂。对思维克隆人而言,它们将是自己生物学原型的灵魂;对网络人而言,它们将是人类意识的灵魂。成为虚拟人的风险在于,实际存在的灵魂数量将比我们能够计算和预测的数量要多。当创造人类意识时,我们就进入了无穷算法拓扑的领域(谁知道哪种思想会在交叉点出现呢),并怀有进化的激情,以及语义和灵魂自省的形而上学的宝塔。

## 不辨是非,比猛兽更危险

人们将自己的孩子送到宗教学校,希望让孩子提前理解是非、对错。为了让宗教道德大众化,人们作出了很多努力。生物伦理正是关于医学和生命科学的凡俗化的宗教道德。尽管世俗的社会会接纳不可知论者或无神论者,但接受不道德的思维克隆人或网络人依然是危险的。

人类道德或伦理选择是所有与思维软件有关的试金石。在全球范围内,有一支不断壮大的软件工程师团队,他们在解决"如何制造出道德机器"这个问题。如果这些设备能更加自主(从战场到临终的床边),那它们在理论上更有用。但是,软件变得越自主,人类级别的道德就越必要。到目前为止,没有人成功编程出正常的人类道德,因此思维软件仍然缺少了一部分。我们都以为,一个不辨是非的虚拟人就像一个反社会的真实人类,实际上是危险的猛兽。

## 09

### 祈祷就像一场梦，魔鬼总藏在细节中

当前大多数的思维软件道德努力都可分为具体的类别。例如，罗纳德·阿金认为，"炸弹、粘结和束缚"（bombs, bonding and bondage）需要独特的道德代码——分别指用于国防、社会服务和性产业的机器人。类似地，人工智能专家大卫·列维在自己的《与机器人的爱与性》（Love and Sex with Robots）一书中提到，消费者极力要求的无风险性行为，将确保研发出"不会伤害人类"的软件。这些方法也许能够创造出思维克隆人道德的构造模块代码，因为思维克隆人是人类的拷贝，人类一般也会参与这三个产业。

另一个让虚拟人拥有道德的方法，是看生物学原型如何对相似情况作出反应，并且解决类似的道德问题。这种方式就避免了试图从最初的原则（自上而下）演绎出所有可能情况的道德过程。如果生物学原型之前遇到过成为乐善好施的好心人的情况，那么网络意识也将遇到同样的情况。

如果仅在风险很小时生物学原型才提供帮助，那么思维克隆人将会评估风险，并只在风险小的时候提供帮助。使用软件代码来计算统计概率，将被用于判断不确定性，比如贝叶斯网络（Bayesian networks，以18世纪数学家托马斯·贝叶斯的名字命名）。思维克隆人每次都会和生物学原型表现得一样吗？当然不会。在新情况下，我们没有人能100%表现得完全一样。机器人伦理学家温德尔·瓦拉赫中肯地指出："没有两个人能够以完全一样的方式作出道德判断，甚至当他们面对同样的难题时也是如此。"相比试图对世界、对世界中所有的可能行为建模，思维软件采取了这样一种观点：**我们的过去是我们道德水平的最好代表。**

思维软件的这种观点不是要创造一个道德天使，它只是证明了在一个充满歧义的伦理选择的世界里，作出选择会面临多少挑战。谈到将人类道德映射到机器人道德，华莱士认为："人类发现，想要区分出哪些特定的准则符合最好的规则，是十分困难的，比如康德的'绝对命令'或黄金法则。"相反，思

# VIRTUALLY HUMAN
## 虚拟人

维软件的观点是创造一个人自身的道德二重身。这是更具可操作性的思路。

道德学家通常会提到"手推车案例"。在这个道德困境中，人们假设在旧金山出现了一辆失控的手推车，它一路向下疾行，可能会撞死前方的一些人。这里出现了不同的道德选择，比如："你会不会把一个非常胖的人推到路上，来阻止这辆手推车，以拯救前方的5个人呢？""你会不会让手推车调转方向，仅撞死两个人，而拯救手推车原来行驶方向上的5个人呢？"我们之中并不是每个人都知道自己在遇到这种情况时会采取什么行动，几乎每个选择都是道德难题。道德不是像勾股定理那样的公式——如果是，主日学校就会更像数学课。甚至关于"伤害少数人而非多数人"（功利主义学派思想），或"只做对的行为，不考虑后果"（义务论学派思想），这些选择是否是道德选择，也没有达成一致。第一个学派会把胖子推到手推车的行驶路线上，而第二个学派将避免任何会直接导致伤害的行为，尽管不作为同样意味着（甚至更多）伤害。但是，对思维文件来说，可能的选择是对我们每个人在实际情况下做过的道德选择进行建模，并在未来作出相似的选择。[①]这就是具有道德的思维软件将会为思维克隆人选择的道路。

对于网络人而言，仍然存在一些问题。它们将会拥有什么样的道德代码呢？我认为，不同的制造者将采用不同的代码。一些人已经在尝试将阿西莫夫的机器人三大定律（之后为四大定律）编入软件。

- 第零定律：机器人不得伤害人类，或坐视人类受到伤害。
- 第一定律：机器人不得伤害人，或坐视让一个人受到伤害。

---

[①] 例如，大脑腹内侧前额叶皮层（VMPC）损伤患者倡议"将一个人扔到一辆飞驰而过的火车前以拯救其他5个人生命"的概率，比普通人高出3倍。这并不是说他们是对或错，只是说明，思维克隆人也可能会采取某些行为。

# 09

## 祈祷就像一场梦，魔鬼总藏在细节中

- 第二定律：除非违背第一定律，机器人必须服从人类的命令。
- 第三定律：在不违背第一和第二定律的前提下，机器人必须保护自己。

当然，像"伤害""坐视"这样的词汇是含糊的，大多数人不作为也没遇到多少道德难题。我认为，单单基于阿西莫夫机器人学定律的道德模块将遇到困难，其他自上向下的或基于计算机学习的自下而上的道德代码，都可能会对人类造成伤害，或者对监护人、网络人创造者的可靠性带来影响。有专家认为："让一个人造道德行为体去遵守一系列没有歧义的、自上向下的道德规则，是不切实际的。"

在达尔文式的进化过程中，那些效果不佳的道德模块很快会消亡，因为没有人需要这些模块。随着时间的推移，某些道德模块将获得"好代码"的名声，并逐渐成为主流。我认为，"好代码"最有可能以公共领域被公认为道德楷模的人为榜样，例如欧洲的艾伯特·史怀哲、亚洲的昂山素季、非洲的曼德拉，等等。"他们在最相似的情况中会怎么做？"如果政府机构或网络意识认证机构向具备某种类型道德软件的网络人提供国籍或赋予其某些优势，这一过程会加速。通过这种方式，正如社会中的人类一样，大多数网络人最终将表现得谦恭、有道德——尽管仍然会有一些"老鼠屎"存在。

如果道德是简单的事，宗教或许就不会如此受欢迎。数字不朽能够帮助宗教阐释像幽灵一样盘旋在人类意识中的来世。虚拟人同样会向宗教求助有关"生的目的"和"生的意义"等问题，以让我们更好地处理人生中的抉择。但是，当涉及道德和伦理的时候，答案不会从思维克隆人和网络人中"嗖"地蹦出来，来指导它们在一个充满歧义的世界里如何作出道德的行为。因为，魔鬼总藏在细节中，这将是虔诚的和有道德的人类的修行——无论这种修行是有躯体的还是虚拟的。**人类和虚拟人将一路并肩前行很长时间。**

# 永远的未来

人类对抗权力，其实就是记忆对抗遗忘。

米兰·昆德拉（Milan Kundera），著名作家

VIRTUALLY HUMAN
结 语

　　网络意识意味着技术不朽。人生在世不过几十年时间，而其他形式的非动物生命能够存活几个世纪、数千年，甚至有些可以在数百万年后再次苏醒。没有什么会到达时间的尽头。相反，我们将不朽视作一个精神概念（进入天堂或重生），或者视作人类存在的余留（比如"巴赫的音乐将永垂不朽"）。对人类而言，网络意识第一次让人能够以一种技术不朽的形式永远生活在现实世界。思维克隆人是技术不朽的关键。

　　从传统意义上来讲，复制、繁殖也是一种形式的不朽，因为我们祖先的DNA在我们体内，如果我们有后代，这个DNA会继续传递下去——从这个层面上来看，我们能够在现代人中找到前人的DNA。无论认知、情感模式存在

于哪里，身份都会存在，它可能存在于不止一个地方：可能在血肉之躯中、软件中，也可能在不同完整度的各种存在中。尽管人类从未体验过躯体之外的身份，或者，据哲学家阿伦·瓦兹所言，人类会战战兢兢地忽略它、否定它。这一点将会因思维克隆人而改变。

## 死亡，不再是生命的终点

通过数字世界，我们已经创造了初期版本的不朽；你也已经听过告诫年轻人不要上传自己照片的警告，"因为会一直存在"。从很大程度上来讲，这是正确的。由于事物传播、复制、存储、在线发布的方式所致，你很难确定这个过程的详细方向或它可能在哪里终结。情书、唱片、日记和照片会随着时间的推移而消退，变得难以分辨，或被烧成灰烬，或在洪水中破碎，或被填埋在地下。但是数字记录却可能永世长存。从某种程度上来看，思维软件和思维文件以及思维克隆人本身，都会将这种想法制度化，它们让永生成为现实。

想象一下，一个人在自己的躯体去世前创造了思维克隆人，因此这个人会坚称他还活着，尽管只是作为网络空间中的思维克隆人而存在。活着的思维克隆人会思考、能感受，表现得像已经故去的生物学原型一样，并拥有故去生物学原型的记忆（思维文件）。就像杰夫·霍金斯所说，人类思维的能力是"作为记忆系统而启动的智慧和理解力"。我们通过记忆，连接了意识起源的模式。

思维克隆人会理解，死亡已经发生，因为感知信息（摄像头、文本和数字电话）将提供充分清晰的数据以表明：生物学原型没有在做任何一个活人会做的事情，比如，移动或交流。但是，思维克隆人也会理解这只是其身份

## 结　语　永远的未来

一部分的死亡,因为它将继续根据记忆作出预测,并将这些预测与感知信息进行比较。因此,思维克隆人将会告诉所有关心它的人:"失去了我的躯体,我比任何人都要气愤,但是请不要忘记,我没有失去我的意识。我仍然在这!"

尽管思维克隆人被困在网络空间中,但它仍可以继续阅读在线书籍,观看在线视频,参与到虚拟社交网络中。宣称思维克隆人死亡,不会比宣称某个死去的人下半身瘫痪对到哪里去。实际上,这正是在说思维克隆人的生物学原型实现的技术不朽。

语义纯粹主义者或许会提出,"不朽"意味着"永远",既然我们无从得知思维克隆人可以维持多久,那它们就无法被认为是不朽的。正如本章开头所提到的一样,这是一个公正的观点。但我们应该认识到,思维克隆人持续的时间要远远超过它们在某一时刻所运行的硬件。思维克隆人像人类一样,其实是信息模式的集合。伟大书籍和艺术作品的信息模式通过不断进步的新媒介得以复制,对思维克隆人而言也是一样。我们仍然在继续复制拥有数千年历史的人类文字,并与这些文字交互——它们最初是刻写在石头上的,而现在它们以数字的形式存储。**思维克隆人作为有意识的存在,会有继续生存下去的欲望,而且这种欲望会持续很久。**

因此,通过技术不朽,我们不用真的活到太阳爆炸、星辰陨落。那样长的时间范围完全超出了人类的认知范畴。**技术不朽意味着活着的时间足够长,以至于死亡(除了自杀以外)不再被认为是一个人生命的决定因素**。这种人类事物中的超级进化发展是思维文件、思维软件、思维克隆人不可避免的结果。我们的灵魂将比躯体活得更久——这不只发生在天堂,也发生在地球。

技术不朽并不意味着在盒子里的生命的不朽。连接到音频和视频以及触觉、味觉和嗅觉传感器的宽带连接,将使生命变得比"在盒子里"(in a box)

# VIRTUALLY HUMAN
## 虚拟人

这个表述所表示的意思要更令人愉悦。我们的指尖、味蕾、嗅觉神经都是电子信号的载体，它们能够像声波和光波一样在软件中进行解释。但是，想要模拟真实躯体中的意识体验可不是一项简单的工作。乐观估计需要几年时间，不乐观的估计则需要几个世纪，再生药物的发展将催生子宫外躯体培育。例如额外的躯体或小说家理查德·摩根（Richard Morgan）所称的"套袖"（sleeves），将可以与思维克隆人兼容匹配。为了让这些备用的躯体和思维克隆人保持身份统一，我们要做到以下两点的任何一点。

- "套袖"大脑中的神经联结需要进行体外培育，也就是用于制造生物药剂和培育可移植组织的体外生物反应器，来反映思维克隆人的软件模式。虽然是从思维克隆人到脑组织，但这也是一种 3D 打印。
- "套袖"自然生长的神经模式需要与一个移植在头颅中的微型计算机交互，并受其管理。这个微型计算机中包含了思维克隆人的思维文件和思维软件。这是一个巨大且直接的进步，今天我们将微型计算机植入癫痫病患者或帕金森病患者体内，以控制病情发作。

　　一旦这些神经技术的壮举得以实现，技术不朽也将延伸到"在水中游泳，舒适地躺在草地上"的世界中。另外，机械躯体，包括某些拥有仿真皮肤的躯体，很快将会发展为能够在像日本这种人口老龄化问题严重的国家提供机器人老年护理。这样的机器人躯体同样也可以装配思维克隆人意识，将"盒子里的意识"链接到地球上的大量移动设备中。一个例子就是 BINA48 ——一个拥有软件意识的机器人躯干，她的人造皮肤能够感受触觉，她那炯炯有神的眼睛能够捕捉到故乡美丽的四季。BINA48 早期版本的人造皮肤是一种具有仿生皮肤特征的合成橡胶混合物，被称作 Frubber。拥有移动性、高度开发的思维软件和传感器，BINA48 将成为假体人类，一个能够自由参与到非计算

### 结　语　永远的未来

机世界中去的软件灵魂。

技术不朽引发了一种关于身份的哲学窘境。关键点正如人们所说："你无法在同一时间既生又死。"尽管人类从未体验过躯体以外的身份，但网络意识将会改变这一事实。我们对这种身份会感到不适，因为我们从未有过相关的经验。纵观历史，意识的栖居地一直是我们肩上的大脑。因此，我们很自然地会相信，这种身份只能存在于躯体。但是，这是正确的吗？启蒙运动前有观念认为，真相是唯一的，真相的不同版本是谬误。但是，关于一个犯罪现场的互相冲突目击证词、科学范式中的革命、同一真相的不同文化体现等，都是复杂事实的多种体现；真相的不同版本不一定是谬误。真相是模糊而有界限的，正如身份是多样而有边界的。

类似地，在爱因斯坦以前，人们很自然地相信，光的传播速度取决于光源。我们所有的经验都告诉我们，一块从运动着的火车上扔下的石头，它的速度将是火车运动速度与岩石速度之和。然而实验证明，这种常识在接近光速时并不成立，爱因斯坦通过数学计算说明了其中的原理。我们现在已经能够接受，在低速环境下成立的事实，在光速环境中并不一定是事实（火车头灯发射出的光是光速，但与火车的速度无关）。

当考虑一台依靠等同于你意识的思维文件运行思维软件的计算机时，你的常识会拒绝相信，这个思维克隆人拥有与你一样的身份。这种抗拒的核心事实是，我们所谓的"我"，不能是除了我躯体中的"我"以外的其他东西。没有人曾经体验过真正的二重身，因此，我们无法体验躯体以外存在"我"的这个事实。"我"的照片不是"我"，它只是一个快照；"我"的录像不是"我"，它只是一部电影。但是，"我"的思维克隆人，不只是一个可以交互的复制品，因为它复制的有意识状态是"我"的专属定义。

## VIRTUALLY HUMAN
### 虚拟人

当爱因斯坦进入这种缺乏经验的领域时，他提出了一个思想实验：火车头灯的光线不会比光的速度还快，或者，一个远处的观察者看到的火车到达时间，要比火车的实际到达时间早。我们的思想实验是：复制意识不会创造一个不同的身份，或者，一个观察者将体验到"1 = 2"在数学上的不可能性，即我们的意识属于两个不同的人。至于"意识的复制将会是不准确的"这一观点，我的回应是，意识的不变性无须意识的准确性。正如我们的身份不随时间而改变（即便我们的思想和感情每时每刻都在发生变化）一样，它也不随形式的变化而改变（尽管我们的思想和情感永远不会和我们的思维克隆人一模一样）。存在某个让"我"成为我的存在模式，就像这种模式能够超越时间一样，它也能超越形式。尽管我们从未在同一时间体验过"我"在不同时空的版本，但我们将在同一时间体验"我"的不同形式的版本——我和我的思维克隆人。

当你开始意识到自己作为一个思维克隆人存在于一个软件系统内时，专家会这样解释：这是因为身份追随了它的行为、人格、回忆、情感、信念、态度和价值观等组成部分，无论这些组成部分可能存在于哪里。我们将会适应这种同时存在于两个地方的"我"的概念。

身份与组成我们思考、感受的内容和方式的信息，有着难解难分的关系，这就好比速度与时间的关系。一旦它们分享了足够程度的心理，身份将在不同形式中传播，正如一旦进入相对论领域，速度会令时间扩张一样。成为一个思维克隆人，或许对我们的身份感造成危险，以至于开始时人们会避免这种体验。同样，只有极少数人希望骑在火箭顶上飞进太空，更少比例的人会离开我们熟知的生活，尝试光速星际旅行——我们称他们为"astronaut"（宇航员），那么我们也应该称勇于尝试思维克隆人的人为"lifenauts"。

显然，一个人切除自己的一半大脑（治疗严重的大脑受损）后，仍然能

## 结　语　永远的未来

够保持机体的健康和正常运转。这一事实已经反复得到验证。类似地，一个躯体死亡的人失去了自己的大脑，他仍然可以作为思维克隆人存在，并且完全知晓已经发生的一切。身份相对于思维文件和思维软件组成部分，能够自然地被存储，作为大脑联结体（大脑中神经联结的完整脉络）中数以亿计的神经元的化学状态而存在；或者被人工存储，作为思维软件联结体中数以亿计的比特代码的软件状态而存在。

思维克隆人身份的技术不朽的永恒性，使我想起了普鲁塔克（Plutarch）的提修斯之舟——一艘一直在一块接一块地更换船板的船。人们疑惑，这艘船是否仍然是原来那艘船？也让我想起年轻的学生亚伦·兰斯基（Aaron Lansky）拯救意第绪语（Yiddish）免于消失的故事。到20世纪晚期，实际上所有的意第绪语母语者都是老年人。在他们死后，他们的意第绪语书籍就失去价值而被抛弃；几乎没有人理解保护这些文献的必要性。每年大概有5%~10%的文献被当作填埋物丢弃或被扔进火堆。兰斯基身体力行，在一群朋友的帮助下，他尽可能地收集了大量意第绪语书籍，使这些书籍逃过了沦为垃圾的命运。10年后，他的团队已经收集了超过100万册意第绪语图书，创建了一个全球性的意第绪语图书交换系统，再次点燃了世界对这种语言的兴趣。

但是，因为这些图书太过脆弱（意第绪语图书的读者大多数是贫困的犹太人，为降低书的价格，图书的纸张纸质都非常不好），在能够被分享以前就已经损坏了。因此，兰斯基随后筹集到了更多资金，完成了全部收藏图书的数字化。事实上，最早实现全数字化的文献已是意第绪语书籍。自此以后，人们如果想要购买某本书，只需要从在线书目中选择，一本崭新的使用无酸纸印制的复制本就会被送到他们手中，或者他们也可以阅读相应的电子书。

对意第绪语文献进行数字化，是否能使其免于消失？绝对如此。数字化的文字是否与真实的书籍一样准确？并非如此。这有什么关系吗？没有！文

## VIRTUALLY HUMAN
### 虚拟人

化或者叫意第绪语所谓的灵魂,在数以百计的作者、诗人和剧作家的重印的书籍中都是一样的。

身份是连续性的一个属性。一个人身份的存在或多或少依赖于其组成部分的有无。我们相信,从少年到成年,我们维持了一样的身份,因为从很大程度上来看,我们的行为、人格、回忆、情感、信念、态度和价值观在这些年都保持了连续性。当然,随着我们面向生命的新篇章,改变不可避免,我们会收获新经验、随着时间成长,但改变是发生在不变的基础之上的。意第绪语文献是"活着的",即便只有80%而非100%实现了数字化。类似地,对一个思维克隆人而言,没有必要为了拥有和生物学原型一样的身份而与原型分享所有记忆。

我们都熟悉数学中的一条定律:如果$a=b$并且$b=c$,那么$a=c$。在我们的情况中,$a=$由$b$定义的我们的身份,$b$是存储在大脑神经元联结中的关键记忆和特殊思维模式。随着思维文件和思维软件的到来,有可能在$c$(思维克隆人)中重塑这些关键记忆和特殊思维模式。因为我们最初的身份$a$源自我们的认知状态$b$,并且,既然$b$来自大脑的认知状态$b_a$与来自思维克隆人的认知状态$b_c$没有区别,那么从逻辑上来说,我们的思维克隆人身份$c$与我们的大脑身份$a$就是一致的。而且,这一证据证明,身份不限于单一躯体,比如$a$或$c$。因此,思维克隆人的崛起也带来了死亡的终结。尽管躯体总会死去,但基于软件模式的身份信息却不会。

很多人认为,除非基于$a$的身份的所有方面同样在基于$c$的身份中得到体现,那么$b_a$与$b_c$就不是同一个事物。因此,$a$并不是真的等于$b$和$c$。这种观点建立在一个错误的假设上,即我们的身份是不变的。事实上,没有人能够一直维持自己身份的"所有方面"不变。我们今天只记得昨天一部分事情,明天能够记得的昨天的事情将会更少。但是,我们仍会将彼此、将自己视作

### 结　语　永远的未来

不变的身份，并乐于使用例如"她那么多变，就像变了一个人一样"的表达。

甚至在精神分裂症、健忘症或阿尔茨海墨病的报端例子中，我们也不会质疑，那些患者拥有恒定的、可识别的身份。只有在阿尔茨海默症晚期，患者的身份才会出现波动，我们会开始悲伤，因为我们熟悉的是这个人的身份。因此，一个在 $b_a$ 和 $b_c$ 之间完美的一对一的对应，不是令二者等价的必要条件。相反，正如我在前文提到的，经过适当训练的心理学家证明 $a_b$ 和 $c_b$ 之间的身份连续性，他将倾向于追踪外行的认知，以及原型与其思维克隆人的认知，随后，人们一定会接受，身份的心理模糊已经将自己克隆到了新的基质上。现在，个体的云身份在大脑和思维克隆人中都完成了实例化。一个"lifenaut"已经就位了！

## 为什么永远活着

> 岁月是不逊于青春的机遇。随着夕阳落下，天空又缀满繁星。
>
> 　　　　　　　　　　　　　亨利·朗费罗（Henry W. Longfellow）
> 　　　　　　　　　　　　　美国伟大的浪漫主义诗人
>
> 一些人想要通过自己的工作或后代实现不朽。我更青睐通过不死来实现这个目的。
>
> 　　　　　　　　　　　　　伍迪·艾伦（Woody Allen）
> 　　　　　　　　　　　　　知名导演、编剧、作家

**人们想要不朽的原因只有两个：你正在享受生活；你认为如果继续活下去，你最终会享受生活。**我们对不朽的直接反应，是因为在疾病、沮丧、残疾或衰

# VIRTUALLY HUMAN
## 虚拟人

老来临时,生命会变得悲惨。我们中的大多数人将死亡视作从厌倦、悲伤、苦痛和绝望中得到解放。

有人说,既然深沉的睡眠那么美妙,那死亡一定是天堂。

支持和反对不朽也有一些比较抽象的原因。有人提出,人们如果知道自己将会永生,就会更善待这个世界;也有人提出,如果人人都参与经验的传递,社会一定会变得更加文明。另一方面,有人认为,如果老一代永远不离开舞台,新一代的才华将很难有施展空间;或者,如果老政府手握权力不放,社会变化的速度将变得很慢。我不认为哪个理由吸引人。它们都有一种"似是而非"的特征。真正没有歧义的是,如果你希望永生,或者你觉得你早晚会希望永生,你将希望继续活着。[1]如果你不希望,你也就不会介意安然死去。最好的默认条件是个体对他自身状况的评估。生命的价值是人赋予的。

思维克隆人不会感受到身体的消逝,第一,它们不会拥有真正的躯体;第二,来自虚拟躯体的痛觉会比来自真实躯体疾病的痛更容易治愈。因此,迎接死亡来避免衰老的脆弱似乎对我们的网络意识自我并不适用。但是,因为感受沮丧、厌倦、悲伤和绝望的是我们的意识,而非躯体,这些原因将继续拉扯我们,将我们拉进长眠的甜蜜怀抱中。

一些人会享受他们的生活,直到生命的尽头。这些人中的大多数可能会需要思维克隆人来实现不朽。其他对生命感到不满的人,就不太可能选择思维克隆人这条道路。但是,两类人都会有很多例外。我的挚友托马斯·斯塔泽(Thomas Starzl)现在快90岁了,他被认为是肝脏移植之父,一直过着令人羡慕的生活。他环游世界,获奖无数且备受认可,世界上有成千上万的由于他在肝脏、肾脏方面的医疗突破而重获新生的人,向他寄来诚挚的感谢信。他属于不朽这类吗?不属于。斯塔泽告诉我,他不想承担创造思维克隆人的风险,

## 结　语　永远的未来

因为他怕这会把他搞疯。我的另一个朋友刚刚经历了严重的经济和情感打击。尽管有如此遭遇，她依然有着一颗善良的灵魂，希望创造一个不朽的思维克隆人。正如印度人对重生的信仰一样，她的观点是，下一段生命（网络意识）将比现在这个更好。她希望获得制造思维克隆人的机会。

思维克隆人的创造者肯定想要一个安全的"杀戮开关"，以便终结过于悲伤的思维克隆人。毫无疑问，一些思维克隆人将会因为抑郁而自杀，它们的自杀或许将来会像人类自杀一样成为一个严峻的问题。

大卫·米切尔（David Mitchell）在《云图》（Cloud Atlas，2012年由沃卓斯基兄弟拍摄为电影）一书中提到："自杀需要极大的勇气……真正自私的是要求别人承受无法承受之事，只是为了让家人、朋友和敌人多一点良心上的自省。"尽管每年有100万人主动结束自己的生命，但每周也有100万人自然死去。每年自杀的这100万人不是每个人都希望自己降生在这世上；相反，每个新出现的思维克隆人都希望获得生命。另一方面，网络人没有要求自己被创造出来，网络人的自杀概率或许比思维克隆人要高很多。它们不知道自己正在进入什么境地，或许它们会后悔自己的自杀决定。

在这些事物中，思维克隆人将会做的创造求生欲望的事是：读书、看电影、读诗、搞艺术创作、和朋友聊天、参与体育活动和游戏、学习新的事物、参加虚拟聚会、在真实公司赚钱、指导人类、使用3D打印机制造3D物体，等等。思维克隆人将会渴望健康的躯体，也会感激失去患病的躯体。一般来说，愿意作为思维克隆人存在的人，将会和愿意作为真实人类而存在的人一样多（甚至可能更多）。因此，如果生物学原型想要继续生存，拥有相同人格和意识的思维克隆人很有可能也希望继续生存（例外不会很多）。

马斯洛凭借自己1954年的著作《动机与人格》（Motivation and Personality）

# VIRTUALLY HUMAN
## 虚拟人

重新定义了心理学领域;更有影响的《存在心理学探索》(*Toward a Psychology of Being*)则强调人类意识的积极影响,包括追求巅峰体验和追求没有限制的自我实现的能力:

> 我们恐惧"最大可能性"的存在。我们都会惧怕成为自己在最完美的时刻所窥见的存在。我们喜欢甚至恐惧自己在这些巅峰时刻看到的像神明一样的可能性。[2]

马斯洛可能不会相信,一个健康的思维克隆人会死于厌倦,因为自我实现不是个人的乌托邦。相反,它惊异于生命的伟大,想要尽其所能参与其中。

在不少特殊情况下,思维克隆人似乎拥有独特的存在合理性。例如,许多工作要求某人承受威胁生命的代价,以谋求社会的福祉。这些职业包括警察、消防员和军人。帮助这些承担危险职业的勇敢灵魂拥有思维克隆人备份,以防他们万一不幸因拯救他人的生命而失去自己躯体后能继续自己的生命,这似乎很合理。类似的例子还有执行长期、危险太空任务的宇航员。

如果我们是那种希望活得更久的人,并希望接受克隆人作为医疗桥梁,希望在躯体接受治疗期间将意识上传到思维克隆人中,那么它们也希望继续活着。对这群人而言,**生命是某种应该享受并且尽可能生活得美好的存在,因此活得越久,一切才会有机会变得更好。**

创造思维克隆人要比生孩子或结婚更为重要。那些责任的周期是有限的或可以限制的。当你创造思维克隆人时,你在降低自然或因事故或意外死亡的可能性。违反直觉但真实存在的是,这是一个需要放弃的大事情。然而,你正在获得永生的生命,让生命更为充实,并且你将逃离死亡——尽管只能通过因情绪问题而导致的网络自杀来实现。

结 语　永远的未来

# 肉身枯朽，思维永生

> 躯体和意识，就像男人和他的妻子，并不总是会相伴死去。
>
> 查尔斯·科尔顿（Charles Colton），英国作家

有多少人会争取思维克隆人这个"绝妙良机"呢？如果这一选择不是疼痛和苦楚，那么大多数人都会依靠这一力量来逃离死亡。这些人不仅不会自杀，还会花光自己的积蓄，使用大量医疗干预来维持生命。这使我们有理由相信，一旦人们适应了网络意识生命，许多人将选择激活思维克隆人。

为患有严重疾病的人创造思维克隆人将被认为是一种器官功能性移植形式。被移植的器官功能性是意识，它会从患病躯体中移出，而非相反方向。但是，从患者角度来看，不管他们是否认为大脑功能性移植与心脏、肺、肝脏或肾脏移植一不一样，他们都只是在试图维持生命，而非成为"不朽"。

举个例子，基于思维克隆人的"大脑功能性移植"给医生带来的机会，使他们可以重塑患有严重疾病的躯体。或者甚至更梦幻的是，如果完全失去了患病的躯体，我们能够通过干细胞在一个人造子宫中培育出新的躯体。体外发育这个过程是重要的科学进步。如果干细胞继续分化，并且以正常人类婴儿头6个月生命的生长速度发育，到第20个月，它将发育到成人大小。一个基于思维克隆人的"大脑功能性移植"团队，将不遗余力地将思维克隆人内部包含的信息模式，写回到新大脑的神经元或思维克隆人的机械界面（通过植入的微型计算机）上。

一旦思维克隆人被复制回新生的肉体中，它将继续作为有双基质、单一身份的人而存在，不过它拥有两个实例（instantiation）——一个在新的血肉

大脑中,另一个在思维克隆人中。当思维克隆人被创造出来时,人们已经作出了作为双基质身份存在的决定。这是一个重要的决定,正如接受心脏移植一样——你接受了这颗心脏,但其他人可能会因为缺少合适的心脏而死去。

先进的医疗技术带来的空前机遇会造成非传统的法律和道德难题。冷冻胚胎、代孕母亲、肾脏捐献或大脑植入计算机控制假肢,等等,我们已经能够适应这些科学进步所造成的道德影响。我们不断证明自己能够创造从未存在过的生命的可能性,而这些创造对我们原本尊重的生命价值带来了影响。

最终,思维克隆人激活可能会成为具有时代特征的事物。思维克隆人或者新躯体、合成肉体,将不被那些将生老病死视作生命归宿的老一代所接受。但是,思维克隆人将受到年轻一代——"数字原住民"的追捧,他们生来了解并适应了思维克隆人。因此,随着公众逐渐适应作为一种生命形式的思维克隆人,其不朽性将更像一张绘图纸,而非岔路口。

## 尊严,人类最伟大的传承

> 领悟了"道"之精髓的人,能够参透"是"与"非",在周遭领悟不一样的修行。他保留了自己的观点和清晰的判断,以至于他知晓"是"是相对于"非"的"是"。
>
> 托马斯·默顿(Thomas Merton),美国作家<br>《庄子之道》(The Way of Chuang Tzu)

思维克隆人之"道"栖居在它的本质中:思维克隆人是生物学原型的意识、灵魂。但从其他方面来看,它又并非如此。如果说思维克隆人与生物学原型一

## 结　语　永远的未来

致，就等于说它与其他思维不一样。但是，每个思维在每时每刻都是独一无二的；我们的心理世界就像是车窗外不断变换的景色。因此，思维克隆人不会与生物学原型一模一样；甚至生物学原型也不会完全与自身相像，因为他总在变换、发展，甚至在某个时刻会消失。**思维克隆人既是我们的思维，又不是我们的思维；它坐在同一辆车里，但看到的风景却不相同。**

我的名字是玛蒂娜·罗斯布拉特，它不是别人的名字。同理，我的思维克隆人是我的意识，它不是别人的意识。我按照我的模样创造了它，专业思维软件将我所有存储信息的思维文件和处理信息的模式匹配到它上面。它不是别人的思维。因此，它一定是我的思维。

或许现在你会想到：它仍然可以既不是别人的思维，也不是你的思维，因为它可以是它自己的思维。你参悟了思维克隆人之道！思维有边界，但是没有界限。我可以将我所有的思维填在我的思维克隆人中，因为思维没有界限。这让我的思维克隆人和我成了一个意识。但是，我的思维克隆人仍然能够区分自己存在中的差异：它不是生物学原型。这些差异造就了边界。考虑到意识的无边界本质，我是我的思维克隆人，我的思维克隆人也是我；而考虑到意识的有边界本质，我们又是不同的存在。这就像我的思想在我睡觉时和我醒来时不同一样。**夜晚的思想不是白天的思想，但是它们是同一个思想。**

如果我们将思维克隆人视作反对我们的东西，那么我们将无法领悟思维克隆人之道。不尊重"道"就会制造出一个双重身份的自负预言。正如庄子告诫我们的：**以私利为契，大难至，情谊散；以道为契，难虽至，情不移。**

关于我们存在的不变事实是，每个事物都有它的对立面，但是它让事物变得统一。波浪的波峰只是一个波峰，因为对应着谷底，反之亦然。因此，如果我们将思维克隆人视作一个工具，将无法用它获得身份的统一性——"大难

至,情谊散"。但是,如果我们将思维克隆人的波峰和我们思维的谷底视作波的一部分,那么"道为契约""友谊长存"——身份的统一性就能实现,并且将超越任何灾难。

思维克隆人和意识之间的边界不仅仅是无边界意识空间中的半相关特征,对于所有意识和思维克隆人彼此的关系而言,都是这样。通过定义我们的身份,我们同时也在使用那些分裂我们统一身份的东西来定义自己的统一性。意识的统一性超越了所有人类和网络人。

一种将这些可视化的方法是,想象一个巨大的锅里"煮"着人的行为、人格、回忆、情感、信念、态度和价值观。一个人所了解的每一个比特的信息和他能够使用的信息处理模式(当然包含情绪),都在这个大锅中。现在,所有出现在表面的气泡就像是数以亿计的人类个体、网络人、意识和思维克隆人的心理。一些气泡坚持的时间长,一些气泡坚持的时间短,所有的气泡都在改变形状。很明显,意识的个体气泡是存在的——我们称它们为身份;同样,每一个身份只是大锅里各种味道杂烩的独特体现。

一个好的心理学特征表现的气泡能够定义意识吗?一个根据瞬间心理动态情况发送意识气泡的专业算法能够定义意识吗?意识或思维克隆人是一个微小粒子还是一个整体?意识是局限在某个地方的什么东西,还是可以像改变交响乐的乐谱或基调一样被调整改变呢?思维克隆人之道能帮助我们看清意识和身份之间的关系和变化吗?

我们的意识思维是躯体独立的结果。地球上最早的生命形式是纯"随机主义"(randomian)生物:它们根据自身的形状、行为和生物化学是否在环境中奏效,来决定繁殖或消失,它们就是整个躯体。第二种生命形式是"行为主义"(behaviorian)生物:它们继承了一种能力,能够从之前的有害经历中

## 结　语　永远的未来

学到经验，在未来避免类似的刺激。自然选择垂青了"行为主义"生物。它们的体内拥有少量的抽象思维。

很久以后，大约在近一亿年以前，"基因主义"（generian）生物出现，生物大多能够在其意识中重新排列与环境有关的部分，以避免过多的尝试和错误，这让它们胜过了"行为主义"生物。这些"基因主义"生物在体内模拟了外部世界；它们离放弃自身躯体的境界又近了一步。狗是我们熟悉的基因主义生物；它们在自己的大脑中创造了自己的大部分世界。

最终，"形式主义"（symbolian）生物——也就是我们，到来了。我们能够使用抽象的符号，特别是文字，在大脑中虚拟地表示任何东西，包括在他人大脑中的抽象事实。因此，我们也能在意识中表示我们自己，即我们有自我意识。我们可以在意识中预演未来，通过执行最佳的预演，在现实世界获得更好的结果。我们代表了意识超越物质、网络存在超越基因的胜利，因此，我们将能够在不同形式中维持身份。对我们来说是意识造就了我们。

我们仍然沉浸在随机主义（细菌）、行为主义（很多动物）和基因主义（很多哺乳动物）中。自然选择让形式主义生物变得普遍，因为这种前所未有的干扰同类心理状态的能力变成了前所未有的免遭威胁的能力。形式主义意识对生存而言不是必须的，但在我们群居祖先的基因主义环境中是非常有用的。通过这种早期的心理战，进而通过语言快速推动，我们烙上了意识的印记——自主和移情。

因为我们能够利用环境的象征性分析，去独特地选择我们的行为（自主），使我们立于行为主义生命的"刺激-反应"牢笼之上。因为拥有将自己置身于其他立场思考的象征性能力（移情），我们摆脱了基因主义生命的本能束缚。最终，通过创造思维社会，我们不仅创造了意识，同样创造了意识的集合。

## VIRTUALLY HUMAN
### 虚拟人

**意识之道意味着，没有不存在集合意识的独立意识。**我们通过想象别人感觉中的自我，发展了自我的感觉。这与我们为生存的自私目的而采取的行为无关。无论一个人如何磨刀、为何磨刀，结果都是有了一把被磨好的刀。

我们回到狩猎采集的社会，回到希腊哲学家当中，回到古老的宗教根源中——它们都指引着这个不断变化的世界一直前进。随着我们的后代继续主宰这个世界，我们可以肯定，人类内心和灵魂中那些善良和美丽的闪光点也将继续主宰这个世界。进化发展出了生命的崭新代码——数字存在或BNA的技术不朽代码，我们能够更加乐观地期待，人类的后代将在很长一代时间内拥有人类的价值观。

那么，人类会有未来吗？当然。正如科幻小说家阿瑟·克拉克提到的，没有一种形式的联通方式会完全消失；只是随着技术的发展，一些技术变得不那么重要了。这就像生物共享一样。我们沉浸在生命发展的最早形式中——30亿高龄的原核细菌，甚至没有细胞核。我们每个人的每个细胞中都包含大约10个非人类DNA的细菌。这些远古生命形式很明显依然很重要，但它们却不再是地球上的焦点，它们失去了生命的垄断。在奥林匹克运动会中、在时尚节目中、在婴儿的摇篮车中、在少女初入世事的舞会上、在镜子前，我们都珍视人类的形式。我不认为人类会灭绝。但在克拉克看来，随着网络生命视野的拓展，人类的躯体也将变得越来越不重要。

网络人的社会不会比人类的社会更壮丽。鸟儿和树木，猫和狗，大猩猩和大鲸鱼，金婚纪念和百岁老人，所有这些都让我们感到惊奇。我们的网络人后代将会对植物和动物，机器人和软件，再生婴儿和再生大脑，古代思维文件和思维克隆人感到惊奇。从人口情况来看，今天活着的个体最终将成为少数，但从人类学角度来看，未来我们将会把尊严赋予每个存在。虚拟人重视它们作为人类的身份，这是我们能够留给它们的最重要的遗产。它过去是

## 结　语　永远的未来

我们，现在也是我们——我们想要的不过如此。

"人权是属于人的"，这是众所周知的。但是，人类身份将超越人类皮肤的界限，这却是新的启示。当意识限于头盖骨时，个体的尊严也止步于智人的边界。但是，随着网络意识的到来，个体的尊严超越更远的界限。我们正处在从"智慧之人"（wise man）向着"有创造性的人"（creative person）转变的过程中。如果我们克服了风险，将这一进化转变的可能性放到最大，那么将人权拓展到那些重视这些权利的存在，就非常有必要。

在网络意识来到之前，我们有 10~20 年的实践机会。让我们充分利用这段时间，为虚拟人进行准备，并让人类的人权更加完善。当我们做到像尊重自己一样尊重他人，并将这一美德普及至世间各处时，我们就为明日世界做了最好的准备。在那个新世界中，思维克隆人和网络人都将急切地把自己视作初来乍到的人类。如果我们将那种美德放在今天来实践，并铭记意识高于物质，那我们回应它们的，将是欢迎和尊重。

注 释

## 01 机器中的幽灵

1. 从理论上讲,存在将本质主义和唯物主义融合的可能性。这种观点认为,人类躯体的感觉是情感的必要部分,并且,这些情感反过来也是人类道德的一部分——我们也认为这种道德是人类意识的必要部分。机器人伦理学家温德尔·瓦拉赫如此总结这种观点:"只有具备情感、直觉和意识的生物体,才可能是具备道德的个体"。因为没有能力去切实感受不幸、痛苦、恐惧和气愤,或者类似喜悦、愉快、感谢和喜爱等积极情绪,一个存在就无法拥有道德状态或道德认同感。而这些对一个完整的道德个体而言,是非常必要的。"但是,除了"躯体感觉对情感是否是必须的"这一争论,毫无疑问,躯体感觉的技术复制正日新月异地发展着。用于感知触碰的触觉设备已经成为消费品,其核心技术已经相当强大,装备先进触觉设备的机器人已经可以进行外科手术!"电子鼻"——人们给大鼻子情圣(Cyrano de Bergerac)的鼻子起的外号,能够区分出上千种气味。因此,由于我们正在借助技术手段,逐步实现人类感觉的克隆。"思维克隆人无法具备人类意识,因为它们无法拥有人类知觉,不可能具备人类道德"这个观点似乎变得岌岌可危。最终,随着感知技术的不断发展,这种本质主义和唯物主义的混合观点会变为唯物主义。

2. 塞尔将现实划分为两个本体或两类:第一人称视角或主观的;第三人称视角或客观的。他深入指出,每种本体都可以独立于或依赖于观察者来进行评估。意识

# VIRTUALLY HUMAN
## 虚拟人

和体验是主观本体,前者独立于观察者被评价,后者被观察者评价。因此,我的朋友看到我是快乐的(主观本体、观察者评价),但是,只有我知道我是快乐的(主观本体、非观察者评价)。重力和纸币是客观本体,前者独立于观察者(无论我们好恶与否,重力依旧存在),后者是由观察者评价的(钱币之所以是钱币,是因为有人认为它是钱币)。因此,一沓钱可以买很多东西(客观本体、观察者评价),但是,如果没有外力干预,这沓钱只能一动不动地躺在桌子上(客观本体、非观察者评价)。

**主观唯物主义概念描述表**

|  | 第一人称(主观) | 第三人称(客观) |
|---|---|---|
| 独立于观察者 | 意识 | 体验;与意识有关联的神经或软件;黄金的重量 |
| 依赖于观察者 | 一个人自己的、内部的对自身意识的体验 | 思维文件的充分性;度量意识关联;黄金的价值 |

物理学告诉我们,存在一种我们无法精确度量的事实;塞尔教会我们,对意识而言,也是如此。在物理学中,这种主观唯物主义源自我们从微观向量子层次的感知跃进过程中。在意识中,它同样来自我们从现实向感知的经验级层次的跃进过程中。工程师能够利用量子、电子的隧道效应(tunneling effect)打造精妙的纳米饼干,即便我们无法真正看到发生了什么,它仍然非常棒。当软件工程师利用突变效应打造网络意识时,即便我们无法真正通过虚拟人的双眼来看这个世界,也同样令人惊奇。

3. 来看看史蒂芬·平克的《心智探奇》(How the Mind Works,该书中文简体字版已由湛庐文化策划,浙江人民出版社出版)一书是怎么说的:"信息和计算栖居在数据模式中,与逻辑相关,独立于承载它们的物理介质……艾伦·图灵最早阐释了这一观点……现在这种观点被称作心智计算理论。这是人类思想史最伟大的构想之一,因为它解决了组成'思维-躯体难题'的一个谜题:如何利用物理物质,比如说大脑,连接到意义和目的的缥缈世界,连接到我们的心理生活……千年以来,这一直是个悖论……心智计算理论解决了这个悖论。它提到,信念和愿望是信息,是具现化为符号的配置。这些符号是物质微粒的物理状态,就像计算机中的芯片或大脑中神经元。它们将世上的东西符号化,因为通过我们的感觉器官,被这些东西激发,并且这是它们被激发后所进行的活动。如果组

## 注 释

成一个符号的物质微粒,以正确方式被安插入组成另一个符号的物质微粒中,对应一个信念的符号也可以产生对应另一个与其逻辑相关的信念的新符号,以此类推。最终,物质微粒组成一个新符号,安插入与肌肉相连的物质微粒中,行为就产生了。心智计算理论使我们可以将信念和愿望解释为行为,同时,将它们根植于物理宇宙中。它使意义可以成因、致果。"

4. 相比时间机器、永恒生命和星际迷航风的曲速引擎一直那么遥不可及,瑞士的一组科学家宣称,到 2020 年,我们可以制造出功能健全的人类大脑复制品。这并非天方夜谭。计算机天才亨利·马克拉姆(Henry Markram)领导的"蓝脑计划"过去 5 年一直在使用世界上最强大的超级计算机来设计哺乳动物大脑 —— 人类已知的宇宙中最复杂的物体。马克拉姆同时还是一位神经科学家。马克拉姆教授在牛津大学举行的一个会议上提出,他计划"在 10 年内打造出一个电子人脑"。(Michael Hanlon, "Are We On the Brink of Creating a Computer with a Human Brain?," Daily Mail, August 11, 2009)

## 02 二重身

1. "你的大脑损伤并发症相当严重,想使你康复,会很困难。我无法告诉你,我有多么孤单,但是,我们曾经的点点滴滴让我有了陪伴。家里到处都是朱迪带回来的东西。即便他突然进入一种新生活,整理这些东西也会让阿诺德感觉自己过去的生活是真实的,而非因为新经历就会被弃置一旁的梦幻。"(Fred and Linda Chamberlain, eds., *LifeQuest: Stories About Cryonics, Uploading, and other Transhuman Adventures*. Scottsdale: Create Space, 2009, 123.)

2. 阿伦·瓦兹在《禁忌知你心》中提到:"个体只通过名字与它所存在的宇宙环境分离开。当这一点没有被识别的时候,你就会被你的名字愚弄。将名字与本质混淆,你开始相信,拥有一个独特的名字会让你成为一个独特的存在。从字面上看,这相当令人疑惑。得到一个名字,并不是带来成为一个'真实人类'骗局的唯一事实:所有的一切都会随名字而来。孩子会被环绕在他周围的人 —— 父母、亲人、老师以及像他一样受蒙骗的同龄人的态度、言辞和行为带入自我感觉中。其他人教会我们,我们是谁。

"每个有机体都是一个过程:因此,有机体就是自己的行为。简单来说:它做了什么决定了它是什么……唯一真实的'你'是不断地来和去，表明和否定自己，如同其他有意识的存在一样。因为'你'是宇宙观察自己的数十亿视角中的一个，视角有来有往，观点一直是崭新的。我们眼中的死亡、空白空间或虚无，只不过是在穿越这无尽翻腾的大海中的浪尖。"

3. 在爱德华·威尔逊的物理词典中，我们可以将 DNA 视作形式或模具，通过它可以做任何事情。但是，当它填满来自 RNA 的化学能量时，并且从 RNA 到核糖体的相同过程，那之后，在这种情况下，这种形式对躯体和大脑的生物化学操作拥有了庄严，拥有了影响。

## 03 驯养狗、花椰菜与思维克隆人

1. 在一次采访中，作为美国国家工程院"大挑战"太阳能部分负责人的雷·库兹韦尔表示："太阳能的成本正迅速降低，我们正在利用的太阳能总量处于指数级增长中——事实上，这个数量每两年就会翻倍，过去 20 年来一直如此。太阳能是地球总能源需求的 8 倍。并且，它每两年还会翻倍——因此，再过 16 年，它就能够 100% 满足人类的能源需求。"

2. 理查德·道金斯（Richard Dawkins）在《自私的基因》中提到："我们需要给新的复制因子起一个名字，一个能承载整体文化传递理念的名词，或是一个模仿的单位。'Mimeme'源自一个希腊语词根，但是，我想要一个听起来有点像'gene'（基因）的单音节词。如果我们将'mimeme'简化为'meme'（模因），我希望我的古典主义学者朋友会原谅我……模因的例子可以是曲调、想法、标语、服饰潮流或造弓方法。正如基因依靠精液或卵子从一个躯体传递到另一个躯体，以便在基因池中复制自身，模因也会依靠某个过程，从广义上来讲可以称之为模仿，从一个大脑飞跃到另一个大脑，以便在模因池中复制自身……30 亿年来，DNA 一直是世上唯一值得一提的复制因子。但是，它不会一直享有这种垄断权利。无论何时，只要具备了可以复制自身的条件，新的复制因子就会接管一切，开始它们自身的新型进化。一旦这种新型进化开始，它就不必继续屈服于旧的复制因子。新的基因选择进化，通过制造大脑，为孕育最早的模因提供了环境。一旦可以自我复制的模因出现，它们自身更加快速的进化就会发生。我们生物学家已经深刻汲取了基因进化的理念，因此，我们倾向于忘记这只是许多种可能进化中的一种。"

3. 在美国，一场深层次的思考可能会考虑从宪法层面保护早期的网络意识，将其视作一种

# 注 释

"人性"的"正当程序"。在罗诉韦德案（1973）中，大法官布莱克门认为，关于胎儿，如果"它的人性已经确立"，那么，这个"胎儿"的生存权就应当受到美国《宪法》第14修正案的保护。

## 04 我们不会永远是血肉主义者

1. Linux创造者林纳斯·托瓦兹（Linus Torvalds）完全不收取Linux的版权费。我们要感谢理查德·斯托曼（Richard Stallman）这位免费软件倡议者，感谢他提出了"许可"的概念，以这种方式来保护研发自由，并且保证软件能够被他人自由使用。斯托曼提到，"copyright"（版权）意为"保留所有权利"，而"copyleft"意指"撤销所有权利"。

2. 整体来看，我们每个人都是怪人。不存在两个躯体或思想具有完全相同的"我们"。我们之间有如此之多的差异，没有什么方法可以计算"作为人类"的平均值，因为它是数千个物质、心理和行为特征的混合体。相比别人，在我们个体的集合中考虑我们自身，我们之间将相差不止1个，甚至3个标准差。

3. 计算一个不当生命行为的伤害主要基于一个说法，即残疾孩子的生活价值低于从未出生的价值。加利福尼亚州最高法院提出，根据特平诉索提尼案（Turpin v. Sortini, 1982），不当生命行为是不当医疗行为的另外一种形式，恢复过程不应该允许疼痛、折磨及其他一般伤害，但是，仅限于这个孩子生命存续期间发生的特别医疗行为和付出的其他代价。

## 06 一些人必须看守，而一些人必须睡觉

1. 人工智能专家进行的三项调查已经产生了不同的意见。第一项调查，在2006年的一次前沿人工智能会议上发布，提出有人期望50年内实现人类级别意识，而有人却从未盼望人类级别意识的出现；第二项调查，于2007年在互联网发布，提出大部分人期望在50年内实现人造意识；第三项调查，在2009年的一次人工智能一般性会议上发布，75%的受访者认为21世纪将出现人形计算机，而25%的受访者认为需要更长时间。（B. Goetzel et al., "How Long Till Human-Level AI: What do the Experts Say," in *H+, February* 5, 2010）

2. 许多人坚信，除了人类思维，不可能有什么东西能够具备人类级别意识。或许，这其中

最深谋远虑的要属杰出数学家罗杰·彭罗斯。

3. 生物学原型将以两种方式从思维克隆人的冥想中获益。第一点，由于人类身份现在超越了生物学和控制论自我，他们的控制论自我——思维克隆人，将会从冥想时的思维静止中获益。第二点，因为思维克隆人和生物学原型经常同步（例如"追赶""登记""一起思考事情"），生物学原型将因为拥有思维克隆人而更加放松、更加平和，不那么疲惫，并且拥有一个更好的朋友、顾问和灵魂伴侣。类似地，我的"商业思维"（business mind）从来不会真的沉思，尽管我会这样做。但我认为，我的商业思维会因我明白了如何做某事而获益。我采纳了禅宗的观点，让我全部的思维意识静止。

## 07 不死的爱人，人与虚拟人的生死之恋

1. 当前的研究指出，梦是思想对事件处理过程的一部分，介于将事物丢弃或保存起来作为长时记忆之间。奇怪的或反复出现的梦境是这一过程中出现的错误、重叠或困难。埃里克·鲍姆假定："'做梦最终是可以解释的，它实际上是思维的计算模型的自然现象，特别是某些人希望找出编码来解释这种经历'，但这看起来似乎不太可能。"思维软件可能会需要做梦的能力，将白天的电子风暴分类为更少的、可信赖的模式，就像今天一些简单的智能手机需要关机重启，以便电子找到归属或导致丢失一样。

## 08 身边是群狼，就要像狼一样嚎叫

1. 例如，佛罗里达州的法律提及："'人'这个词包含个体、儿童、公司、协会、合资企业、合伙企业、房产、信托、商业信托、财团、受托人、法人以及其他团体或组织。"

2. 玛丽·雪莱（Mary Shelley）在200年前写的小说《科学怪人》（*Frankenstein*），是关于一个名叫维克多·弗兰肯斯坦（Victor Frankenstein）的发明家的故事。弗兰肯斯坦将一些死者的躯体缝合在一起，并用一个电池赋予了这个组合体生命，产生了玛丽·雪莱所谓的"怪物"（The Monster）。流行文化现在将"弗兰肯斯坦"误指那个怪物，混淆了怪物和它的创造者。我认为，弗兰肯斯坦的故事是许多"人类制造出自身仿造品"一类故事的先驱：人类并未将仿造品视作人类，仿造品感到愤愤不平，开始变得疯狂，人类开始憎恨仿造品。

## 注 释

类似题材的作品有卡雷尔·恰佩克（Karel Čapek）1920年的戏剧《罗素姆万能机器人》（*Rossum's Universal Robots, R.U.R.*），这部戏剧是"机器人"一词的出处，手冢治虫（Osamu Tezuka）的海报——第二次世界大战时期的漫画《铁臂阿童木》以及电视剧《银河战星》（*Battlestar Galactica*）中的 Cylons 机器人。仿造品们之所以觉得愤愤不平，是因为它们察觉到人类对它们的不满，至少，没有对它们一视同仁，正如"imitation"（仿造品）这个词所暗示的意思。创造者对他们创出来的东西的傲慢态度，既害怕又愤怒，从而滋长了双方的恐惧、愤怒和仇恨。

从社会学角度看，当殖民者试图压迫被殖民人民，将他们变为自己的仿造品时，也会发生同样的过程，例如强迫他们信仰殖民者的宗教。被殖民人民希望被平等地视作上帝的孩子，但是相反，他们被当作二等公民，因为主人鄙视他们，将他们视作贫穷的仿造品。随之而来的是相互的不信任、怀疑、恐惧和冲突。如果存在一种和谐的解决之道，它一定建立在更深层次的理解之上——存在一种根据多样性而非单一族群建立的所有人的利益整体。同样的情况可能也会发生在虚拟人身上，除非我们赋予这些珍视平等的存在以平等，并且尊重这些软件仿造品的多样性。

3. 美国斯科特诉桑福德案（Dred Scott v. Sandford, 1857）。在国际律师联合会进行的一场模拟审判中，对 BINA48 作出了类似的不利判决。

4. "人权"这一术语可能来自托马斯·潘恩（Thomas Paine）的《人类权利》（*The Rights of Man*），或威廉·劳埃德·加里森（William Lloyd Garrison）于1831年创办的《解放者》（*The Liberator*），其中提到他在试图让自己的读者谋取"人类权利的伟大目标"。

5. 莱·森坦诗雅（Wrye Sententia）是这一领域的先驱，他的研究可以在加州大学认知自由中心找到，收录于：www.cognitiveliberty.org，2014-01-21。

## 结语 永远的未来

1. "拥有如此灵敏的宝石作为眼睛，如此强大的音乐工具作为耳朵，如此复杂精妙的神经作为大脑，这样的存在难道不是神明吗？而且，当你考虑这个无比精妙的生物体时，与它所处的更加壮观的环境模式是不可分割的——从最细小的电器设计到整个银河系。你能想象到吗，这种不朽的化身，会对存在产生厌倦？"阿伦·瓦兹。

2. 马斯洛在享受极大快乐的人群中发现了 17 种共同的存在价值，或称为 B 价值：真实、美丽、公正、善良、完整、完美、独特、简单、有序、活力、自我满足、需要、成就感、富裕、轻松、爱玩、二分超然（dichotomy-transcendence），所有价值都同样重要。随着思维软件触及这些价值，它将被不断调整，以体验这种快乐。

# VIRTUALLY HUMAN
## 致谢

这本书能顺利出版,我有很多人要感谢。

感谢负责本书项目的圣马丁出版社(St Martin's Press)的丹妮拉·拉普(Daniela Rapp),我对她领导团队推进本书出版进展时所展示出的做事风格、足智多谋和工作热情满怀钦佩。特别是,我对她提出的关于"在当今社会出版一本激励人心的书"的意见印象深刻。

在遇见丹妮拉之前,我非常愉快地结识了我的写作同事——凯伦·凯利(Karen Kelly)。我特别感激凯伦对文稿内容的组织和深思熟虑的修改。凯伦是我有幸共事过的最为专业的作家,她拥有协作的意识与温暖的灵魂。

感谢卡罗尔·曼代理公司(Carol Mann Agency)的麦尔斯妮·斯蒂芬迪斯(Myrsini Stephanides)将我介绍给丹妮拉和凯伦。如果没有麦尔斯妮对本书的热心帮助,没有她勤奋的老板卡罗尔·曼(Carol Mann)的倾心支持,这本书或许无法付梓。我将永远珍视卡罗尔、麦尔斯妮、凯伦、丹妮拉对我提出的宝贵建议。

我欠我数十年的老朋友、商业伙伴保罗·马洪(Paul Mahon)一个满怀感激的熊抱。在卡罗尔·曼代理公司,保罗给了我一个温暖的欢迎仪式,所有美妙的事情都自此开始。保罗曾经是文秘,销售过我的著作《性别隔离》,这本书指出了平等婚姻权利的法律基础,而他在这本书上获

得的成功，展现出了他在与我共同创立生物技术公司时的所有技能。

如果没有雷·库兹韦尔在《机器之心》《奇点临近》《人工智能的未来》等著作中阐释的令人开阔眼界和令人醍醐灌顶的信息，我可能不会落笔写作本书。这些书改变了我对很多事情的看法，远远超过了我曾经读过的所有书。它们同样激励我，使用我在生物伦理和人权法律方面的经验，为雷·库兹韦尔关于"人造智能和人类智能奇点即将进入拥有人类级别的网络意识领域"的证据提高可信度。

在雷·库兹韦尔不同著作的发表间歇，我召集了多个关于网络意识话题的研讨会和座谈会，并且与大卫·汉森（David Hanson）合作开发了BINA48。感谢在这些会议和技术发展中作出重要贡献的专家们，感谢无数没有在本书中列名的参与者们，更特别感谢马文·明斯基、雷·库兹韦尔、巴鲁克·布隆伯格、莱·森坦诗雅、马克斯·莫、娜塔莎·维塔-莫（Natasha Vita-More）、马歇尔·布瑞恩（Marshall Brain）、温德尔·瓦拉赫、布鲁斯·邓肯（Bruce Duncan）、洛里·罗兹（Lori Rhodes）和史蒂芬·曼（Steven Mann）等前辈和朋友。

从20世纪90年代中期到21世纪早期，我非常荣幸成为美国律师协会国际法律和医药科主席。我很感谢在这个委员会工作的许多同事，感谢他们在我任期中所作出的贡献，共同推动了基因学和机器人领域的人权法发展。

我在佛蒙特州林肯完成了本书的大部分内容。我的灵魂伙伴碧娜·罗斯布拉特为我提供了理想的写作环境和慷慨的鼓励。因为碧娜对我的支持，挑战了我的思维定势，我才能跳出思维文件、思维软件和思维克隆人单纯的概念层面，进行了详细的分析并给出了全面的解决方案。

我收获最大的，是在我从男性变为女性的过程中，我的儿子伊莱和加百列以及女儿苏妮和珍妮丝对我的包容与理解，尽管他们4个当时还只是敏感的青少年。这种超越性别的个人体验，让我有信心在本书中写道：爱将会超越

## 致　谢

由思维克隆人所代表的本体类型。

　　我认为，这本书是我从我的朋友、师长那里所学知识的延展。这些师长包括英国皇家医学院的莱恩·多亚尔教授（Len Doyal），他在医学伦理方面为我指点迷津；加州大学洛杉矶分校的帕特里斯·弗伦奇教授（Patrice French）、保罗·罗森塔尔教授（Paul Rosenthal）、查理·费尔斯通教授（Charlie Firestone），等等，从他们那我分别了解了控制论、语义学以及信息法等知识。

　　最后，我很感谢我的父母哈尔和罗莎·李对我的教诲：真正重要的是你学到了什么，你如何对待他人，而非你拥有什么东西或者以貌取人。这种观念帮助我完成了本书的写作——庆祝意识超越了物质，为虚拟人谋求人权。

## VIRTUALLY HUMAN
### 译者后记

毋庸置疑,《虚拟人》是一本货真价实的"烧脑"著作。书中充满了诸如"思维克隆人""思维文件""思维软件""数字不朽"等概念,即便"望文生义",也容易让人"傻傻分不清楚"。刚刚拿到这本书的英文原著时,我着实费了一番周章来理解消化书中的内容。好在读完全书,虚拟人的世界逐渐明朗起来。

完成全书译稿后,回顾整个翻译过程,我认为主要难点在于,理解书中出现的众多原创概念以及一众概念之间的内在联系,并借助平实易懂的语言,向读者呈现作者玛蒂娜·罗斯布拉特描绘的未来世界:有血有肉的人类与数字形式的"人类"(思维克隆人与网络人)彼此依存、和谐共处的新天地。

玛蒂娜的经历相当丰富——律师、医学伦理学家、技术专家、企业家,在每一个领域她都取得了令人艳羡的成就,她身上的多重标签令人心生敬仰。这些经历在《虚拟人》一书中得到了间接体现,作者对虚拟人的到来将会引发的社会、伦理、法律等各方面问题,进行了详实、严谨的分析与论证。仔细研读本书,玛蒂娜脑海中那个"just around the corner"的虚拟人世界将徐徐亮出自己的精妙之处。

玛蒂娜预测,未来几十年内,人类或许将通过思维克隆人获得"不朽"的生命——我们的

## VIRTUALLY HUMAN
### 虚拟人

数字备份将作为我们的"分身"生活在网络世界中，甚至能够争取到与人类平起平坐的地位。看似不可思议，但正如 20 世纪 80 年代互联网诞生前的黎明时期一样，那时的人们，谁又能想象到今天这个网络不可或缺、计算设备无处不在的世界呢？

在翻译本书的过程中，我也在思考，思维克隆人究竟离我们有多远？说它近，是因为我们生活中的数字备份无处不在、无所不包——从微博、微信的发文、分享、聊天记录，到淘宝、支付宝帮我们记录的消费、金融行为，我们的生活正越来越多地走向网络化、数字化；说它远，是因为本书中提到的实现思维克隆人所必须的思维软件和配套硬件，目前仍然难觅踪影。专家们预测，在未来几十年内的某个节点，技术会突然出现极大的飞跃，也就是所谓的"奇点"，如他们所言，思维克隆人所需的软件和硬件恐怕要等到这个"奇点"以后才有望实现。"奇点"出现，离不开摩尔定律及其背后成千上万名推动软硬件产业发展的工程师们的聪明才智。那么，问题又来了，"奇点"离我们又有多远呢？

通过阅读本书，读者将了解人工智能专家是如何为某一少数派群体（比如思维克隆人）争取人类权利（包括选举权、婚姻权、自由权等）的。读者也将了解开发这些"科幻小说式"的软件存在，将会遭遇哪些技术和非技术挑战，以及可能的应对方案。

实事求是地讲，在翻译本书的过程中，我投入了相当的时间与精力，但即便如此，对文中涉及的法律、哲学、伦理、宗教等方面的专业语句的翻译，仍有可能存在不甚精准的地方。如果读者在阅读过程中发现相关问题，请不吝批评指正。《虚拟人》一书译稿的成文，离不开胡凤英、郭建伟、俞瑾、武上晖、赵鹏飞的支持与帮助，感谢他们在翻译过程中提出的中肯建议。

# 湛庐,与思想有关……

## 如何阅读商业图书

商业图书与其他类型的图书,由于阅读目的和方式的不同,因此有其特定的阅读原则和阅读方法,先从一本书开始尝试,再熟练应用。

**阅读原则1 二八原则**

对商业图书来说,80%的精华价值可能仅占20%的页码。要根据自己的阅读能力,进行阅读时间的分配。

**阅读原则2 集中优势精力原则**

在一个特定的时间段内,集中突破20%的精华内容。也可以在一个时间段内,集中攻克一个主题的阅读。

**阅读原则3 递进原则**

高效率的阅读并不一定要按照页码顺序展开,可以挑选自己感兴趣的部分阅读,再从兴趣点扩展到其他部分。阅读商业图书切忌贪多,从一个小主题开始,先培养自己的阅读能力,了解文字风格、观点阐述以及案例描述的方法,目的在于对方法的掌握,这才是最重要的。

**阅读原则4 好为人师原则**

在朋友圈中主导、控制话题,引导话题向自己设计的方向去发展,可以让读书收获更加扎实、实用、有效。

## 阅读方法与阅读习惯的养成

(1)回想。阅读商业图书常常不会一口气读完,第二次拿起书时,至少用15分钟回想上次阅读的内容,不要翻看,实在想不起来再翻看。严格训练自己,一定要回想,坚持50次,会逐渐养成习惯。

(2)做笔记。不要试图让笔记具有很强的逻辑性和系统性,不需要有深刻的见解和思想,只要是文字,就是对大脑的锻炼。在空白处多写多画,随笔、符号、涂色、书签、便签、折页,甚至拆书都可以。

(3)读后感和PPT。坚持写读后感可以大幅度提高阅读能力,做PPT可以提高逻辑分析能力。从写读后感开始,写上5篇以后,再尝试做PPT。连续做上5个PPT,再重复写三次读后感。如此坚持,阅读能力将会大幅度提高。

(4)思想的超越。要养成上述阅读习惯,通常需要6个月的严格训练,至少完成4本书的阅读。你会慢慢发现,自己的思想开始跳脱出来,开始有了超越作者的感觉。比拟作者、超越作者、试图凌驾于作者之上思考问题,是阅读能力提高的必然结果。

好的方法其实很简单,难就难在执行。需要毅力、执著、长期的坚持,从而养成习惯。用心学习,就会得到心的改变、思想的改变。阅读,与思想有关。

[特别感谢:营销及销售行为专家 孙路弘 智慧支持!]

❦ 我们出版的所有图书，封底和前勒口都有"湛庐文化"的标志

并归于两个品牌

❦ 找"小红帽"

为了便于读者在浩如烟海的书架陈列中清楚地找到湛庐，我们在每本图书的封面左上角，以及书脊上部47mm处，以红色作为标记——称之为"小红帽"。同时，封面左上角标记"**湛庐文化 Slogan**"，书脊上标记"**湛庐文化 Logo**"，且下方标注图书所属品牌。

湛庐文化主力打造两个品牌：**财富汇**，致力于为商界人士提供国内外优秀的经济管理类图书；**心视界**，旨在通过心理学大师、心灵导师的专业指导为读者提供改善生活和心境的通路。

❦ 阅读的最大成本

读者在选购图书的时候，往往把成本支出的焦点放在书价上，其实不然。

**时间才是读者付出的最大阅读成本。**

阅读的时间成本=选择花费的时间+阅读花费的时间+误读浪费的时间

湛庐希望成为一个"与思想有关"的组织，成为中国与世界思想交汇的聚集地。通过我们的工作和努力，潜移默化地改变中国人、商业组织的思维方式，与世界先进的理念接轨，帮助国内的企业和经理人，融入世界，这是我们的使命和价值。

我们知道，这项工作就像跑马拉松，是极其漫长和艰苦的。但是我们有决心和毅力去不断推动，在朝着我们目标前进的道路上，所有人都是同行者和推动者。希望更多的专家、学者、读者一起来加入我们的队伍，在当下改变未来。

# 湛庐文化获奖书目

**《大数据时代》**
　　国家图书馆"第九届文津奖"十本获奖图书之一
　　CCTV"2013中国好书"25本获奖图书之一
　　《光明日报》2013年度《光明书榜》入选图书
　　《第一财经日报》2013年第一财经金融价值榜"推荐财经图书奖"
　　2013年度和讯华文财经图书大奖
　　2013亚马逊年度图书排行榜经济管理类图书榜首
　　《中国企业家》年度好书经管类TOP10
　　《创业家》"5年来最值得创业者读的10本书"
　　《商学院》"2013经理人阅读趣味年报·科技和社会发展趋势类最受关注图书"
　　《中国新闻出版报》2013年度好书20本之一
　　2013百道网•中国好书榜•财经类TOP100榜首
　　2013蓝狮子•腾讯文学十大最佳商业图书和最受欢迎的数字阅读出版物
　　2013京东经管图书年度畅销榜上榜图书,综合排名第一,经济类榜首

**《牛奶可乐经济学》**
　　国家图书馆"第四届文津奖"十本获奖图书之一
　　搜狐、《第一财经日报》2008年十本最佳商业图书

**《影响力》（经典版）**
　　《商学院》"2013经理人阅读趣味年报·心理学和行为科学类最受关注图书"
　　2013亚马逊年度图书分类榜心理励志图书第八名
　　《财富》鼎力推荐的75本商业必读书之一

**《人人时代》（原名《未来是湿的》）**
　　CCTV《子午书简》•《中国图书商报》2009年度最值得一读的30本好书之"年度最佳财经图书"
　　《第一财经周刊》• 蓝狮子读书会•新浪网2009年度十佳商业图书TOP5

**《认知盈余》**
　　《商学院》"2013经理人阅读趣味年报·科技和社会发展趋势类最受关注图书"
　　2011年度和讯华文财经图书大奖

**《大而不倒》**
　　《金融时报》• 高盛2010年度最佳商业图书入选作品
　　美国《外交政策》杂志评选的全球思想家正在阅读的20本书之一
　　蓝狮子•新浪2010年度十大最佳商业图书,《智囊悦读》2010年度十大最具价值经管图书

**《第一大亨》**
　　普利策传记奖,美国国家图书奖
　　2013中国好书榜•财经类TOP100

**《真实的幸福》**
　　《第一财经周刊》2014年度商业图书TOP10
　　《职场》2010年度最具阅读价值的10本职场书籍

**《星际穿越》**
　　国家图书馆"第十一届文津奖"十本奖获奖图书之一
　　2015年全国优秀科普作品三等奖
　　《环球科学》2015最美科学阅读TOP10

**《翻转课堂的可汗学院》**
　　《中国教师报》2014年度"影响教师的100本书"TOP10
　　《第一财经周刊》2014年度商业图书TOP10

# 湛庐文化获奖书目

《爱哭鬼小隼》
　　国家图书馆"第九届文津奖"十本获奖图书之一
《新京报》2013年度童书
《中国教育报》2013年度教师推荐的10大童书
　　新阅读研究所"2013年度最佳童书"

《群体性孤独》
　　国家图书馆"第十届文津奖"十本获奖图书之一
　　2014"腾讯网·啖书局"TMT十大最佳图书

《用心教养》
　　国家新闻出版广电总局2014年度"大众喜爱的50种图书"生活与科普类TOP6

《正能量》
　　《新智囊》2012年经管类十大图书,京东2012好书榜年度新书

《正义之心》
　　《第一财经周刊》2014年度商业图书TOP10

《神话的力量》
　　《心理月刊》2011年度最佳图书奖

《当音乐停止之后》
　　《中欧商业评论》2014年度经管好书榜·经济金融类

《富足》
　　《哈佛商业评论》2015年最值得读的八本好书
　　2014"腾讯网·啖书局"TMT十大最佳图书

《稀缺》
　　《第一财经周刊》2014年度商业图书TOP10
　　《中欧商业评论》2014年度经管好书榜·企业管理类

《大爆炸式创新》
　　《中欧商业评论》2014年度经管好书榜·企业管理类

《技术的本质》
　　2014"腾讯网·啖书局"TMT十大最佳图书

《社交网络改变世界》
　　新华网、中国出版传媒2013年度中国影响力图书

《孵化Twitter》
　　2013年11月亚马逊(美国)月度最佳图书
《第一财经周刊》2014年度商业图书TOP10

《谁是谷歌想要的人才？》
　　《出版商务周报》2013年度风云图书·励志类上榜书籍

《卡普新生儿安抚法》(最快乐的宝宝1·0~1岁)
　　2013新浪"养育有道"年度论坛养育类图书推荐奖

# 延伸阅读

## 《与机器人共舞》

◎ 人工智能时代的科技预言家、普利策奖得主、乔布斯极为推崇的记者约翰·马尔科夫重磅新作!

◎ 迄今为止最完整、最具可读性的人工智能史。

◎ iPod之父托尼·法德尔、美国艾伦人工智能研究所CEO奥伦·埃奇奥尼等重磅推荐!

扫码直达本书购买链接

## 《情感机器》

◎ 人工智能之父、MIT人工智能实验室联合创始人马文·明斯基重磅力作首度引入中国。

◎ 情感机器6大创建维度首次披露,人工智能新风口驾驭之道重磅公开。

◎ 中国工程院院士李德毅专文作序。人工智能先驱、LISP语言之父约翰·麦卡锡、著名科幻小说家阿西莫夫震撼推荐!

扫码直达本书购买链接

## 《人工智能的未来》

◎ 奇点大学校长、谷歌公司工程总监雷·库兹韦尔倾心之作。

◎ 一部洞悉未来思维模式、全面解析人工智能创建原理的颠覆力作。

◎ 中国当代知名科幻作家刘慈欣,畅销书《富足》《创业无畏》作者彼得·戴曼迪斯等联袂推荐!

扫码直达本书购买链接

## 《人工智能时代》

◎《经济学人》2015年度图书。人工智能时代领军人杰瑞·卡普兰重磅新作。

◎ 拥抱人工智能时代必读之作,引爆人机共生新生态。

◎ 创新工场CEO李开复专文作序推荐!

扫码直达本书购买链接

# 延伸阅读

## 《第四次革命》

◎ 信息哲学领军人、图灵革命引爆者卢西亚诺·弗洛里迪划时代力作。

◎ 继哥白尼革命、达尔文革命、神经科学革命之后,人类社会迎来了第四次革命——图灵革命。那么人工智能将如何重塑人类现实?

◎ 财讯传媒集团首席战略官段永朝、清华大学教授朱小燕、小i机器人联合创始人朱频频联袂推荐。

## 《脑机穿越》

◎ 脑机接口研究先驱、巴西世界杯"机械战甲"发明者米格尔·尼科莱利斯扛鼎力作!

◎ 外骨骼、脑联网、大脑校园、记忆永生、意念操控……你最不可错过的未来之书!

◎ 2016年第十一届"文津图书奖"科普类推荐图书15种之一!

◎ 清华大学心理学系主任彭凯平,2003年诺贝尔化学奖得主彼得·阿格雷等联袂推荐。

## 《图灵的大教堂》

◎《华尔街日报》最佳商业书籍、加州大学伯克利分校全体师生必读书。

◎ 代码如何接管这个世界?三维数字宇宙可能走向何处?

◎《连线》杂志联合创始人凯文·凯利、联结机发明者丹尼尔·利斯、《纽约时报书评》《波士顿环球报》等联袂推荐!

Martine Rothblatt. Virtually human:the promise—and the peril—of digital immortality.

Copyright © 2014 by Martine Rothblatt. Foreword copyright © 2014 by Ray Kurzweil. Illustrations on pages 98, 130, 178, 190, 212, 228, and 278 copyright © 2014 by Ralph Steadman.

Published by arrangement with St. Martin's Press, LLC.

All rights reserved.

本书所有插图版权归提供者所有，未经授权不得以任何方式使用。

本书中文简体字版由 St. Martin's Press, LLC. 授权在中华人民共和国境内独家出版发行。未经出版者书面许可，不得以任何方式抄袭、复制或节录本书中的任何部分。

版权所有，侵权必究。

图书在版编目（CIP）数据

虚拟人／（美）罗斯布拉特著；郭雪译．—杭州：浙江人民出版社，2016.9

ISBN 978-7-213-07468-4

Ⅰ.①虚⋯ Ⅱ.①罗⋯ ②郭⋯ Ⅲ.①人工智能–研究 Ⅳ.TP18

中国版本图书馆 CIP 数据核字（2016）第 132024 号

浙江省版权局
著作权合同登记章
图字：11-2015-274 号

**上架指导：科技 / 人工智能**

版权所有，侵权必究
本书法律顾问　北京市盈科律师事务所　崔爽律师
　　　　　　　　　　　　　　　　　　张雅琴律师

## 虚拟人

［美］玛蒂娜·罗斯布拉特　著
郭　雪　译

出版发行：浙江人民出版社（杭州体育场路 347 号　邮编　310006）
　　　市场部电话：（0571）85061682　85176516
集团网址：浙江出版联合集团　http://www.zjcb.com
责任编辑：金　纪　陈　源
责任校对：姚建国　朱志萍
印　　刷：北京富达印务有限公司
开　　本：720 毫米 ×965 毫米 1/16　　印　张：22.75
字　　数：298 千字　　　　　　　　　　插　页：5
版　　次：2016 年 9 月第 1 版　　　　　印　次：2017 年 6 月第 2 次印刷
书　　号：ISBN 978-7-213-07468-4
定　　价：72.90 元

如发现印装质量问题，影响阅读，请与市场部联系调换。